建设职业技师鉴定培训教材

抹 灰 工

主编 王亚楚

中国环境出版社 · 北京

图书在版编目（CIP）数据

抹灰工/王亚楚主编. —北京：中国环境出版社，2006.7（2014.9 重印）

建设职业技师鉴定培训教材

ISBN 978-7-80209-288-4

Ⅰ. ①抹… Ⅱ. ①王… Ⅲ. ①抹灰—职业技能—鉴定—教材 Ⅳ. ①TU754.2

中国版本图书馆 CIP 数据核字（2012）第 245932 号

出 版 人 王新程
责任编辑 张于嫣
责任校对 刘凤霞
封面设计 宋 瑞

出版发行 中国环境出版社
（100062 北京市东城区广渠门内大街 16 号）
网　　址：http://www.cesp.com.cn
电子邮箱：bjgl@cesp.com.cn
联系电话：010-67112765（编辑管理部）
010-67150545（建筑图书事业部）
发行热线：010-67125803，010-67113405（传真）

印　刷 北京市联华印刷厂
经　销 各地新华书店
版　次 2006 年 7 月第 1 版
印　次 2014 年 9 月第 3 次印刷
开　本 850×1168 1/32
印　张 10.375
字　数 260 千字
定　价 19.00 元

建设职业技师鉴定培训教材
编 委 会

出版说明

为贯彻落实建设部、劳动和社会保障部《关于建设行业生产操作人员实行职业资格证书制度的有关问题的通知》精神，开展职业技能培训，加快提高建设职工队伍整体素质，我社于2003年出版了“建设职业技能岗位培训教材（初级工、中级工、高级工)”，供各地区培训鉴定机构和生产操作人员教学实践使用，深受欢迎，并多次重印。

为贯彻全国建设人才工作会议上提出的高度重视高技能人才的培养，我社又及时组织既有丰富理论水平又有长期施工实践经验的专家、教授、高级工程师编写了“建设职业技师鉴定培训教材”。该套教材填补了高技能人才培训教材的空白，形成了完整的系列。

由我社出版的“建设职业技师鉴定培训教材”是根据《国家职业标准》和建设行业的实际，注重科学性、先进性和实用性编写的。教材的内容既突出技师应掌握的基本理论知识和“四新”要求，又突出实际操作技能的训练和生产管理，对于技师应知应会的深度和广度定位恰当。教材深入浅出，可读性强。附录中的技师专业论文撰写指南、职业技能鉴定习题集、培训计划与培训大纲，均有利于相关部门指导培训和鉴定工作，是建设职业技师进行岗位技能培训鉴定的必备教材。

本套教材编写得到了南昌大学、华东交通大学、南昌航空工业学院、南昌建工集团、南昌市建筑工程技工学校、南昌建筑教育培训中心的大力支持与协助，在此一并表示感谢。

中国环境科学出版社

2006年6月

前　言

为了满足建设行业抹灰工技师鉴定及培训的需要，本书根据国家相应职业标准和建设行业实际情况，注重科学性、先进性和实用性，在内容编写方面尽可能与出版的相应教材形成完整系列，突出抹灰工技师应知的理论知识和应会的操作技能。

本书在编写中，得到了中国环境科学出版社领导和同志们的大力支持和精心指导；得到了同行们的热心鼓励和帮助，并参考了他们的许多资料，在此一并致谢！

黄凤琴、王笑炎、王笑寒及杜光辉，分别担任了全书的文稿打字、文印、插图及插表制作、校对等工作，为本书出版付出了辛勤的劳动。

由于编者水平有限，书中定有不尽如人意之处，欢迎有关专家、学者及广大读者批评指正，以便不断修订完善。

编　者

2006 年 7 月

目 录

1 职业道德 …… 1
1.1 职业和职业道德的概念 …… 1
1.2 职业道德的特征和作用 …… 2
1.3 建筑工人职业道德守则 …… 3
复习思考题 …… 6
2 抹灰工程常用材料 …… 7
2.1 无机胶凝材料类 …… 7
2.2 有机胶凝材料类 …… 15
2.3 砂石类 …… 18
2.4 陶瓷类 …… 29
2.5 玻璃类 …… 39
2.6 其他类 …… 41
复习思考题 …… 45
3 抹灰工程所用砂浆 …… 46
3.1 一般抹灰砂浆 …… 46
3.2 装饰抹灰砂浆 …… 49
3.3 特种抹灰砂浆 …… 50
复习思考题 …… 52
4 一般抹灰工程 …… 53
4.1 概述 …… 53
4.2 基本技术要求 …… 53
4.3 施工实例 …… 58
4.4 质量标准 …… 67
4.5 质量通病及预防 …… 69
复习思考题 …… 70
5 装饰抹灰工程 …… 71
5.1 概述 …… 71

5.2 施工实例 …… 71
5.3 质量标准 …… 81
5.4 质量通病及预防 …… 83
复习思考题 …… 85
6 特种砂浆抹灰工程 …… 86
6.1 概述 …… 86
6.2 施工实例 …… 86
6.3 质量标准 …… 96
复习思考题 …… 99
7 饰面砖(板)工程 …… 100
7.1 概述 …… 100
7.2 施工实例 …… 100
7.3 质量标准 …… 125
7.4 质量通病与预防 …… 128
复习思考题 …… 130
8 地面工程 …… 131
8.1 概述 …… 131
8.2 施工实例 …… 131
8.3 质量标准 …… 144
8.4 质量通病与预防 …… 149
复习思考题 …… 153
9 其他有关抹灰工程 …… 154
9.1 一般灰线抹灰 …… 154
9.2 装饰灰线抹灰 …… 161
9.3 花饰制作与安装 …… 167
9.4 古建筑中有关抹灰工程 …… 176
复习思考题 …… 182
10 抗裂保温抹灰工程 …… 183
10.1 轻质墙面抗裂砂浆抹灰 …… 183
10.2 外墙保温体系及做法 …… 186
复习思考题 …… 202
11 施工组织设计 …… 203

11.1 选择施工方案 …… 203
11.2 编制进度计划 …… 205
11.3 编制资源计划 …… 221
11.4 施工场布图的设计 …… 221
11.5 编制施工措施 …… 224
复习思考题 …… 226
12 质量管理 …… 227
12.1 全面质量管理 …… 227
12.2 质量保证体系 …… 232
12.3 ISO 9000 基本知识 …… 234
12.4 质量的检验 …… 235
12.5 质量的评定 …… 236
复习思考题 …… 237
13 工程概预算 …… 238
13.1 工程概预算概念 …… 238
13.2 工程定额 …… 239
13.3 施工定额 …… 243
13.4 预算定额 …… 247
13.5 装饰装修工程造价费用组成 …… 250
13.6 装饰装修工程有关造价调整 …… 251
13.7 装饰装修工程施工图预算的编制 …… 252
13.8 工程结算简介 …… 256
复习思考题 …… 259
14 施工及培训管理 …… 260
14.1 施工管理 …… 260
14.2 培训管理 …… 264
复习思考题 …… 272
15 建设行业相关的法制建设 …… 273
15.1 相关法制建设进程 …… 273
15.2 相关法规体系简介 …… 274
15.3 相关法规有关内容具体介绍 …… 276
15.4 相关法制建设的深远意义 …… 290

复习思考题 …… 291
附录 …… 293
1. 技能鉴定习题集 …… 293
2. 专业论文撰写指南 …… 309
3. 抹灰工（技师）培训计划与培训大纲 …… 314
参考文献 …… 320

1 职 业 道 德

职业是社会生活的重要组成部分。社会劳动者都在从事一定的职业，处于一定的职业关系中。人们的职业关系除了用制度来保证外，还必须用职业道德来调节。

建筑施工企业的能工巧匠对社会主义职业道德的性质、特征及其在职业生活中的作用有了比较全面的了解，才能更好地自觉遵守职业道德，使社会主义的职业活动表现出新的时代风貌。

1.1 职业和职业道德的概念

（1）职业

职业是人们在社会生活中对社会所承担的一定的职责和所从事的专业。

人类的职业生活，不是从来就有的、永恒不变的。而是在一定的历史条件下产生并随着历史的发展而不断变化的。职业的产生是社会分工的结果。在建筑行业从事任何工作都是平等的，没有高低贵贱之分。

（2）职业道德

职业道德是人们在从事正当的社会职业，履行其职责过程中，在思想和行为方面应该遵循的道德规范和准则，即人们在职业实践中形成的比较稳定的道德观念、行为规范和风俗习惯的总和。职业道德是企业文化的具体体现。

职业道德是社会道德的重要组成部分，反映社会道德的要求和水准。社会道德影响并制约职业道德；职业道德又体现社会道德，是社会道德的具体化和重要补充。随着科学的进步和社会的发展，职业道德内涵必将扩大，其内容和理论也将日趋丰富和完善，对从业人员的思想和行为将更能产生深刻的影响。在社会主义社会里，社会主义道德规定了职业道德的性质与发展方向，指导人们正确处理职业生活中国家、集体、个人之间的关系，不断提高人们职业道德修养的自觉性及全心全意为人民服务的意识。

1.2 职业道德的特征和作用

(1) 职业道德的特征

一般说来，职业道德的特征主要表现在以下几个方面：

1) 各行各业的职业道德，有不同的特点。不同的职业对社会所承担的义务与责任不同。农民世世代代在土地上劳动，深知“民以食为天”的重要，因此，热爱土地，以农为荣、艰苦朴素、忠诚老实、热爱劳动等传统形成农民的职业道德特征。建筑行业比其他行业艰苦，建筑工人就具有乐于吃苦、战胜困难、敬业奉献的职业道德特征。

2) 职业道德有历史继承性和较大的稳定性。不同职业的社会分工以及由此引起的工作方式是相对稳定的，所以就形成了一些世代相传的职业传统，形成了人们比较稳定的职业心理和职业习惯。

3) 职业道德的实践性。职业道德是从职业活动的实践中产生的，并具体体现在每天大量的日常工作中。

4) 职业道德是人们道德意识和道德行为成熟阶段的道德，是从事一定职业的道德。由于不同职业对社会所承担的责任不同，有着不同的权利和义务，它们对人们生活目标的选择，对人们的道德观念都会产生深刻的影响。

(2) 职业道德的作用

职业道德的社会作用是多方面的，而且是直接的、深刻的。主要表现在以下几个方面：

1) 职业道德对人们行为的总趋向和从事的生产实践产生直接的影响。从业者的道德与情操主要是在职业岗位上培养、提高和完善的。职业道德对人们的业务知识、职业技能的发挥也起着直接的指导、激励和制约作用。

2）良好的职业道德可以调整职业内部的关系，包括调整领导与被领导、员工之间、各部门之间的关系，加强团结与协作。

3）良好的职业道德可以调整从业人员与服务对象的关系。社会主义国家的各种职业都同广大人民群众的切身利益息息相关，如果没有职业道德来调整彼此之间的关系，就会造成整个社会生活的紊乱，甚至污染社会风气。如果各行各业都能自觉遵守职业道德，就会直接影响服务对象，使人们在情感上受到激励，在品德上受到熏陶。

4）职业道德可以调整职业之间的关系，使各行各业之间各司其职，各尽其责，相互协作，共同把生产、服务搞好。

1.3 建筑工人职业道德守则

建筑工人不仅是物质文明的创造者，同时也是精神文明的建设者。社会主义的建设和发展离不开广大建筑工人创造性的艰苦劳动。

作为建筑业的从业人员，掌握一定的专业理论知识，具有高超的操作技能是必要的，但理想、道德等精神因素起着更为重要的作用。党和政府早就为我们制定了“精心设计、精心施工”，“百年大计，质量第一”的建设方针。作为一名建筑工人，就要从一砖一瓦做起，忠实履行自己的岗位职责。

(1) 爱岗敬业，忠于职守

爱岗敬业，忠于职守的主要表现，就是以主人翁的态度对待生产，在操作一线干出不平凡的业绩。

热爱本职工作，树立主人翁的责任感，要以主人翁的态度对待企业改革，不断用职业道德的高尚情操鞭策自己，充分发挥积极性和创造性，努力提高企业的经济效益。

随着改革开放的深入发展和市场经济体制的逐步完善，每个从业人员在择业时可以公平竞争，根据国家和社会的需要以及自己的意愿自由选择职业。但是，无论做什么工作，也无论你是否满意这一职业，定岗以后，都必须尽职尽责地做好本职工作，这是对每个从业人员的最起码的要求。

建设行业在国民经济中占有极为重要的地位，建设行业所提供的建筑产品是国家的固定资产，为整个社会创造了物质基础。我们是建筑行业队伍中的一员，应该感到无限的高尚与光荣。

(2) 遵章守纪，安全生产

俗话说："没有规矩，不成方圆"。一切社会活动和社会生活，都必须有"规矩"可循，这个"规矩"就是纪律。在企业内部如果没有劳动纪律，生产秩序就会遭到破坏，生产就无法顺利进行。随着生产的发展，分工的精细，尤其需要严明的纪律和严格的规章制度。因此，我们必须自觉地遵守，并把它作为自己的信念，作为职业道德的要求。

(3) 尊师爱徒，团结互助

尊师爱徒、团结互助是调节师徒之间、员工之间的道德准则。

提倡尊师爱徒、团结互助就是建立一种新型的人际关系，营造一种和睦友好的气氛，使人们在相互理解、真诚相待的环境里同心同德办好社会主义企业。

社会化的大生产要求不同工种、工序的工人、技术人员、管理人员相互密切配合。员工之间要互相尊重、互相支持、互相关心、互相帮助、密切协作。上下工序之间要互相配合，把困难留给自己，把方便让给别人。

处理好师徒关系是我国工人的传统美德。师傅不仅具有较高的政治思想觉悟，而且具有丰富的生产知识和技能，他们是社会主义建设的宝贵财富和骨干力量，青年工人应该尊敬和爱戴他们，虚心向他们学习。无论是学徒期间还是在满徒之后，都应如此。师傅要爱徒弟，搞好"传、帮、带"。青年工人是社会主义建设的主力军，他们爱学习，易于接受新事物。所以，师傅应把培养青年一代作为自己的光荣职责，既传技术、经验，又传思想作风，关心他们的成长和进步。师傅老当益壮，“小字辈”朝气蓬勃，师徒互相帮助，密切合作，就会形成巨大力量，共同为社会主义现代化建设做出卓越贡献。

(4) 关心企业，勤俭节约

勤俭就是勤劳俭朴，节约就是杜绝一切浪费。换句话说，一方面要多劳动、多创造社会财富；另一方面又要俭朴办企业，合理使用人力、物力、财力，精打细算，节省开支，减少消耗，降低成本，提高资金利用率。

勤俭节约亦是工人的传统美德。在建设社会主义物质文明的过程中，要使我们国家的财富不断增加，就需要每个工人发扬勤俭节约的优良传统。勤俭节约是企业发展生产、为社会增加财富的一个基本条件。它包含着提倡对别人劳动的尊重和劳动成果的爱护，是一种道德要求。

万丈高楼是用一砖一瓦盖起来的，如果所有企业，所有建筑工人都能时时刻刻，点点滴滴为国家、为集体节约，那就能集腋成裘、聚沙成塔，大大提高我们的经济效益，并培养出新的道德风尚。

(5) 钻研技术，勇于创新

当今科学技术飞速发展，日新月异。当代以原子能的利用、电子计算机技术和空间技术的发展为主要标志，正经历着一场伟大的革命，并引起一系列新兴工业的诞生。生产力是推动人类社会向前发展的根本动力。生产力的三要素中，人才起着决定性作用。人才培养，靠教育，有了人才，才会有技术。只有迅速提高从业者的科学文化水平，才能适应社会高速发展的需要。因此，勤奋学习现代科学文化知识，刻苦钻研生产技能，就成为建筑工人有理想、有抱负的标志之一。

学习和掌握现代科学文化知识，不仅是个人的事情，而且是直接影响现代化建设的大事。事实证明，一个工人是否认真钻研技术，不但在生产中发挥的作用不一样，而且精神面貌也大不一样。因此，建筑工人要以主人翁的姿态和责任感，认识学习的必要性和迫切性，努力钻研技术，勇于创新，以跟上时代前进的步伐。

复 习 思 考 题

1. 简述职业和职业道德的概念。

2. 简述职业道德的特征和作用。

3. 请联系本人实际，谈谈应该怎样遵守建筑工人职业道德守则。

2 抹灰工程常用材料

抹灰工程常用材料很多，现按无机胶凝材料类、有机胶凝材料类、砂石类、陶瓷类、玻璃类及其他类等分别介绍如下：

2.1 无机胶凝材料类

将散粒材料（如砂、石子）或块状材料（如砖、石块等）粘结成整体的材料，在建筑上统称为胶凝材料。

按化学成分的不同，胶凝材料分为无机和有机两大类。

按硬化条件的不同，无机胶凝材料可分为气硬性和水硬性两大类。气硬性胶凝材料只能在空气中硬化，也只能在空气中保持或继续提高其硬度，如石灰、石膏、水玻璃等。水硬性胶凝材料不仅能在空气中，而且能更好地在水中硬化，保持并继续提高其强度，如各种水泥。

（1）石灰

石灰岩经高温煅烧而得到的块状产品，称为“生石灰”。其主要成分是 CaO。煅烧时的反应如下：

$$CaCO_3 \xrightarrow{900\sim1\,000℃} CaO + CO_2\uparrow$$

为了加快煅烧过程，常使温度高达 1 000 ~ 1 100 ℃。煅烧时的温度高低及分布情况，对石灰质量有很大影响。如温度偏低或分布不均匀，碳酸钙不能完全分解，则产生欠火石灰，降低石灰的利用率；若温度偏高，则产生过火石灰，影响使用。原料纯净、煅烧正常的块状石灰，质轻色匀，呈松软多孔结构。生石灰的表观密度为 800 ~ 1 000 kg/m^3。

生石灰加水生成氢氧化钙的过程，称为“石灰的熟化或消解过程”。石灰熟化反应如下：

$$CaO + H_2O = Ca(OH)_2 + 64.9kJ$$

石灰在熟化过程中放出大量的热，体积膨胀约 1.5 ~ 2 倍。熟化的石灰，称为“熟石灰或消石灰”。根据加水量的不同，可将石灰熟化成粉状的消石灰、浆状的石灰膏和液体的石灰乳。

在工地上，石灰多在化灰池中熟化成石灰膏。欠火石灰含有碳酸钙的硬块不能熟化，成为渣子。过火石灰结构紧密，而且表面有一层深褐色的玻璃质状物，熟化很慢，当用于建筑抹灰以后，可能继续熟化而发生膨胀，会使平整的抹灰表面鼓包、开裂或局部脱落。为消除过火石灰的危害，必须将石灰在化灰池内放置两周以上（称陈伏），充分熟化后才能使用。

石灰浆体在空气中逐渐硬化，是由两个同时进行的过程来完成的：

1）结晶过程：石灰浆体中水分蒸发或被砌体吸收，氢氧化钙逐渐从过饱和溶液中析出，形成结晶。

2）碳化过程：氢氧化钙与空气中的二氧化碳和水化合，生成不溶于水的碳酸钙结晶，释放出水分：

$$Ca(OH)_2 + CO_2 + nH_2O = CaCO_3\downarrow + (n+1)H_2O$$

由于空气中的二氧化碳的浓度极低，石灰的碳化作用主要发生在与空气接触的表面。当表面碳化成致密的碳酸钙后，阻止二氧化碳继续透入内部，同时也影响内部水分蒸发，使氢氧化钙结晶速度减慢。因此，石灰浆体的硬化过程非常缓慢。

纯石灰浆在硬化时收缩较大，易产生收缩裂缝，为此，浆料中须掺入骨料、纤维料，以防止硬化后收缩干裂，并节约石灰；同时，还能形成孔隙，使内部水分易于蒸发，二氧化碳易于透入，有利于硬化过程的进行。

硬化后的石灰体孔隙率大、密实度小、强度低，未碳化的氢氧化钙结晶易溶于水，耐水性差。因此，石灰不宜用于潮湿环境。

为克服石灰的一些缺点，可将块状生石灰粉磨制成磨细生石灰。使用磨细生石灰时直接加水，其熟化和硬化过程几乎同时进行，具有硬化快、强度大、生石灰利用率高等特点。

石灰在抹灰工程中，应用很广，如用石灰膏配制石灰砂浆、水泥石灰混合砂浆等，作为抹灰之用；用石灰乳粉刷墙面及顶棚等。

生石灰在运输和储存中应避免受潮，防止吸收水分而自行熟化，然后碳化而失去胶结能力；已熟化的石灰，在陈伏过程中，石灰浆表面应保持有一层水分，以使其与空气隔绝，以免碳化、干硬。

（2）石膏

生产石膏的主要原料，是天然二水石膏（$CaSO_4 \cdot 2H_2O$），也称生石膏。

按不同的煅烧条件，将二水石膏加热煅烧、脱水和磨细，便可生产出以下不同性质的石膏产品：

1）当温度升高到 107～170 ℃时，二水石膏脱水转变为β型半水石膏：

$$CaSO_4 \cdot 2H_2O \xlongequal{107\sim170℃} CaSO_4 \cdot \frac{1}{2}H_2O + \frac{3}{2}H_2O$$

将 β 型半水石膏磨细，即为建筑石膏，也称为熟石膏。

2）当温度高于 400℃时，石膏完全失去水分，称为无水石膏，也称硬石膏。

建筑石膏的主要特性如下：

1）建筑石膏与水混合可成为可塑浆体，但很快失去可塑性，且强度迅速提高，硬化后还原为二水石膏。国家标准规定，其初凝时间不小于 6 min，终凝时间不超过 30 min。

2）石膏硬化时，体积略有膨胀，其膨胀量约为 1%，硬化后不产生裂缝，表面光滑，可塑成精致的花饰。

3）石膏具有良好的隔热性能，石膏硬化后体积膨胀，内部形成大量孔隙，使其具有良好的隔热性能。

4）石膏还具有抗火性，遇火灾时，二水石膏中的结晶水蒸发，吸收热量，从而阻止火势蔓延，使温度上升缓慢，起到防火作用。

5）石膏硬化后，具有较强的吸湿性，吸水后会因冬季温度低使水分冻结；造成孔隙崩裂。因此，石膏制品不宜用于室外。

6）因为建筑石膏的凝结硬化速度很快，为便于操作，一般可掺入石灰浆、水胶、硼砂等。

建筑石膏在抹灰工程中，可用于室内抹灰。与石灰抹灰相比，石膏抹灰更加洁白、美观；此外还可制成各种石膏饰面板、雕塑及装饰件。

建筑石膏多采用袋装，在运输及储存中应注意防潮；不同等级的石膏，应分别储运，不得混杂。建筑石膏自生产日起，储存期为 3 个月，3 个月后应重新检验，以确定其等级。

（3）水玻璃

水玻璃是一种溶解于水的、由碱金属氧化物和二氧化硅结合而成的硅酸盐材料。如硅酸钠（$Na_2O \cdot nSiO_2$）、硅酸钾（$K_2O \cdot nSiO_2$）等。

建筑上通常使用的水玻璃是硅酸钠的水溶液，为无色、青绿色或棕色黏稠液体。水玻璃的制作方法是将石英砂、纯碱或硫酸钠，在玻璃熔炉内以 1 300 ~ 1 400 ℃的温度熔化，冷却后即成固态水玻璃：

$$Na_2CO_3 + nSiO_2 \xlongequal{1\,300 \sim 1\,400\ ℃} Na_2O \cdot nSiO_2 + CO_2 \uparrow$$

固态水玻璃在 0.3 ~ 0.8 MPa 压力的蒸压锅内加热，溶解呈液态水玻璃。液态水玻璃是一种胶质溶液，具有胶结能力。

水玻璃分子式中 SiO_2 与 Na_2O 分子数比 n 称为“水玻璃的模数”，一般在 1.5 ~ 3.5 之间。水玻璃的模数 n 愈大，其胶体成分愈多，粘性愈大，愈难溶于水。

水玻璃在空气中二氧化碳的作用下，析出无定型二氧化硅凝胶，并逐渐干燥而硬化。

$$NaO_2 \cdot nSiO_2 + CO_2 + mH_2O = Na_2CO_3 + nSiO_2 + mH_2O$$

上述硬化过程很慢，为加速硬化，可将水玻璃加热或掺入适量促硬剂氟硅酸钠，以加速二氧化硅凝胶的析出和硬化。

水玻璃的特性及其用途：

1）水玻璃具有抵抗大多数无机酸的作用（氢氟酸除外），故常用于配制耐酸砂浆。

2）水玻璃的耐热性较好，可用于配制耐热砂浆。

3）将水玻璃配制成促凝剂，掺入砂浆中，可使砂浆急速硬化。

（4）水泥

如前所述，水泥属于水硬性无机胶凝材料。

1）水泥的品种：水泥的品种很多，但在建筑工程中应用最多的是硅酸盐类水泥，此类水泥有硅酸盐水泥、普通硅酸盐水泥（简称普通水泥）、矿渣硅酸盐水泥（简称矿渣水泥）、火山灰质硅酸盐水泥（简称火山灰水泥）、粉煤灰硅酸盐水泥（简称粉煤灰水泥）5种。

常用水泥的特性和适用范围，见表2－1。

常用水泥的特性和适用范围 **表2－1**

项　目	硅酸盐水泥	普通水泥	矿渣水泥	火山灰水泥	粉煤灰水泥
强度等级	42.5 52.5 62.5	32.5 42.5 52.5	32.5 42.5 52.5	32.5 42.5 52.5	32.5 42.5 52.5
特性	1. 快硬早强 2. 抗冻性好 3. 水化热较高 4. 耐热性较差 5. 耐酸碱和抗硫酸盐的化学侵蚀性差	1. 快硬早强 2. 抗冻性好 3. 水化热较高 4. 耐热性较差 5. 耐酸碱和抗硫酸盐的化学侵蚀性差 6. 耐水性较差	1. 水化热较低 2. 耐热性好 3. 耐硫酸盐类侵蚀性较好 4. 耐水性较好 5. 早期强度低、后期强度增长较快 6. 抗冻性差 7. 易泌水 8. 干缩性大	1. 抗渗性好 2. 不易泌水 3. 耐热性较差 其他同矿渣水泥	1. 干缩性较小 2. 抗裂性较好 3. 抗碳化能力差 其他同火山灰水泥

续表

项　目	硅酸盐水泥	普通水泥	矿渣水泥	火山灰水泥	粉煤灰水泥
适用范围	1. 快硬早强工程 2. 高强度等级混凝土	1. 地上、地下、水下混凝土 2. 早期强度要求高的工程 3. 建筑砂浆	1. 大体积混凝土工程 2. 耐热混凝土 3. 地上、地下、水下混凝土 4. 建筑砂浆 5. 有抗硫酸盐侵蚀要求的一般工程	1. 大体积混凝土 2. 抗渗混凝土 3. 一般混凝土结构 4. 建筑砂浆 5. 有抗硫酸盐侵蚀要求的一般工程	1. 大体积混凝土 2. 地上、地下、水下混凝土 3. 一般混凝土结构 4. 建筑砂浆 5. 有抗硫酸盐侵蚀要求的一般工程

抹灰用的水泥宜为硅酸盐水泥、普通硅酸盐水泥，其强度等级不应小于32.5。

在建筑装饰装修中，有时还采用白水泥和彩色水泥。

凡以适当成分的生料烧制部分熔融，得到硅酸钙为主要成分、氧化铁含量极少的白色硅酸盐水泥熟料，再加入适量石膏，共同磨细制成的水泥，称为“白色硅酸盐水泥”（简称白水泥）。

根据国家标准规定，白水泥分为325、425、525、625四个标号。各种标号的白水泥按其白度不同，又分为优等品、一等品及合格品三个等级。

彩色水泥按其化学成分的不同，可分为彩色硅酸盐水泥、彩色硫铝酸盐水泥和彩色铝酸盐水泥三种。其中，以彩色硅酸盐水泥产量最大。

①硅酸盐类彩色水泥：凡以白色硅酸盐水泥熟料（或普通水泥熟料）、优质白色石膏及矿物颜料一起粉磨而成，或者在白水泥生料中加入金属氧化物的着色剂而直接烧成的一种水硬性彩色胶凝材料，称为“彩色硅酸盐水泥”（简称“彩色水泥”）。

这类水泥的主要缺点是出现“白霜”，从而使水泥制品表面变花或冲淡彩色的色度，使鲜艳度降低。其原因是硅酸盐类彩色水泥水化后，产生了较多的$Ca(OH)_2$，并与空气中的 CO_2 反应生成 $CaCO_3$，沉淀在制品表面，即形成了“白霜”。克服“白霜”最简单的办法是在彩色硅酸盐水泥中，掺入适量低碱度的混合材料，如硅灰、粉煤灰等，与$Ca(OH)_2$反应形成新的胶凝物，从而“吃掉”$Ca(OH)_2$。

广州市建材一厂生产的彩色水泥的品种有：深红、砖红、米黄、樱黄、孔雀蓝、浅蓝、深绿、浅绿、深灰、银灰、米白、白色、黑色、咖啡色等。

②硫铝酸盐彩色水泥：硫铝酸盐彩色水泥是用硫铝酸盐水泥和适量颜料配制而成的。颜料掺入量为水泥重量的 1% ~ 10%，有时也掺入一定量适当品种的有机颜料。硫铝酸盐彩色水泥具有早强、不收缩、碱度低、可在负温下硬化、不会产生“白霜”等优点。

③铝酸盐彩色水泥：铝酸盐彩色水泥用直接烧成法制成。在铝酸盐系水泥生料中，掺入不同品种数量的着色剂，可以烧制出多种色彩的彩色水泥熟料，如咖啡色、天蓝色、苹果色、嫩黄、暗黄等。硫酸盐彩色水泥具有早期强度高、耐高温、低碱度、耐腐蚀等特性，也不会发生“白霜”。

彩色水泥用的着色剂以无机颜料最为合适。常用的无机颜料，见表 2 - 2。

彩色水泥用的无机颜料　　表 2 - 2

颜色	品 种 及 成 分
白	氧化钛(T_iO_2)
红	合成氧化铁铁丹(Fe_2O_3)
黄	合成氧化铁($Fe_2O_3 \cdot H_2O$)
绿	氧化铬(Cr_2O_3)
青	群青[$2(Al_2Na_2Si_3O_{10}) \cdot Na_2SO_4$]、钴青($CoO \cdot nAl_2O_3$)
紫	钴[$CO_3(PO_4)_2$]、紫氧化铁(Fe_2O_3 的高温烧成物)
黑	炭黑(C)、合成氧化铁($Fe_2O_3 \cdot FeO$)

2）水泥的凝结时间：水泥加水拌合，会逐渐失水，由半流动状态逐渐转变为固体状态，这个过程称为水泥的凝结。

水泥的凝结时间分为初凝和终凝。初凝时间是水泥加水拌合后，最初形成具有可塑性的浆体，然后逐渐变稠失去塑性的时间。终凝时间是水泥加水拌和后至水泥完全失去塑性，并开始产生强度的时间。

水泥凝结时间是准确掌握施工进度和工程质量的重要依据之一。为了保证砂浆有充分的时间搅拌、运输、浇筑或抹砌等，水泥的初凝时间不宜过短。当施工操作完毕后，希望能尽快硬化，产生强度。因此，终凝时间不宜过长。

按照国家标准规定要求，硅酸盐水泥初凝不得早于 45 min，终凝不得迟于 6.5 h。对于普通水泥、矿渣水泥、火山灰水泥和粉煤灰水泥初凝不得早于 45 min，终凝不得迟于 10 h。

3）水泥的安定性：水泥凝结后强度逐渐提高，并变成坚固的石状物——水泥石，这一过程称为硬化。水泥在硬化过程中，体积会发生变化，而体积变化的均匀程度称为安定性。若水泥中含有较多的游离石灰、游离氧化镁或石膏，水泥试件在凝结硬化过程中会出现弯曲、龟裂、松脆或崩溃等不安定现象。若使用这样的安定性不良的水泥进行施工，就会引发工程事故。因此，国家标准规定安定性不良的水泥，应作为废品处理，严禁在工程中使用。

水泥在抹灰工程中，可用来配制各种抹灰砂浆，应用极广。

4）水泥在储运和使用中应注意的事项：

①防水防潮：水泥是吸湿性强的粉状材料，遇水或受潮后，会凝结成块，强度降低，严重的甚至不能使用。所以存放水泥的仓库要求干燥、不漏雨，库内保持干燥通风，码放水泥要垫高垛底，垛底距地面应在 30 cm 以上，垛边离墙 20 cm 以上。

②防止水泥过期：水泥即使在良好条件下存放，也会因吸湿而逐渐失效。因此，水泥的贮存期不能过长。一般品种的水泥，贮存期不得超过 3 个月。若超过 3 个月，应重新检验，确定合格

后，才可使用。

③分别贮运：贮运中还应按生产厂商、品种、强度等级、出厂日期分别贮运，不得混杂，以免错用、混用水泥，发生工程事故。

④加强水泥使用中的管理：合理选用水泥品种，了解水泥的特性和适用范围，做到物尽其用，最大限度地提高技术经济效益。要有强度等级的概念，选用水泥标号要与设计要求的强度等级相适应，用高标号水泥配制低等级混凝土或砂浆，是水泥应用中的最大浪费。此外，国家标准规定水泥进场应进行凝结时间与安定性的复验，检验合格后才可使用。

2.2 有机胶凝材料类

有机胶凝材料种类很多，主要有酚醛树脂类、环氧树脂类、聚醋酸乙烯酯类、聚乙烯醇缩甲醛类、聚氨酯类等。

在抹灰工程中，所用胶凝材料（胶粘剂），可根据不同的用途，从表2－3、表2－4、表2－5、表2－6、表2－7中选用。

酚醛树脂类胶粘剂 **表2－3**

品　种	性 能 特 点	用　途
酚醛树脂胶粘剂	胶粘剂强度较高、耐热性好，但胶层较脆硬	主要用于木材、纤维板、胶合板、硬质泡沫塑料等多孔性材料的粘结
酚醛—缩醛胶粘剂	耐低温，耐疲劳，使用寿命长，耐气候老化性极好，韧性优良，但长期使用温度最高只能为120 ℃	主要用于粘结金属、陶瓷、玻璃、塑料和其他非金属材料制品
酚醛—丁腈胶粘剂	高强、坚韧、耐油、耐热、耐寒、耐气候老化、使用温度（－55～260 ℃）	主要用于粘结金属、玻璃、纤维、木材、皮革、PVC、尼龙、酚醛塑料、丁腈橡胶等
酚醛—氯丁胶粘剂	固化速度快、无毒、胶膜柔韧、耐老化等	主要用于皮革、橡胶、泡沫塑料、纸张等材料的粘结
酚醛—环氧胶粘剂	耐高温、高强、耐热、电绝缘性能好	主要用于金属、陶瓷和玻璃钢的粘结

环氧树脂类胶粘剂 表 2－4

名 称	性 能 特 点	用 途
AH－03 大理石粘结剂	耐水、耐候、使用方便，粘结强度：2.0 MPa	大理石、花岗石、瓷砖与水泥基层的粘结
EE－1 高效耐水胶粘剂	粘结强度高、耐热性好、耐水，粘结强度：3 MPa，抗扯离强度：9.0 MPa	粘贴外墙饰面材料，尤其适用于厨房、卫生间、地下室等潮湿的地方，贴瓷砖、水泥制品等
EE－3 建筑胶粘剂	粘结强度：>4.0 MPa	用于粘贴瓷砖、马赛克及天花板装饰材料
YJⅠ－YJⅣ 建筑胶粘剂	耐水、耐湿热、耐腐蚀、低毒、低污染、不着火、不爆炸	适用于在混凝土水泥砂浆等墙地面，粘贴瓷砖、大理石、马赛克等
4115 强力地板胶	常温固化、干燥迅速、粘结力强，干燥后防水性能好，收缩率低	粘结各种木、塑卷材地板、地砖及各种化纤地毯
WH－1 白马牌万能胶	系双组分改性环氧胶。粘结强度高，耐热、耐水、耐油、耐冲击、耐化学介质腐蚀	用于金属、塑料、玻璃、陶瓷、橡胶、大理石、混凝土以及灯座、插座、门牌等的粘结
6202 建筑胶粘剂	是一种常温固化的双组分无机溶剂触变环氧型胶粘剂，粘结力强，固化收缩小，不流淌，粘合面广，使用简便、安全，清洗方便	可用于建筑五金的固定、电器安装等，对不适合打钉的水泥墙面，用该胶粘剂更为合适

聚醋酸乙烯酯类胶粘剂 表 2－5

名 称	性 能 特 点	用 途
聚醋酸乙烯胶粘剂（白乳胶）	乳白色稠厚液体；固体含量：50%±2%；pH值：4～6	适用于木材、墙纸、墙布、纤维板的粘合以及涂料、印染、水泥等作为胶料之用
424A 地板胶	粘结强度较高、干燥快、耐潮湿	主要适用于聚氯乙烯地板与水泥地面的粘结
SG791 建筑轻板胶粘剂	无毒、无臭、耐久、耐火、冻融后不影响强度，宜在潮湿处使用	适用于混凝土水泥砂浆墙面、地面粘贴瓷砖、马赛克、大理石等

续表

名　称	性能特点	用　途
SG792 建筑装修胶粘剂	系单组分胶，具有使用方便、粘结强度高、价格低等特点。抗拉强度：混凝土—木 1.4 MPa；陶瓷—混凝土 1.59 MPa	用于在混凝土、砖、石膏板等墙面上粘结木条、木门窗框、木柱镜线、窗帘盒、瓷衣钩、瓷砖等，还可粘结石材贝壳装饰品，以及在墙面上粘结钢、铝等金属件等
4115 建筑胶粘剂	以溶液聚合的聚醋酸乙烯为基料而配成的常温固化单组分胶粘剂。固体含量高、收缩率低、早强发挥快、粘结力强、防水、抗冻、无污染	对于多种微孔建筑材料，如木材、水泥制件、陶瓷、石棉板、纸面、石膏板、矿棉板、刨花水泥板、玻璃纤维增强水泥板、钙塑板等有优良的粘结性
GCR—803 建筑胶粘剂	以改性聚醋酸乙烯为基料加入填充料制成。粘结强度高、无污染、施工方便	对混凝土、木材、陶瓷、石板刨花水泥板、石棉板等具有良好的粘结性

聚乙烯醇缩甲醛类胶粘剂　　　　**表 2-6**

名　称	性能特点	用　途
107 胶	系聚乙烯醇缩甲醛为主要成分的一种透明水性胶体，无毒、无臭，具有良好的粘结性能	用作壁纸、墙布、水泥制品等的粘结剂，用 107 胶配制的聚合砂浆可用于贴瓷砖、马赛克等
KFT841 建筑胶水	含固量：9% ~ 10%；pH 值：7 ~ 8；黏度：> 800CPO	墙布、壁纸、锦砖、瓷砖的粘结，与水泥配作彩色地板
801 建筑胶水	含固率高、黏度大、粘结性好	锦砖、瓷砖、墙布、墙纸的粘贴及人造革木质纤维板的粘结等
中南牌墙布粘结剂	无毒、无味、耐碱、耐酸 抗拉强度：0.132 MPa	粘贴塑料壁纸、玻璃纤维墙布、无纺墙布

聚氨酯类胶粘剂　　　　**表 2-7**

名　称	性能特点	用　途
长城牌 405 胶	以聚氨酯与异氰酸酯为原料制成的胶粘剂，具有常温固化、使用方便等特点	用于金属、玻璃、橡胶等多种材料的粘结

续表

名　称	性 能 特 点	用　途
1号超低温胶	以聚氨酯与异氰酸酯为原料制成。	适用于玻璃钢、陶瓷及铝合金的粘结
CH—201胶	由(甲)聚氨酯预聚体为主体和(乙)固化剂从多羟基化合物或二元胺化合物为主体所组成。具有常温固化、能在干燥或潮湿条件下粘结、气味小、适用期长等特点	供地下室、宾馆走廊以及使用腐蚀性化工原料的车间等潮湿环境和经常用水冲洗的地面粘结用，适用于粘结PVC与水泥地面、木材钢板等

2.3 砂石类

(1) 砂子

1) 天然砂子：天然砂子是岩石风化后的产物，由不同粒径的矿物颗粒混合而成，分为山砂、河砂、海砂等。砂子常用作骨料，按平均粒径大小分为粗砂（平均粒径大于0.5 mm)、中砂（平均粒径为0.35～0.5 mm)、细砂（平均粒径为0.25～0.35 mm）和特细砂（平均粒径小于0.25 mm)。抹灰工程中常用中砂。

在天然砂中含有一定数量的黏土、泥块、灰尘和杂物，要求砂子在使用前过筛，不得含有杂物，含泥量较高的砂子在使用前必须用清水冲洗干净后再使用。

2) 其他砂子：

①人造石英砂：人造石英砂，是将石英岩加以熔烧，经过人工或机械破碎筛分而成。它比天然石英砂纯净、质量好、二氧化硅含量高。

②彩釉砂：彩釉砂是由各种不同粒径的石英砂或白云石粒加颜料焙烧后，经化学处理而制得的。彩釉砂在高温280 ℃、负温20 ℃下不变色，且具有防酸、耐碱性能。其产品有深黄、浅黄、

象牙黄、珍珠黄、橘黄、浅绿、草绿、玉绿、雅绿、碧绿、海碧、浅草青、赤红、西赤、咖啡、钴蓝等30多种颜色。

③着色砂：是在石英砂或白云石细粒表面，进行人工着色而制得的。着色多采用矿物颜料，故着色砂色彩鲜艳，耐久性好。

以上三种砂子，多用于装饰抹灰中作骨料。

(2) 石渣

在抹灰工程中，除常用砂子作骨料外，还经常用石渣作骨料进行装饰抹灰。

石渣，也称“石粒”、“石米”等，是由天然大理石及其他石材破碎筛分得到的。它具有各种不同的颜色（包括白色），经常用于制作水磨石、水刷石、干粘石、斩假石及其他饰面抹灰骨料。其品种、规格及质量要求见表2-8。

石渣的品种、规格及质量要求　　表2-8

规格（俗称）	粒径/mm	常用品种	质量要求
大二分 一分半 大八厘 中八厘 小八厘 米粒石	约20 约15 约8 约6 约4 0.3~1.2	东北红、东北绿、丹东绿、盖平红、粉黄绿、玉泉灰、旺青、晚霞、白云石、云彩绿、红王花、奶油白、竹根霞、苏州黑、黄花玉、南京红、雪浪、松香石、墨玉等	颗粒坚韧、有棱角、洁净、不得含有风化的石粒 使用时应冲洗干净

(3) 石屑

石屑是粒径比石粒更小的细骨料，主要用于配制外墙喷涂饰面。常用的有松香石屑、白云石屑等。

(4) 瓷粒

瓷粒是用石英、长石和瓷土为主要原料烧制而成的。粒径为1.2~3 mm，颜色多样。可代替彩色石渣，用于室外装饰抹灰，也可嵌入水泥砂浆、混合砂浆或彩色砂浆底层上作为装饰饰面之用，均可获得良好的艺术效果。

(5) 膨胀珍珠岩

膨胀珍珠岩是一种酸性火山玻璃质岩石。因具有珍珠裂隙结构而得名。膨胀珍珠岩是珍珠岩矿石经过破碎、筛分、预热、高温，体积骤然膨胀而成的一种白色或灰白色的中性无机砂状材料。其颗粒结构呈蜂窝泡沫状，重量特轻，风吹可扬，有保温、吸音、无毒、不燃、无臭等特性。主要用于保温、隔热、吸声墙面的抹灰。

（6）膨胀蛭石

蛭石是一种复杂的铁、镁含水硅酸盐矿物，由云母矿物风化而成。膨胀蛭石是由蛭石经晾干、破碎、筛选、煅烧、膨胀而成，其颗粒单片体积能膨胀20倍以上，膨胀后的蛭石形成许多薄片组成的层状碎片。在碎片内部具有无数细小的薄层空隙，其中充满空气，因此密度很低，导热系数很小，具有耐火防腐、不变质、不易被虫蛀等特性，是一种很好的无机保温隔热吸声材料。

（7）石材

1）天然石材。由天然岩石通过开采所获得的毛料，或经加工制成的块状、板状石料，统称天然石材。利用天然石材的色泽、质地、纹理作装饰材料，具有不可替代的自然美，其中装饰效果最为突出的是大理石和花岗岩。

①天然大理石：天然大理石是一种变质岩，常呈层状结构，属于中硬石材。它是石灰岩与白云岩在高温、高压作用下变质而成。其结晶主要由方解石和白云石组成，纹理有斑、条之分。其成分以碳酸钙为主，约占50%以上。另外，还含有碳酸镁、氧化钙、氧化镁及氧化硅等成分。

天然大理石板材是由天然大理石荒料经锯切、研磨、抛光及切割而成。

天然大理石表观密度为2 600～2 700 kg/m³，抗压强度100～150 MPa，吸水率<0.75%，耐磨性好，耐久性好。一般为白色，因含矿物种类不同而具有灰色、绿色、黑色、玫瑰色等多种色彩和花纹，磨光后非常美观。多数大理石的主要化学成分为碳酸钙或碳酸镁等碱性物质，易被酸侵蚀，故除个别品种（汉白

玉、艾叶青等）外，一般不宜用作室外装修。

天然大理石可制作高级装饰工程的饰面板，用于宾馆、展览馆、影剧院、商场、图书馆、机场、车站等公共建筑工程的室内墙面、柱面、栏杆、地面、窗台板、服务台的饰面等。此外，还可以用于制作大理石壁画等。

天然大理石板材按形状分为普型板材（N）和异型板材（S）。普型板材是指正方形或长方形的板材；异型板材是指其他形状的板材。常用普型板材的厚度为 20 mm，长与宽见表 2－9。

常用天然大理石普型板材的长与宽 单位：mm **表 2－9**

长	宽	长	宽	长	宽	长	宽
300	150	400	400	900	600	1 200	900
300	300	600	300	915	610	1 220	915
305	152	600	600	1 067	762		
305	305	610	305	1 070	750		
400	200	610	610	1 200	600		

天然大理石板材的规格尺寸允许偏差，平面度允许极限公差，角度允许极限公差。按其外观质量和镜面光泽度，分为优等品（A）、一等品（B）、合格品（C）三个等级。

大理石板材的命名顺序为：荒料产地地名、花纹色调特征名称、大理石（M）。

标记顺序为：命名、分类、规格尺寸、等级、标准号。如用北京房山白色大理石荒料生产的普型规格尺寸为 600 mm×400 mm×20 mm 的一等品板材示例：命名为房山汉白玉大理石；标记：房山汉白玉（M）N 600 mm×400 mm×20mm B JC79。常用天然大理石的品种，见表 2－10。

常用天然大理石的品种 **表 2－10**

名称	特　　征	产　　地
汉白玉	玉白色，微有杂点和脉	北京房山、湖北黄石
晶　白	白色晶体，细致而均匀	湖　北

续表

名称	特　　征	产　　地
雪　云	白和灰白相间	广东云浮
影晶白	乳白色，有微红至深赭的陷纹	江苏高资
风　雪	灰白间有深灰色晕带	云南大理
冰　浪	灰白色，均匀粗晶	河北曲阳
凝　脂	猪油色底，稍有深黄细脉，偶带透明杂晶	江苏宜兴
彩　云	浅翠绿色底，深浅绿絮状相渗，有紫斑和脉	河北获鹿
云　灰	白或浅灰底，有烟状或云状黑灰纹带	北京房山
晶　灰	灰色微赭，均匀细晶，间有灰条纹或赭色斑	湖北曲阳
驼　灰	土灰色底，有深黄赭色，浅色疏脉	江苏苏州
海　涛	浅灰底，有深浅间隔的青灰色条状斑带	湖　北
象　灰	象灰底，杂细晶斑，并有红黄色细纹络	浙江潭浅
艾叶青	青底，深灰间白色叶状斑云，间有片状纹缕	北京房山
残　雪	灰白色，有黑色斑带	河北铁山
螺　青	深灰色底，满布灰白相间螺纹状花纹	北京房山
晚　霞	石黄间土黄斑底，有深黄叠脉，间有黑晕	北京顺义
蟹　青	黄灰底，遍布深灰或黄色砾斑，间有白灰层	湖　北
虎　纹	赭色底，有流纹状石黄色经络	江苏宜兴
灰黄玉	浅黑灰底，有绛红色、黄色和浅灰脉络	湖北大冶
锦　灰	浅黑灰底，有红色和灰白色脉络	湖北大冶
电　花	黑灰底，满布红色间白色脉络	浙江杭州
桃　红	桃红色，粗晶，有黑色缕纹或斑点	河北曲阳
银　河	浅灰底，密布粉红脉络杂有黄脉	湖北下陆
秋　枫	灰红底，有血红晕脉	江苏南京
砾　红	浅红底，满布白色大小碎石块	广东浮云
岭　红	紫红碎螺脉，杂以白斑	辽宁铁岭
紫螺纹	灰红底，满布红灰相间的螺纹	安徽灵璧
螺　红	绛红底，夹有红灰相间的螺纹	辽宁金县
红花玉	肝红底，夹有大小浅红碎石块	湖北大冶
五　花	绛紫底，遍布绿青灰色或紫色大砾石	江苏、河北
墨　壁	黑色、杂有少量浅黑陷斑或少量土黄缕纹	河北获鹿
星　夜	黑色、间有少量脉络或白斑	江苏苏州

天然大理石普型板材，其规格尺寸允许偏差，应符合表2－11的规定。

天然大理石普型板材规格尺寸允许偏差 单位：mm **表2－11**

部位		优等品	一等品	合格品
长度、宽度		0 －1.0	0 －1.0	0 －1.5
厚度	≤15	±0.5	±0.8	±1.0
	＞15	＋0.5 －1.5	＋1.0 －2.0	±2.0

注：1. 异型板材规格尺寸允许偏差由供需双方商定。

2. 板材厚度小于或等于15 mm时，同一块板材上的厚度允许极差为1.0 mm；板材厚度大于15 mm时，同一块板材上的厚度允许极差为2.0 mm。

天然大理石板材，其平面度允许极限公差和角度允许极限公差，应符合表2－12的规定。

天然大理石板材平面度允许极限公差和角度允许极限公差 单位：mm **表2－12**

项目	板材长度范围	优等品	一等品	合格品
平面度允许极限公差	≤400 ＞400～＜800 ≥800～＜1 000 ≥1 000	0.20 0.50 0.70 0.80	0.30 0.60 0.80 1.00	0.50 0.80 1.00 1.20
角度允许极限公差	≤400 ＞400	0.30 0.50	0.40 0.60	0.60 0.80

注：1. 拼缝板材，正面与侧面的夹角不得大于90°。

2. 异型板材角度允许极限公差由供需双方商定。

天然大理石板材，其同一批的花纹色调应基本调和，其正面的外观缺陷，应符合表2－13的规定。

天然大理石板材的外观缺陷要求 **表2－13**

缺陷名称	优等品	一等品	合格品
翘曲、裂纹、砂眼、凹陷、色斑、污点	不允许	不允许	有，但不影响使用
正面棱缺陷长≤8 mm，宽≤3 mm			1处
正面角缺陷长≤3 mm，宽≤3 mm			

天然大理石板材，在储运中应注意下列事项：

在运输中，应防湿，严禁滚摔、碰撞；应在室内储存，室外储存时应加遮盖；应按品种、规格、等级或工程部位分别存放；直立码放时，应光面相对，倾斜度不大于15°，层间加垫，垛高不得超过1.5m；平放时，亦应光面相对，地面必须平整，垛高不得超过1.2m；若采用包装箱，其码放高度也不得超过2m。

②天然花岗石：天然花岗石是一种分布最广的火成岩，属于硬质石材。它由石英、长石和云母等主要成分的晶粒组成，其成分以二氧化硅为主，约占65%～75%。花岗石为全晶质结构的岩石，按结晶颗粒的大小，通常分为细粒、中粒和斑状等几种。花岗石的颜色取决于其所含长石、云母及暗色矿物的种类及数量，常呈灰色、黄色、蔷薇色和红色等，以深色花岗石比较名贵。

天然花岗石板材是天然花岗石荒料经锯切、研磨、切割而成的。

天然花岗石的品质决定于矿物的成分和结构。品质优良的其晶粒细而均匀，构造紧密，石英含量多，云母含量少，不含黄铁矿等杂质，光泽明亮，没有风化现象。

天然花岗石的表观密度2 600～2 800 kg/m^3；抗压强度很大，为120～250 MPa；孔隙率和吸水率很小，吸水率常在1%以下；膨胀系数为（5.6～7.34）$\times 10^{-8}$/℃；抗冻性高达100～200次；耐风化，细粒天然花岗石使用年限可达500a以上，粗粒天然花岗石可达100～200a；耐酸性很强；磨光天然花岗石板材表面平整光滑、色彩斑斓、质感坚实、华丽庄重、装饰性好；因所含石英在573 ℃和870 ℃的高温下会发生晶态转变，产生体积膨胀，故天然花岗石不抗火。

天然花岗石可制成高级饰面板，用于宾馆、饭店、纪念性建筑物等的门厅、大堂的墙面、地面、墙裙、勒脚及柱面的饰面板等。

天然花岗石板材按形状分为普型板材（N）和异型板材（S）。

常用天然花岗石普型板材的厚度为 20 mm，长与宽见表 2－14。

常用天然花岗石普型板材的长与宽　单位：mm　表 2－14

长	宽	长	宽	长	宽	长	宽
300	300	600	300	610	610	1 070	750
305	305	600	600	900	600	1 067	762
400	400	610	305	915	610		

天然花岗石板材按加工程度的不同，可分为以下三种：

细面板材（RB）。它是表面平整、光滑的板材。

镜面板材（PL）。它是表面平整、具有镜面光泽的板材。

粗面板材（RU）。它是表面平整、粗糙，具有较规则加工条纹的机刨板、剁斧板、锤击板、烧毛板等。

天然花岗石板材，按规格尺寸允许偏差、平面度允许极限公差、角度允许极限公差及其外观质量，分为优等品（A）、一等品（B）、合格品（C）三个等级。

天然花岗石板材的命名顺序为：荒料产地地名、花纹色调特征名称、花岗石（G）。标记顺序为：命名、分类、规格尺寸、等级、标准号。例如，用山东济南黑色花岗石荒料生产的 400 mm × 400 mm × 20 mm、普型、镜面、优等板材，命名为济南青花岗石，标记为：济南青（G）N PL 400mm × 400mm × 20mm A JC205。

常用天然花岗石板材的品种和花色特征，见表 2－15。

常用天然花岗石板材的品种和花色特征　表 2－15

品　种	花　色　特　征	生产厂
济南青 白虎涧 将军红	黑色，有小白点 肉粉色带黑斑 黑色棕红浅灰间小斑块	北京市大理石厂
黑花岗石	黑色，分大、中、小花	山东临沂大理石厂
莱州白 莱州青 莱州黑 莱州红 莱州棕黑	白色黑点 黑底青白点 黑底灰白点 粉红底深灰点 黑底棕点	山东莱州市大理石厂（莱州牌）

续表

品　种	花色特征	生产厂
济南春 红花岗石 白花岗石	纯　黑 紫红色 白　色	济南市花岗石厂
芝麻青 红花岗石	白底、黑点 红底起白点花	湖北黄石市大理石厂
花岗石板	黑或青色，带小白点	连云港大理石厂

天然花岗石普型板材，其规格尺寸允许偏差，应符合表2－16的规定。

天然花岗石普型板材的规格尺寸允许偏差　单位：mm**表 2－16**

分　类		细面和镜面板材			粗面板材		
等　级		优等品	一等品	合格品	优等品	一等品	合格品
长度、宽度		0 －1.0	0 －1.5		0 －1.0	0 －2.0	0 －3.0
厚度	≤15	±0.5	±1.0	＋1.0 －2.0			
	＞15	±1.0	±2.0	＋2.0 －3.0	＋1.0 －2.0	＋2.0 －3.0	＋2.0 －4.0

异型板材规格尺寸允许偏差由供需双方商定。板材厚度小于或等于15 mm，同一块板材上的厚度允许偏差为1.5 mm；板材厚度大于15 mm，同一块板材上的厚度允许偏差为3.0 mm。

天然花岗石板材的平面度允许极限公差和角度允许极限公差，应符合表2－17的规定。

天然花岗石板材的平面度允许极限公差和角度允许极限公差　单位：mm　**表 2－17**

项　目	板材长度范围	细面和镜面板材			粗面板材		
		优等品	一等品	合格品	优等品	一等品	合格品
平面度允许极限公差	≤400	0.20	0.40	0.60	0.80	1.00	1.20
	＞400～1 000	0.50	0.70	0.90	1.50	2.00	2.20
	≥1 000	0.80	1.00	1.20	2.00	2.50	2.80

续表

<table>
<tr><th rowspan="2">项　　目</th><th rowspan="2">板材长度范围</th><th colspan="3">细面和镜面板材</th><th colspan="3">粗面板材</th></tr>
<tr><th>优等品</th><th>一等品</th><th>合格品</th><th>优等品</th><th>一等品</th><th>合格品</th></tr>
<tr><td rowspan="2">角度允许极限公差</td><td>≤400</td><td rowspan="2">0.40</td><td rowspan="2">0.60</td><td>0.80</td><td rowspan="2">0.60</td><td>0.80</td><td>1.00</td></tr>
<tr><td>>400</td><td>1.00</td><td>1.00</td><td>1.20</td></tr>
</table>

异型板材角度允许极限公差由供需双方商定。对于拼缝板材，正面与侧面的夹角不得大于90°。

天然花岗石板材，其同一批的色调花纹应基本调和，其正面的外观缺陷，应符合表2－18的规定。

天然花岗石板材的外观缺陷要求　　表2－18

<table>
<tr><th>名称</th><th>规　定　内　容</th><th>优等品</th><th>一等品</th><th>合格品</th></tr>
<tr><td>缺棱</td><td>长度不超过10 mm（长度小于5 mm不计），周边每米长（个）</td><td rowspan="6">不允许</td><td rowspan="4">1</td><td rowspan="4">2</td></tr>
<tr><td>缺角</td><td>面积不超过5 mm×2 mm（面积小于2 mm×2 mm不计），每块板（个）</td></tr>
<tr><td>裂纹</td><td>长度不超过两端顺延至板边总长度的1/10（长度小于20 mm的不计），每块板（条）</td></tr>
<tr><td>色斑</td><td>面积不超过20 mm×30 mm（面积小于15 mm×15 mm不计），每块板（个）</td></tr>
<tr><td>色线</td><td>长度不超过两端顺延至板边总长度的1/10（长度小于40 mm的不计），每块板（条）</td><td>2</td><td>3</td></tr>
<tr><td>坑窝</td><td>粗面板材的正面出现坑窝</td><td>不明显</td><td>出现，但不影响使用</td></tr>
</table>

天然花岗石板材，在储运中的注意事项，与天然大理石板材相同。

2）人造石材：用人工方法制造的具有天然石材的花纹和质感的合成石，称为“人造石材”。它的花纹图案可以人为控制，如仿大理石、仿花岗石、仿玛瑙石等，且质量轻、强度高、耐污染、耐腐蚀、方便施工，是现代建筑理想的装饰材料。目前，以人造大理石用得最多。

人造石材按其所用材料的不同，一般分为树脂型人造石材、水泥型人造石材、复合型人造石材和烧结型人造石材四类。

树脂型人造石材是以有机树脂为胶结剂，与天然碎石、石粉及颜料等配制拌成混合料，经浇捣成型、固化、脱模、烘干、抛光等工序而制成。这是目前主要使用的人造石材。

树脂型人造石材，按表面图案不同，又分为以下几种：

①人造大理石：人造大理石有类似大理石的花纹和质感。填料最大粒度可在 0.5 ~ 1 mm 之间，可用石英砂、硅石粉和碳酸钙作填料。

②人造花岗石：人造花岗石有类似花岗石的花色质感。如粉红底黑点、白底黑点等品种。填充料配比是按其花色而特定的。

③人造玛瑙石：人造玛瑙石有类似玛瑙的花纹和质感。所使用的填料有很高的细度和纯度，制品具有半透明性，填充料可使用氢氧化铝（三分子结晶水）和合适的大理石粉料。

④人造玉石：人造玉石有类似玉石的色泽，半透明状。所使用的填料有很高的细度和纯度。人造玉石有仿山田玉、仿芙蓉玉、仿紫晶、仿彩翠等品种。

人造石材常用于室外立面、柱面装饰；室内铺地和墙面装饰；此外，还可作楼梯面板、窗台板、服务台面等。

树脂型人造石材，具有以下特性：

①色彩花纹仿真性强，其质感和装饰效果完全可与天然大理石和天然花岗石媲美。

②强度高，不易碎，其板材厚度薄，重量轻，可直接用聚酯砂浆或 107 胶水泥净浆进行粘贴施工。

③具有良好的耐酸碱、耐腐蚀性和抗污染性。

④树脂型人造石在大气中长期受到阳光、空气、热量、水分等的综合作用后，随着时间的延长，会逐渐产生老化。老化后，表面将失去光泽，颜色变暗，从而降低其装饰效果。

⑤可加工性好，比天然石材易于锯切、钻孔。

目前国内有关厂家生产的人造石的品种、规格及性能，见表2－19。

人造石的几个品种及其规格性能 **表2－19**

品种	代号	规格/mm	花色	主要性能指标						产地
				抗折强度/MPa	抗压强度/MPa	硬度/HB	光泽度/度	质量/(g/cm³)	吸水率/(%)	
人造大理石板	A—1 B—2 C—3 D—4	450×450×(8～10) 600×600×(10～12) 700×700×(12～15) 800×900×(15～20)	各种无光理石板	38	100	40	80	2.6	0.10	上海市申江聚酯制品厂
合成花岗石	3101 3102 3103 3104 3105 3106	1 780×890×12	贵妃红 奶白 麻花 锦黑 彩云 贵妃红	25	90	>22	90	2.5	0.30	江西上高建筑装饰材料厂
人造大理石		530×1 850 530×1 960 520×1 960 345×1 960 520×1 940 530×1 850	花色20余种	31	100	50～60	100.9	2.23	<1.0	呼和浩特聚酯大理石制品厂
合成石板		长≤2 000 宽≤800 厚8～20	有40种花色	30	100	35	70～90	2.2	<0.10	北京建材水磨石厂

2.4 陶瓷类

在抹灰工程中，所用陶瓷类装饰材料主要有釉面砖、外墙面砖、地砖、陶瓷锦砖和琉璃制品等。

陶瓷制品按所用原料、坯体的致密程度及烧结程度不同，可分为陶器、炻器和瓷器三类。

陶器的主要原料是可塑性较高的易熔或难熔黏土。坯体烧结程度不高，呈多孔，有一定的吸水性。制品断面粗糙无光，不透明，敲之声音粗哑，可施釉或不施釉。陶器根据其原料土杂质含量的不同，又可分为粗陶和精陶两种。建筑上用的粘土砖、瓦即为粗陶一类；所用的外墙面砖、地砖等，多属于精陶类。

炻器以耐火粘土为主要原料制成，烧成温度在 1 200 ~ 1 300 ℃。烧后呈浅黄色或白色，制品断面较致密，但仍有约3% ~ 5%的吸水率。炻器是介于陶与瓷之间的制品，也称半瓷。建筑上用的釉面砖、陶瓷锦砖即属于炻器。

瓷器是以高岭土为主要原料，经过精细加工、成型后，在 1 250 ~ 1 450 ℃的温度下烧成。呈半透明状，烧后坯体致密，几乎不吸水，色白，耐酸、耐碱、耐热性能均好。日用瓷等多属此类。

（1）釉面砖

釉面砖，也称釉面内墙砖，习惯上称为“瓷砖”。

釉面砖按釉面颜色分为单色（含白色）、花色和图案砖三种；按正面形状分为正方形、长方形和异型配件砖。釉面砖背面做有凹槽纹，背纹深度应不小于 0.2 mm。

釉面砖的厚度一般为 5 mm，长与宽的规格有：297 mm × 247 mm、297 mm × 197 mm、197 mm × 197 mm、197 mm × 148 mm、148 mm × 148 mm、148 mm × 73 mm、98 mm × 98 mm 等多种。异型配件砖的外形及规格尺寸更多，可按需要选配。

釉面砖的种类、特点和代号参见表 2 - 20。

釉面砖的种类、特点和代号　　　　表 2 - 20

种类		特点	代号
白色釉面砖		色纯白，釉面光亮，镶于墙面，清洁大方	FJ
彩色釉面砖	有光彩色釉面砖	釉面光亮晶莹，色彩丰富雅致	YG
	石光彩色釉面砖	釉面半无光，不显眼，色泽一致，色调柔和	SHG

续表

种类		特点	代号
装饰釉面砖	花釉砖	系在同一砖上，施以多种色釉，经高温烧成。色釉互相渗透，花纹千姿百态，有良好的装饰效果	HY
	线晶釉砖	晶花辉映，纹理多姿	JJ
	斑纹釉砖	斑纹釉面，丰富多彩	BW
	理石釉砖	具有天然大理石花纹，颜色丰富，美观大方	LSH
图案砖	白地图案砖	系在白色釉面砖上装饰各种彩色图案，经高温烧成，纹样清晰，色彩明朗，清洁优美	BT
	色地图案砖	系在有光（YG）或石光（SHG）彩色釉面砖上，装饰各种图案，经高温烧成，生产浮雕、煅光、绒毛、彩漆等效果。做内墙饰面，别具风格	YGTD- YGT SHGT
瓷砖画及色釉陶瓷字	瓷砖画	以各种釉面砖拼成各种瓷砖面，或根据已有画稿烧制成釉面砖，再拼装成各种瓷砖面，清洁优美，永不褪色	—
	色釉陶瓷字	以各种色釉、瓷土烧制而成，色彩丰富，光亮美观，永不褪色	—

釉面砖的尺寸允许偏差应符合表2-21的规定。异型配件砖的尺寸允许偏差，在保证匹配的前提下，由生产厂家制定。

釉面砖的尺寸允许偏差　　　　表2-21

	尺寸/mm	允许偏差/mm
长度与宽度	≤152	±0.5
	>152 ≤250	±0.8
	>250	±1.0
厚　度	≤5	+0.4 -0.3
	>5	厚度的±8%

釉面砖根据外观质量分为优等品、一等品和合格品。其表面缺陷允许范围，应符合表2－22的规定；其允许色差，应符合表2－23的规定；其平整度允许偏差应符合表2－24的规定（尺寸大于152 mm的釉面砖，其平整度数值以对角线长度百分数表示）；尺寸大于125 mm的釉面砖，其边直度和直角度允许偏差应符合表2－25的规定。

表面缺陷允许范围　　表2－22

缺陷名称	优等品	一等品	合格品
开裂、夹层、釉裂	不允许		
背面磕碰	深度为砖厚的1/2	不影响使用	
剥边、落脏、釉泡、斑点、坯粉釉缕、橘釉、波纹、缺釉、棕眼裂纹、图案缺陷、正面磕碰	距离砖面1 m处目测无可见缺陷	距离砖面2 m处目测缺陷不明显	距离砖面3 m处目测缺陷不明显

允许色差　　表2－23

	优等品	一级品	合格品
色差	基本一致	不明显	不严重

平整度允许偏差　　表2－24

尺寸	平整度	优等品	一级品	合格品
≤152	中心弯曲度（%）	+1.4 −0.5	+1.8 −0.8	+2.0 −1.2
	翘曲度（%）	0.8	1.3	1.5
>152	中心弯曲度（%）	+0.5	+0.7	+1.0
	翘曲度（%）	−0.4	−0.6	−0.8

边直度和直角度允许偏差　　表2－25

	优等品	一级品	合格品
边直度（%）	+0.8 −0.3	+1.0 −0.5	+1.2 −0.7
直角度（%）	±0.5	±0.7	±0.9

釉面砖有许多优良的性能，它强度高、能防潮、能抗冻、耐

酸碱、抗急冷急热、易清洗。主要适用于作厨房、浴室、卫生间、实验室、精密仪器车间及医院等室内墙面、台面的饰面材料，既清洁卫生，又美观耐用。釉面砖通常不宜用于室外，因为釉面砖是多孔的精陶坯体，在长期与空气中的水分接触过程中，会吸收大量水分而产生吸湿膨胀的现象。而釉的吸湿膨胀非常小，当坯体吸湿膨胀增长到使釉面处于张应力状态，特别是当张应力超过釉的抗张强度时，釉面产生开裂。如果用于室外，经长期冻融，会出现剥落掉皮现象。

釉面砖铺贴前，必须浸水 2 h 以上，然后取出晾干至表面无明水，才可进行粘贴施工。目前，施工时常在水泥浆或水泥砂浆中掺入一定量的 107 胶，不仅可改善灰浆的和易性，延缓水泥凝结时间，以保证铺贴时有足够的时间对所贴砖进行拨缝调整，也有利于提高铺贴质量，还可提高工效、缩短工期。

(2) 墙地砖

墙地砖，是指外墙面砖和地砖，由于目前这类砖的发展趋向为墙、地两用，故称为“墙地砖”。墙地砖按其表面是否施釉，可分为彩色釉面墙地砖（简称彩釉砖）和无釉陶瓷墙地砖两类。

墙地砖的表面质感多种多样，通过配料和改善制作工艺，可制成平面、麻面、毛面、磨光面、抛光面、纹点面、仿花岗石面、压花浮雕面、无光釉面、有光釉面、金属光泽面、防滑面、耐磨面等。釉面墙地砖通过釉面着色可制成红、蓝、绿等各种颜色，通过丝网印刷可获得丰富的套花图案。无釉墙地砖通过坯体着色也可制得单色、多色等多种制品。

彩釉砖按表面质量和变形允许偏差，分为优等品、一等品、合格品三个等级。主要规格尺寸，见表 2-26。无釉陶瓷墙地砖主要产品规格，见表 2-27。

彩釉砖主要规格尺寸 单位：mm **表 2-26**

100×100	300×300	200×150	115×60
150×150	400×400	250×150	240×60
200×200	150×75	300×150	130×65
250×250	200×100	300×200	260×65

无釉陶瓷墙地砖主要规格尺寸　单位：mm　　表 2-27

100×100×（8~9） 100×200×8	150×200×8 200×200×8	200×300×9 300×300×9

墙地砖的尺寸允许偏差，应符合表 2-28 的规定；表面质量，应符合表 2-29 的规定。

尺寸允许偏差　单位：mm　　表 2-28

	基本尺寸	允许偏差
边长	<150	±1.5
	150~250	±2.0
	>250	±2.5
厚度	<12	±1.0

表面质量要求　　表 2-29

缺陷名称	优等品	一等品	合格品
缺釉、斑点、裂纹、落脏、棕眼、熔洞、釉缕、釉泡、烟熏、开裂、磕碰、波纹、剥边、坯粉	距离砖面 1m 处目测，有可见缺陷的砖数不超过 5%	距离砖面 2m 处目测，有可见缺陷的砖数不超过 5%	距离砖面 3m 处目测，缺陷不明显
色　差	距离砖面 3m 处目测不明显		

注：1. 在产品的侧面和背面，不准有妨碍粘结的明显附着釉及其它影响使用的缺陷。
2. 釉面上人为装饰效果不算缺陷。

彩釉砖的最大允许变形，应符合表 2-30 的规定。各级彩釉砖均不得有结构分层缺陷存在（坯体里有关夹层或有上下分离现象称为“分层”），凸背纹的高度和凹背纹的深度均不小于 0.5 mm。

最大允许变形　　表 2-30

变形种类	优等品	一等品	合格品
中心弯曲度（%）	±0.50	±0.60	+0.80 -0.60
翘曲度（%）	±0.50	±0.60	±0.70
边直度（%）	±0.50	±0.60	±0.70
直角度（%）	±0.60	±0.70	±0.80

墙地砖质地较致密，强度高，吸水率小，热稳定性、耐磨性及抗冻性均较好。其中，厚的一般用作铺地砖，薄的用于外墙饰面。用于外墙面砖及地砖的吸水率不得大于6%，严寒地区用的墙地砖吸水率应更小。

对于矩形外墙面砖，铺贴时可采用长边垂直或水平两种排列方式，砖缝又可取错缝或齐缝排列，而接缝宽度又有密缝与齐缝之分。

（3）新型墙地砖

1）劈离砖：劈离砖由于成型时为双砖背联坯体，烧成后再劈离成两块砖，故称劈离砖。劈离砖的种类很多，色彩丰富，表面质感多样，细质的清秀，粗质的浑厚；表面上釉的光泽晶莹；表面无釉的质朴典雅大方，无反射弦光。

劈离砖坯体密实，强度高，其抗折强度≥20 MPa；吸水率小，低于6%；表面硬度大，耐磨、防滑，耐腐、抗冻，冷热性能稳定，耐酸碱能力强。背面凹槽纹与粘结砂浆形成楔形结合，可保证铺贴砖时粘结牢固。劈离砖主要规格有：240 mm×52 mm×11 mm、240 mm×115 mm×11 mm、194 mm×94 mm×11 mm、190 mm×190 mm×13 mm、240 mm×115 mm/52 mm×13 mm、194 mm×94 mm/52 mm×13 mm等。

劈离砖适用于各类建筑物的外墙装饰，也适合用于办公楼、图书馆、商场、车站、候车室、餐厅等室内地面及楼梯的铺设。厚砖适于广场、公园、停车场、走廊、人行道等露天地面铺设，也可用作游泳池、浴池池底和池岸的贴面材料。

2）彩胎砖：彩胎砖是一种本色无釉瓷质饰面砖，呈多彩细花纹的表面，富有天然花岗岩的纹点，有红、绿、黄、蓝、灰、棕等多种基色，多为浅色调，纹点细腻，色调柔和莹润、质朴高雅。主要规格有：200 mm×200 mm、300 mm×300 mm、400 mm×400 mm、500 mm×500 mm和600 mm×600 mm等，最小尺寸为95 mm×95 mm，最大规格可为600 mm×900 mm。

彩胎砖表面有平面和浮雕型两种，又有无光与磨光、抛光之分，吸水率小于1%，抗折强度大于27 MPa，其耐磨性很好。特别适用于人流大的商场、剧场、宾馆、酒楼等公共场所地面铺贴，也可用于住宅厅堂的墙地面装修，既美观又耐用。

3）麻面砖：麻面砖是采用仿天然岩石色彩的配料，压制成表面凹凸不平的麻面坯体后，经一次烧成的炻质面砖。砖的表面酷似经人工修凿过的天然岩石面，纹理自然，粗犷雅朴，有白、黄、红、灰、黑等多种色调。主要规格有：200 mm×100 mm、200 mm×75 mm和100 mm×100 mm等。麻面砖吸水率小于1%，抗折强度大于20 MPa，防滑耐磨。薄型砖适用于建筑物外墙装饰，厚型砖适用于广场、停车场、码头、人行道等地面铺设。广场砖还有外形为梯形和三角形的，可用以拼贴成圆形图案，以增强广场地坪的艺术感。

另外，还有陶瓷艺术砖和金属光泽釉面砖等。这些新型墙砖品种多、性能良好、装饰性强，用于地面还有很好的防滑耐磨作用。

（4）陶瓷锦砖

陶瓷锦砖是陶瓷什锦砖的简称，俗称“马赛克”。它是指由边长不大于40 mm、具有多种色彩和不同形状的小块砖，镶拼组成各种花色图案的陶瓷制品。其表面有无釉和施釉的两种。陶瓷锦砖的单位是联，它是将制成方形、长方形、六角形等的薄片状小块瓷砖，按设计图案反贴在牛皮纸上的，每联为305.5 mm见方，每40联为一箱，每箱约3.7 m^2。

陶瓷锦砖的基本形状和规格，见表2－31；其拼花图案，见图2－1。

陶瓷锦砖按质量要求不同，分为优等品和合格品两个等级。

单块陶瓷锦砖其尺寸允许偏差应符合表2－32的规定；每联锦砖线路（两块锦砖之间的距离称为“线路”）、联长的尺寸及允许偏差，应符合表2－33的规定。

陶瓷锦砖的基本形状和规格 **表 2－31**

基本形状		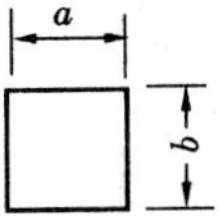				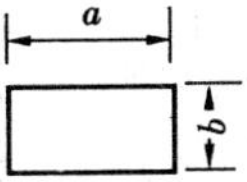	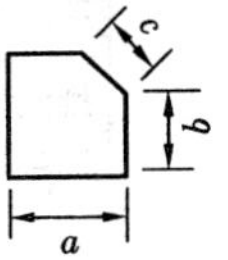	
名　　称		正　　方				长方（长条）	对　　角	
		大方	中大方	中方	小方		大对角	小对角
规格/mm	*a*	39.0	23.6	18.5	15.2	39.0	39.0	32.1
	b	39.0	23.6	18.5	15.2	18.5	19.2	15.9
	c	—	—	—	—	—	27.9	22.8
	d	—	—	—	—	—	—	—
	厚度	5.0	5.0	5.0	5.0	5.0	5.0	5.0

基本形状		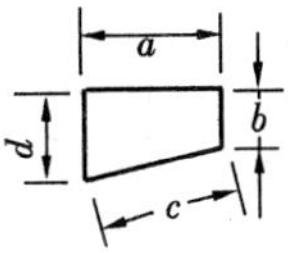	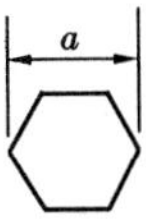	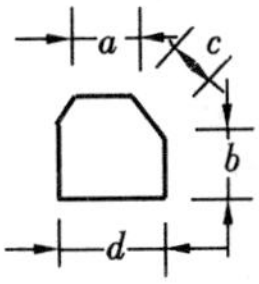	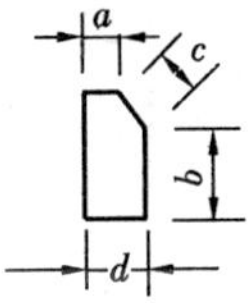
名　　称		斜长条（斜角）	六角	半八角	长条对角
规格/mm	*a*	36.4	25	15	7.5
	h	11.9	—	15	15
	c	37.9	—	18	18
	d	22.7	—	40	20
	厚度	5.0	5.0	5.0	5.0

单块陶瓷锦砖尺寸允许偏差 **表 2－32**

项　　目	尺寸/mm	允许偏差/mm	
		优等品	合格品
边　　长	≤25.0	±0.5	±1.0
	>25.0		
厚　　度	4.0	±0.2	±0.4
	4.5		
	>4.5		

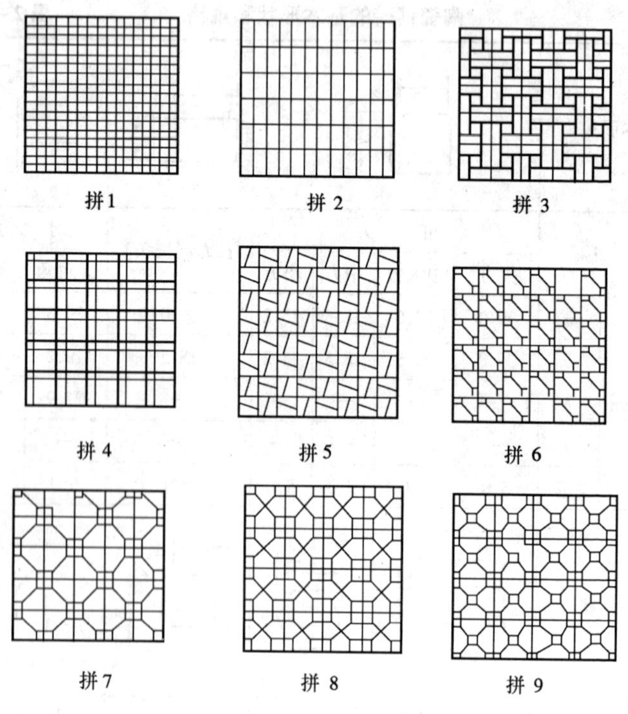

图 2－1 陶瓷锦砖的几种拼花图案

拼 1：正方与正方相拼；拼 2：长方与长方相拼；拼 3：长方与中方相拼；拼 4：长方与大方、中方相拼；拼 5：斜长条与斜长条相拼；拼 6：对角与正方相拼；拼 7：对角与正方相拼；拼 8：五角与正方相拼；拼 9：半八角与正方相拼

线路、联长尺寸及允许偏差 **表 2－33**

项　　目	尺寸/mm	允许偏差/mm	
		优等品	合格品
线　　路	2.0～5.0	±0.6	±1.0
联　　长	284.0 295.0 305.0 325.0	+2.5 －0.5	+3.5 －1.0

陶瓷锦砖具有色泽明净、图案美观、质地坚实、抗压强度高、耐污染、耐腐、耐磨、耐水、抗火、抗冻、防滑、易清洗等特点。

陶瓷锦砖由于砖块小，不易被踩碎，主要用于室内地面铺贴。它适用于工业建筑的洁净车间、工作间、化验室以及民用建筑的门厅、走廊、餐厅、厨房、盥洗室、浴室等的地面铺装，也可用作高级建筑物的外墙饰面材料。彩色陶瓷锦砖还可用以镶拼成壁画，其装饰性和艺术性都较好。用于拼贴壁画的锦砖尺寸愈小，画面失真程度愈小，则效果愈好。

（5）琉璃制品

琉璃制品是一种带釉陶瓷，其坯体泥质细净坚实，烧成温度较高。琉璃制品耐久性好，不易剥釉，不易褪色，表面光滑，不易玷污，色泽丰富多彩，装饰建筑物富丽堂皇、雄伟壮观，富有我国传统的民族特色。

琉璃制品主要有琉璃瓦、琉璃砖、琉璃兽，以及琉璃花窗、栏杆等各种装饰制件。琉璃瓦品种繁多，造型各异，主要有板瓦（底瓦）、筒瓦（盖瓦）、滴水勾头等。另外，还制有飞禽走兽、龙纹大吻等形象，用作檐头和屋脊的装饰物。琉璃瓦的色彩有金黄、翠绿、宝蓝等。

建筑琉璃制品的尺寸允许偏差、外观质量要求及物理性能等，详见《建筑琉璃制品》（GB 9197—88）有关规定。

琉璃瓦主要用于具有民族色彩的宫殿式建筑的屋面，以及少数纪念性建筑物上，也常用于建造园林中的亭、台、楼、阁以增加园林的景色。目前，常用琉璃檐点缀建筑物立面，以美化建筑造型。这种做法，在我国西安、北京、成都、苏州等地应用较多。

2.5 玻璃类

玻璃是以石英、纯碱、长石和石灰石等为主要原料，经熔融、成型、冷却固化而成的非结晶无机材料。

玻璃制品种类很多，这里重点介绍与抹灰工程有关的玻璃马赛克。

玻璃马赛克，又称“玻璃锦砖”。它是将用熔融法或烧结法生产的边长不超过 45 mm 的各种颜色、形状的玻璃质小块，预先铺贴在纸上而构成的装修材料。玻璃马赛克的材质为玻璃质，呈乳浊或半乳浊状，内含少量气泡和未熔颗粒。单块产品断面呈楔形，背面有锯齿状或阶梯状的沟纹，以使粘贴时吃灰深，粘贴牢而不易脱落。玻璃马赛克的颜色，有红、黄、蓝、白、黑等几十种。

玻璃马赛克的尺寸，一般为 20 mm × 20 mm、25 mm × 25 mm、30 mm × 30 mm，厚 4 ~ 6 mm。

单块玻璃马赛克的尺寸及允许公差，应符合表 2 – 34 的规定。

单块玻璃马赛克的尺寸及允许公差　　表 2 – 34

尺　寸/mm			允许公差/mm
边长	20.0	25.0	±0.5
厚度	4.0	4.2	±0.3

注：允许供需双方商定的其他形状和尺寸的产品，但其边长不得超过 45 mm。

每联玻璃马赛克的线路、联长和周边距的尺寸及允许公差，应符合表 2 – 35 的规定。

每联玻璃马赛克的线路、联长和周边距的尺寸及允许公差　　表 2 – 35

尺　寸/mm		允许公差/mm
线　路	2	±0.3
联　长	327，321	±2
周边距	2 ~ 7	—

注：线路、联长尺寸可按供需双方的商定作适当调整，但其允许公差不变。

单块玻璃马赛克正面的外观质量，应符合表 2 – 36 的规定。

单块玻璃马赛克正面的外观质量要求　　　表 2－36

<table>
<tr><th colspan="2">缺陷名称</th><th>表示方法</th><th colspan="2">缺陷允许范围/mm</th></tr>
<tr><td rowspan="2">变形</td><td>凹陷</td><td>深　度</td><td colspan="2">≤0.2</td></tr>
<tr><td>弯曲</td><td>弯曲度</td><td colspan="2">≤0.5</td></tr>
<tr><td colspan="2">缺　　角</td><td>损伤长度</td><td colspan="2">3.0～4.0 允许 1 处</td></tr>
<tr><td colspan="2" rowspan="2">缺　　边</td><td>长　　度</td><td>3.0～4.0</td><td rowspan="2">允许 1 处</td></tr>
<tr><td>宽　　度</td><td>1.0～2.0</td></tr>
<tr><td colspan="2">疵　　点</td><td></td><td colspan="2">不允许存在</td></tr>
<tr><td colspan="2">裂　　纹</td><td></td><td colspan="2">不允许存在</td></tr>
<tr><td colspan="2">皱　　纹</td><td></td><td colspan="2">不允许密集</td></tr>
<tr><td colspan="2">开口式气泡</td><td>长　　度</td><td colspan="2">≤1</td></tr>
</table>

注：单块玻璃马赛克缺角与缺边不能同时存在。

单块马赛克的背面应有锯齿状或阶梯状的沟纹。每批玻璃马赛克的色泽应基本一致。

所用粘结剂除保证粘结强度外，还应易从玻璃马赛克上擦去。所有粘结剂不能损坏纸或使玻璃马赛克变色。所用铺贴纸，应在合理搬运和正常施工过程中不发生撕裂。

玻璃马赛克具有色调柔和、朴实、典雅、美观大方、不变色、不积尘，能雨天自涤、经久常新，与水泥粘结性好、便于施工等特点。此外，还有以下优点：

①质地坚硬，性能稳定，不易污染，用于外墙能够较长久保持原有色彩和光泽，并具有耐热、耐寒、耐酸碱等特性。

②表面光滑，色泽度好，色调丰富，可用不同色彩的单块，按一定比例进行组合，有利于设计的选择。

目前，玻璃马赛克已广泛用于高级宾馆、舞厅、礼堂、商店的门面，它也适用于一般家庭住宅的厨房、卫生间等内外墙装饰，还可镶嵌成各种特色的大型壁画及醒目的标记。

2.6　其他类

(1) 预制水磨石板材

以水泥、石渣和砂为主要原料，经搅拌、振动或压制成型，养护、研磨等工序制作而成的板材，称为“建筑水磨石板材”。

建筑水磨石板材具有强度高、坚固耐用、美观大方、施工简单等特点，一般用硅酸盐水泥做胶凝材料。用铝酸盐水泥做胶凝材料生产出的水磨石板材的光泽度高，花纹耐久，抗风化，耐久性、防潮性都很好。

建筑水磨石板材较天然大理石有更多的选择性，物美价廉，是建筑上广泛应用的装饰材料。它广泛用于开间较大的地面、墙面及门厅的柱面、花台等部位。

建筑水磨石板材按在建筑中的使用部位的不同，可分为墙面和柱面用水磨石（Q），地面和楼面用水磨石（D），踢脚板、立板和三角板类水磨石（T），隔断板、窗台板和台面板类水磨石（G）；按表面加工程度，可分为磨面水磨石（M）和抛光水磨石（P）。

水磨石的常用规格尺寸为：300 mm × 300 mm、305 mm × 305 mm、400 mm × 400 mm、500 mm × 500 mm。

水磨石按其外观质量、尺寸偏差和物理力学性能，分为优等品（A）、一等品（B）和合格品（C）。

产品标记由牌号（商标）、类别、等级、规格和标准号组成。如规格为 400 mm × 400 mm × 25 mm × × 牌一等品地面用抛光水磨石的标记为：× × 牌水磨石 D PB 400mm × 400mm × 25mm JC 507。

建筑水磨石板材其面层外观缺陷应符合表 2 – 37 规定。

建筑水磨石板材面层外观缺陷规定　　　　表 2 – 37

缺陷名称	优等品	一等品	合格品
返浆杂质	不允许		长 × 宽 ≤ 10 mm × 10 mm 不超过 2 处
色差、划痕、杂石、漏砂、气孔	不允许	不明显	
缺口	不允许		不应有长 × 宽 > 5 mm × 3 mm 的缺口 长 × 宽 ≤ 5 mm × 3 mm 的缺口周边上不超过 4 处；但同一条棱上不超过 2 处

注：一个缺角应计为相邻两棱边各有缺口一处。

建筑水磨石板材磨光面有图案时，其越线和图案偏差应符合

表 2－38 的规定。每批交货的水磨石磨光面上的石渣级配和颜色应基本一致。

越线和图案偏差规定　　表 2－38

缺陷名称	优等品	一等品	合格品
图案偏差 /mm	≤2	≤3	≤4
越线 /mm	不允许	越线距离≤2 长度≤10 允许 2 处	越线距离≤3 长度≤20 允许 2 处

建筑水磨石板材其规格尺寸、平面度及角度允许偏差应符合表 2－39 的规定。

规格尺寸、平面度及角度允许偏差　　表 2－39

类别	项目 / 等级	长度、宽度 /mm	厚度 /mm	平面度 /mm	角度 /mm
Q	优等品	0 －1	±1	0.6	0.6
	一等品	0 －1	＋1 －2	0.8	0.8
	合格品	0 －2	＋1 －3	1.0	1.0
D	优等品	0 －1	＋1 －2	0.6	0.6
	一等品	0 －1	±2	0.8	0.8
	合格品	0 －2	±3	1.0	1.0
T	优等品	±1	＋1 －2	1.0	0.8
	一等品	±2	±2	1.5	1.0
	合格品	±3	±3	2.0	1.5
G	优等品	±2	＋1 －2	1.5	1.0
	一等品	±3	±2	2.0	1.5
	合格品	±4	±3	3.0	2.0

建筑水磨石板材其吸水率不得大于 8%；其抗折强度平均值不得低于 5 MPa；并且单块最小值，不得低于 4 MPa。

建筑水磨石板材，根据需要，也可预制成彩色，其配合比可参考表 2－40 执行。

彩色水磨石参考配合比 **表 2－40**

<table>
<tr><th>彩色水磨石名称</th><th colspan="4">主要材料/kg</th><th colspan="2">颜料(占水泥重量,%)</th></tr>
<tr><td rowspan="2">赭色水磨石</td><td colspan="2">紫红石子</td><td>黑石子</td><td>白水泥</td><td>红　色</td><td>黑　色</td></tr>
<tr><td colspan="2">160</td><td>40</td><td>100</td><td>2</td><td>4</td></tr>
<tr><td rowspan="2">绿色水磨石</td><td colspan="2">绿石子</td><td>黑石子</td><td>白水泥</td><td colspan="2">绿　色</td></tr>
<tr><td colspan="2">160</td><td>40</td><td>100</td><td colspan="2">0.5</td></tr>
<tr><td rowspan="2">浅粉红色水磨石</td><td colspan="2">红石子</td><td>白石子</td><td>白水泥</td><td>红　色</td><td>黄　色</td></tr>
<tr><td colspan="2">140</td><td>60</td><td>100</td><td>适　量</td><td>适　量</td></tr>
<tr><td rowspan="2">浅黄绿色水磨石</td><td colspan="2">绿石子</td><td>黄石子</td><td>白水泥</td><td>黄　色</td><td>绿　色</td></tr>
<tr><td colspan="2">100</td><td>100</td><td>100</td><td>4</td><td>1.5</td></tr>
<tr><td rowspan="2">浅橘黄色水磨石</td><td colspan="2">黄石子</td><td>白石子</td><td>白水泥</td><td>黄　色</td><td>红　色</td></tr>
<tr><td colspan="2">140</td><td>60</td><td>100</td><td>2</td><td>适　量</td></tr>
<tr><td rowspan="2">本色水磨石</td><td colspan="2">白石子</td><td>黄石子</td><td>425 号水泥</td><td colspan="2">—</td></tr>
<tr><td colspan="2">60</td><td>140</td><td>140</td><td colspan="2">—</td></tr>
<tr><td rowspan="2">白色水磨石</td><td>白石子</td><td>黑石子</td><td>黄石子</td><td>白水泥</td><td colspan="2">—</td></tr>
<tr><td>140</td><td>40</td><td>20</td><td>100</td><td colspan="2">—</td></tr>
</table>

注：白水泥为苏州光华水泥厂产 425 号水泥，颜料采用氧化铬绿、氧化铁黄、氧化铁红。

(2) 纸筋、麻刀

纸筋、麻刀等在抹灰工程中起骨架和拉结作用，可提高抹灰层的抗拉强度，增强抹灰层的弹性和耐久性，保证抹灰罩面层不易发生裂缝和脱落。

1) 纸筋：纸筋（草纸），在淋灰时，现将纸撕碎，除去尘土后泡在清水桶内浸透，然后按每 100 kg 石灰膏内掺入 2.75 kg 的比例倒入淋灰池内。使用时用小钢磨搅拌打细，再用 3 mm 孔径筛过滤成纸筋灰。

2）麻刀：麻刀为白麻丝，以均匀、坚韧、干燥、不含杂质、洁净为好。

一般要求长度为 2 ~ 3 cm，随用随打松散，每 100 kg 石灰膏中掺入 1 kg 麻刀，经搅拌均匀，即成为麻刀灰。

复习思考题

1. 简述无机胶凝材料的种类及其基本知识。
2. 简述有机胶凝材料的种类及其基本知识。
3. 简述砂石类材料的种类及其基本知识。
4. 简述陶瓷类、玻璃类材料的种类及其基本知识。

3 抹灰工程所用砂浆

抹灰工程所用砂浆分为三大类型，即一般抹灰砂浆、装饰抹灰砂浆、特种抹灰砂浆。

3.1 一般抹灰砂浆

（1）种类

一般抹灰砂浆（无砂者称为灰浆），按照其组成材料不同，可分为以下几种：

1）水泥砂浆：由水泥、砂和水，按一定配比拌合而成。

2）水泥混合砂浆：由水泥、砂、石灰膏合水，按一定配比拌和而成。

3）石灰砂浆：由石灰膏、砂和水，按一定配比拌合而成。

4）纸筋石灰砂浆：由石灰膏、砂、纸筋和水，按一定配比拌合而成。

5）麻刀石灰砂浆：由石灰膏、砂、麻刀和水，按一定配比拌合而成。

6）水泥石子浆：由水泥、豆石（或色石渣）和水，按一定配比拌合而成。

7）纸筋石灰浆：由纸筋、石灰膏和水，按一定配比拌合而成。

8）麻刀石灰浆：由麻刀、石灰膏和水，按一定配比拌合而成。

9）石膏灰浆：由石灰膏、熟石膏和水，按一定配比拌合而成。

10）素水泥浆：由水泥和水，按一定配比拌合而成。

(2) 配合比

每立方米砂浆，各组成材料的用量，称为配合比。一般砂浆配合比，可参照表3-1、表3-2、表3-3、表3-4、表3-5、表3-6。

水泥砂浆配合比 **表3-1**

材料	单位	水泥砂浆				
		1:1	1:1.5	1:2	1:2.5	1:3
42.5水泥	kg	765	644	557	490	408
粗 砂	m^3	0.64	0.81	0.94	1.03	1.03
水	m^3	0.30	0.30	0.30	0.30	0.30

石灰砂浆配合比 **表3-2**

材 料	单 位	石灰砂浆	
		1:2.5	1:3
石灰膏	m^3	0.40	0.36
粗 砂	m^3	1.03	1.03
水	m^3	0.60	0.60

水泥混合砂浆配合比（1） **表3-3**

材 料	单位	水泥混合砂浆				
		0.5:1:3	1:3:9	1:2:1	1:0.5:4	1:1:2
42.5水泥	kg	185	130	340	306	382
石灰膏	m^3	0.31	0.32	0.56	0.31	0.32
粗 砂	m^3	0.94	0.99	0.29	1.03	0.64
水	m^3	0.60	0.60	0.60	0.60	0.60

水泥混合砂浆配合比（2） **表3-4**

材 料	单位	水泥混合砂浆					
		1:1:6	1:0.5:1	1:0.5:3	1:1:4	1:0.5:2	1:0.2:2
42.5水泥	kg	204	583	371	278	453	510
石灰膏	m^3	0.17	0.24	0.15	0.23	0.19	0.08
粗 砂	m^3	1.03	0.49	0.94	0.94	0.76	0.86
水	m^3	0.60	0.60	0.60	0.60	0.60	0.60

水泥石子浆配合比 **表 3－5**

材料	单位	水泥石子浆			
		1:1.5	1:2	1:2.5	1:3
42.5 水泥	kg	945	709	567	473
色石渣	kg	1 189	1 376	1 519	1 600
水	m^3	0.30	0.30	0.30	0.30

纸筋、麻刀石灰浆配合比 **表 3－6**

材料	单位	纸筋石灰浆	麻刀石灰浆	麻刀石灰砂浆 1:3
石灰膏	m^3	1.01	1.01	0.34
纸筋	kg	48.6	—	—
麻刀	kg	—	12.12	16.60
粗砂	m^3	—	—	1.03
水	m^3	0.50	0.50	0.60

(3) 制备

制备抹灰砂浆时，宜用机械搅拌。当砂浆用量很少且缺少机械时，才允许人工拌合。

采用砂浆搅拌机搅拌抹灰砂浆时，每次搅拌时间为 1.5 ~ 2 min。搅拌水泥混合砂浆，应先将水泥与砂子干拌均匀后，再加石灰膏和水搅拌至均匀为止。搅拌水泥砂浆（或水泥石子浆），应先将水泥与砂子（或石子）干拌均匀后，再加水搅拌至均匀为止。

采用麻刀灰拌和机搅拌纸筋石灰浆和麻刀石灰浆时，将石灰膏加入搅拌桶内，边加水边搅拌，同时将纸筋或麻刀分散均匀地投入搅拌桶，直到拌匀为止。

人工拌合抹灰砂浆，应在平整的水泥地面上或铺地钢板上进行，使用工具有铁锹、拉耙等。拌合水泥混合砂浆时，应将水泥和砂干拌均匀，堆成中间凹四面高的砂堆，再在中间凹处放入石灰膏，边加水边拌合至均匀。拌合水泥砂浆（或水泥石子浆）

时，应将水泥和砂（或石子）干拌均匀，再边加水边拌合至均匀。

（4）稠度

拌成后的抹灰砂浆，颜色应均匀，干湿应一致，砂浆的稠度应达到规定的稠度值。

砂浆稠度测定方法：将砂浆盛入桶内，用一个标准圆锥体(重 300g)，先使其锥尖接触砂浆面，垂直提好，再突然放手，使圆锥体沉入砂浆中，10s 后，圆锥体沉入砂浆中的深度（ mm）即为砂浆稠度。常用抹灰砂浆稠度为 60 ~ 100 mm。

（5）选用

抹灰砂浆应按设计要求选用。如设计无要求，应符合下列规定：

1）外墙门窗洞口的外侧壁、屋檐、勒脚、压檐墙以及湿度较大的房间和车间的抹灰层用水泥砂浆或水泥混合砂浆。

2）混凝土板和墙的底层抹灰用水泥混合砂浆、水泥砂浆或聚合物水泥砂浆。

3）硅酸盐砌块、加气混凝土块和板的底层抹灰用水泥混合砂浆或聚合物水泥砂浆。

4）板条、金属网顶棚和墙的底层与中层抹灰用麻刀石灰砂浆或纸筋石灰砂浆。

5）具有防水、防潮功能要求的抹灰层用防水砂浆。

此处所述防水砂浆及聚合物水泥砂浆，请另见本书“特种砂浆”及“特种砂浆抹灰工程”相应内容。

3.2 装饰抹灰砂浆

装饰抹灰砂浆是用于室内外装饰，以增加建筑物美感为主要目的的砂浆，具有不同的色彩与质感。

装饰砂浆以普通水泥、白水泥、石灰膏、熟石灰等为胶凝材料，以白色、浅色或彩色的天然砂及天然大理石、花岗岩的石粒、石屑等为骨料。需要时，还可掺入矿物颜料制成多种颜色。

用装饰砂浆抹面，采用适当的工艺，可达到不同的装饰效果，如制成水刷石、干粘石、斩假石及假面砖等。

3.3 特种抹灰砂浆

特种抹灰砂浆是为适用于某种特殊功能要求而配置的砂浆。其种类很多，有防水砂浆、吸声砂浆、膨胀砂浆、自流平砂浆、聚合物水泥砂浆、保温灰浆、耐酸砂浆、水泥钢（铁）屑砂浆、不发火（防爆）砂浆等。

（1）防水砂浆

防水砂浆是在水泥砂浆中掺入防水剂配制成的特种砂浆。防水剂是由化学原料配制而成的一种速凝和提高水泥砂浆不透水性的外加剂。按化学成分归纳为三类：氯化物金属盐类、硅酸钠类及金属皂类。

常用的防水剂品种、性能、用途如下：

1）防水浆：是混凝土的掺和料，有速凝、密实、防水、抗渗、抗冻等性能。所配制的防水砂浆，可用于地下室、水池、水塔等工程的防水。

2）避水浆：是几种金属皂配制而成的乳白色浆状液体。掺入水泥后能与水泥生成不溶性物质，可填充堵塞微孔，提高水泥砂浆或混凝土不透水性。适用于屋面、地下室、水池、水塔等防水、防潮抹面。

3）防水粉：是由氢氧化钙、硫酸钙、硬脂酸铝等组成。掺入水泥后能与水泥混合凝结，坚硬而有弹性，可起到填充微小空隙和堵塞封闭混凝土毛细孔的作用。适用于屋面、地下室、水塔、水池等防水工程。

4）氯化铁防水剂：是以氯化铁为主要成分的防水剂，其中还含有少量的氯化钙、氯化铝等。掺入到水泥砂浆和混凝土中能提高防水抗渗能力，增加密实度。适用于地下室、水池、水塔、设备基础等防水抹面。

(2) 吸声砂浆

吸声砂浆，所用骨料多为轻质多孔料，有时也可用水泥、熟石膏、砂及锯末拌合而成，其体积比约为1:1:3:5。

有时也可在石灰、石膏砂浆中掺入适量玻璃纤维、矿物棉等松软材料，拌合后而代之。

吸声砂浆具有吸声性能，多用于对吸声性能要求较高的室内墙面及顶棚面抹灰。

(3) 膨胀砂浆

在水泥砂浆中掺入膨胀剂，或使用膨胀水泥可配制膨胀砂浆。膨胀砂浆可在修补工程中及大板装配工程中填充缝隙，达到粘结密封作用。

(4) 自流平砂浆

在现代施工技术条件下，地坪常采用自流平砂浆，从而使施工迅捷方便、质量优良。

自流平砂浆中的关键性技术是掺用合适的化学外加剂；严格控制砂的级配、含泥量、颗粒形态；同时选择合适的水泥品种。良好的自流平砂浆可使地坪平整光洁、强度高、无开裂，技术经济效果良好。

(5) 聚合物水泥砂浆

在水泥砂浆的拌合物中加入聚合物乳液后，均称为聚合物水泥砂浆。目前常采用的聚合物有：聚醋酸乙烯乳液、不饱和合聚酯（双酚A型)、环氧树脂等。

聚合物水泥砂浆在硬化过程中，聚合物与水泥之间不发生化学反应，水泥水化物被乳液微粒包裹，成为互相填充的结构。聚合物水泥砂浆的粘结力较强，同时耐蚀、耐磨、抗渗等性能均高于一般的水泥砂浆。

目前，聚合物砂浆主要用来提高装饰砂浆的粘结力，填充钢筋混凝土构件的裂缝、需耐磨及需耐侵蚀的面层等。

重晶石砂浆、保温灰浆、耐酸砂浆、水泥钢（铁）屑砂浆，不发火（防爆）砂浆等特种抹灰砂浆的具体情况，将在本书“特种砂浆抹灰工程”部分，一并详述，此处从略。

复 习 思 考 题

1. 简述一般抹灰砂浆的种类及其基本知识。
2. 简述装饰抹灰砂浆的基本知识。
3. 简述特种抹灰砂浆的种类及其基本知识。

4 一般抹灰工程

4.1 概述

一般抹灰工程是指使用石灰砂浆，水泥砂浆、水泥混合砂浆和麻刀石灰浆、纸筋石灰浆、石膏灰浆等抹灰材料进行施工的一种传统工艺。

一般抹灰工程分为普通抹灰和高级抹灰。国标规定：当设计无要求时，按普通抹灰验收。

为了保证抹灰层表面平整、避免裂缝，抹灰工程应分层操作。因此，抹灰层一般由底层、中层和面层三部分组成。

各层作用及基本要求如下：

底层：主要的作用是使抹灰层与基层粘结牢固。如果底层粘结得不好，中层和面层搞得再好，也会使抹灰层与基层分离剥落。

中层：主要的作用是找平，但也使抹灰层之间粘贴牢固，在施工中，有时根据质量要求，中层抹灰可与底层抹灰一起进行，所用的材料与底层相同，但应符合每遍厚度要求，并且底层的抹灰层强度不得低于中层及面层的抹灰层强度。

面层：主要的作用是装饰。对面层的要求是：平整、无裂痕、颜色均匀，并应与其他抹灰层之间粘结牢固。

4.2 基本技术要求

一般抹灰工程，应符合以下基本技术要求：

1）应清除墙面、顶棚面上的灰尘、污物，对砖石、混凝土墙面应洒水湿润。

2）检查墙面平整度，若墙面平整度超过允许偏差值，应用水泥砂浆或水泥混合砂浆进行修平。

3）检查门窗框位置是否正确，与墙连接是否牢固，连接处的缝隙应用相应材料分层嵌填密实。

4）在墙面、柱面和门洞口的阳角处，用 1∶2 水泥砂浆做护角，护角高度不应低于 2m（从地面算起），护角每侧宽度不应小于 50 mm。

5）用水泥砂浆将管道穿越的墙洞、楼板洞填嵌密实。

6）对加气混凝土基面，先清扫干净，后作基面处理，如基面浇水后刷水泥浆，或刷 107 胶水泥浆。

7）木结构与砖石结构、混凝土结构等相接处，应先铺钉金属网，绷紧钉牢。金属网与各个基体的搭接宽度不小于 100 mm。

8）在墙面上，按设计的墙面抹灰厚度做标筋，标筋间距不大于 2m 。

9）室外抹灰前，将墙上的施工孔洞用砖或水泥混合砂浆堵塞，混凝土墙洞用高一级混凝土补填（混凝土强度等级不低于 C20）。

10）室外有分格缝的抹灰，应在墙面上按设计尺寸弹出分格线，按分格线用水泥浆镶贴分格条。

11）对外墙窗台、窗楣、阳台、雨篷、压顶和突出腰线，其上面应做出流水坡度，下面应做滴水线和滴水槽，滴水槽的深度和宽度均不应小于 10 mm。

12）抹灰层的总厚度，不得大于表 4－1 的规定。

抹灰层厚度表 **表 4－1**

施 工 项 目		厚度/mm
顶 棚	板条、空心砖、现浇混凝土	15
	预制混凝土	18
	金属网片	20

续表

施工项目		厚度/mm
内墙	普通抹灰	18
	中级抹灰	20
	高级抹灰	25
外墙	外墙饰面	20
	勒脚、突出墙面部位	25
石墙		35
混凝土大板、楼板底面		2～3

注：混凝土大板和大模板建筑的内墙和楼板底面，宜用腻子分遍刮平，腻子总厚2～3 mm,如用聚合物水泥砂浆、水泥混合砂浆喷毛打底，纸筋石灰罩面，总厚度为3～5 mm。

13）抹灰层的分层厚度，一般要求如下：

抹水泥砂浆每遍厚度宜为5～7 mm;

抹石灰砂浆和水泥混合砂浆每遍厚度宜为7～9 mm;

面层麻刀石灰厚度不得大于3 mm;

面层纸筋石灰、石灰膏厚度不得大于2 mm;

板条、金属网顶棚和墙抹灰，底层和中层宜用麻刀石灰砂浆或纸筋石灰砂浆，各层应分遍成活，每遍厚度为3～6 mm。

14）普通级抹灰的主要工序为：分层赶光、修整，表面压光；中级抹灰的主要工序为：阳角找方、设标筋，分层赶光、修整，表面压光；高级抹灰的主要工序为：阴阳角找方，设标筋，分层赶平、修整，表面压光。

15）阴阳角找方：将抹灰砂浆抹于阴阳角处，用阴角方尺、阳角方尺，分别靠墙的阴阳角处，自上而下移动，使阴阳角垂直、棱角方正。

16）分层赶平、修整时，水泥砂浆和水泥混合砂浆抹灰层，应待前一遍抹灰层凝结后，方可抹下一遍，石灰砂浆抹灰层，应待前一遍七八成干后，方可抹下一遍。

17）抹灰顺序一般为先室外后室内，先上面后下面。同一房间内的顶、墙抹灰应分层交错进行，即顶棚底层灰→墙面底层灰→顶棚中层灰→墙面中层灰→顶棚面层灰→墙面面层灰。

18）抹底层灰时，底层砂浆的厚度为标筋厚度的2/3；抹中层灰时，依标筋厚以装满砂浆为准，然后用大刮尺将中层灰紧贴标筋刮平，木抹搓平；抹罩面灰时，用铁抹分两遍适时压实收光。

19）常用室内抹灰做法，见表4－2。

常用室内抹灰做法 **表4－2**

抹灰名称	总厚度/mm	底层灰	中层灰	面层灰
砖墙抹水泥砂浆	18	13 mm厚1∶3水泥砂浆		5 mm厚1∶2.5水泥砂浆
砖墙抹水泥石灰砂浆	18	13 mm厚1∶0.3∶3水泥石灰砂浆		5 mm厚1∶0.3∶2.5水泥石灰砂浆
砖墙抹石灰砂浆	16	14 mm厚1∶3石灰砂浆		2 mm厚纸筋灰或麻刀灰
	18	10 mm厚1∶3石灰砂浆	6 mm厚1∶3石灰砂浆	2 mm厚纸筋或麻刀灰
	23	13 mm厚1∶3石灰砂浆	8 mm厚1∶3石灰砂浆	2 mm厚纸筋或麻刀灰
混凝土墙抹水泥砂浆	18	13 mm厚1∶3水泥砂浆		5 mm厚1∶2.5水泥砂浆
混凝土墙抹水泥石灰砂浆	18	13 mm厚1∶0.3∶3水泥石灰砂浆		5 mm厚1∶0.3∶2.5水泥石灰砂浆
混凝土墙抹石灰砂浆	16	7 mm厚1∶3∶9水泥石灰砂浆	7 mm厚1∶3石灰砂浆	2 mm厚纸筋灰或麻刀灰
	21	11 mm厚1∶3∶9水泥石灰砂浆	8 mm厚1∶3石灰砂浆	2 mm厚纸筋灰或麻刀灰
混凝土墙抹水泥膨胀珍珠岩浆	28	14 mm厚1∶8水泥膨胀珍珠岩浆	12 mm厚1∶8水泥膨胀珍珠岩浆	2 mm厚纸筋灰或麻刀灰
加气混凝土墙抹水泥砂浆	16	6 mm厚2∶1∶8水泥石灰砂浆	5 mm厚1∶1∶6水泥石灰砂浆	5 mm厚1∶2.5水泥砂浆
加气混凝土墙抹水泥石灰砂浆	16	5 mm厚2∶1∶8水泥石灰砂浆	6 mm厚1∶1∶6水泥石灰砂浆	5 mm厚1∶0.3∶2.5水泥石灰砂浆

续表

抹灰名称	总厚度/mm	底层灰	中层灰	面层灰
加气混凝土墙抹石灰砂浆	10	8 mm 厚 1:3:9 水泥石灰砂浆		2 mm 厚纸筋灰或麻刀灰
	16	5 mm 厚 1:3:9 水泥石灰砂浆	9 mm 厚 1:3 石灰砂浆	2 mm 厚纸筋灰或麻刀灰
钢丝网板条	18	16 mm 厚 1:3 石灰麻刀砂浆		2 mm 厚纸筋灰或麻刀灰

20）常用室外抹灰做法，见表 4-3。

常用室外抹灰做法　　表 4-3

类别	抹灰项目	总厚度/mm	底层灰	中层灰	面层灰
外墙面	砖墙抹水泥砂浆	18	12 mm 厚 1:3 水泥砂浆		6 mm 厚 1:2.5 水泥砂浆
		25	10 mm 厚 1:3 水泥砂浆	9 mm 厚 1:3 水泥砂浆	6 mm 厚 1:2.5 水泥砂浆
	砖墙抹水泥石灰砂浆	18	12 mm 厚 1:1:6 水泥石灰砂浆		6 mm 厚 1:1:4 水泥石灰砂浆
	混凝土墙抹水泥砂浆	16	10 mm 厚 1:3 水泥砂浆		6 mm 厚 1:2.5 水泥砂浆
		20	12 mm 厚 1:3 水泥砂浆		8 mm 厚 1:2.5 水泥砂浆
	加气混凝土墙抹水泥砂浆		6 mm 厚 2:1:8 水泥石灰砂浆	6 mm 厚 1:1:6 水泥石灰砂浆	6 mm 厚 1:2.5 水泥砂浆
外墙裙	砖墙抹水泥砂浆	20	15 mm 厚 1:3 水泥砂浆		5 mm 厚 1:2.5 水泥砂浆
		25	12 mm 厚 1:3 水泥砂浆	8 mm 厚 1:3 水泥砂浆	5 mm 厚 1:2.5 水泥砂浆
	混凝土墙抹水泥砂浆	18	13 mm 厚 1:3 水泥砂浆		5 mm 厚 1:2.5 水泥砂浆
		23	10 mm 厚 1:3 水泥砂浆	8 mm 厚 1:3 水泥砂浆	5 mm 厚 1:2.5 水泥砂浆
	加气混凝土墙抹水泥砂浆	12	7 mm 厚 2:1:8 水泥石灰砂浆		5 mm 厚 1:2.5 水泥砂浆
		18	5 mm 厚 2:1:8 水泥石灰砂浆	8 mm 厚 1:1:6 水泥石灰砂浆	5 mm 厚 1:2.5 水泥砂浆

……工实例

一般抹灰工程施工内容很多，此处仅举几例，重点介绍如下：

4.3.1 室内墙面抹灰

（1）施工准备

1）材料：

①水泥：选用硅酸盐水泥、普通硅酸盐水泥，其强度等级不应小于 32.5。进入现场应有产品合格证书，并要求对水泥的凝结时间和安定性进行复验。

②石灰膏：细腻洁白，不含未熟化颗粒。不能使用已冻结风化的石灰膏。石灰膏的熟化期不应少于 15 d。罩面用的磨细石灰的熟化期不应少于 3 d。

③砂：宜选用中砂，含泥量不得超过 3%。使用前应过筛，不得含有杂物。

④麻刀：均匀、坚韧、干燥、不含杂质，长度 1 ~ 3 cm，过剪，随用随打松，使用前 4 ~ 5 d 用石灰膏调好。

⑤纸筋：撕碎，用清水浸泡，捣烂，搓绒，漂去黄水，达到洁净细腻。按 100:2.75（石灰膏:纸筋）重量比掺入淋灰池。

2）机具与工具：砂浆搅拌机、纸筋灰搅拌机、铁锨、筛子、手推车、灰槽、灰勺、木杠、靠尺板、线坠、钢卷尺、方尺、托灰板、抹子（铁、木、塑料）、八字靠尺、各种刷子、胶皮水管、小水桶、喷壶、分格条、工具袋等。

3）作业条件：

①结构工程已经过验收合格。

②检查原基层表面凸起与凹陷处，并经过剔实、凿平、修补孔洞，其缝隙用 1:3 水泥砂浆填嵌密实，各种预埋管件已按要求就位，并做好防腐工作。

③根据室内墙面高度和现场的情况，提前搭好操作用的高凳和架子，并要离开墙面及角部 200 ~ 250 mm，以利操作。

（2）工艺顺序

基层处理→墙面浇水→找规矩，抹灰饼→抹水泥踢脚板→抹护角线→抹水泥窗台板→墙面冲筋→抹底灰→阴，阳角找方→抹罩面灰。

（3）操作要点

1）基层处理：先把基层表面的尘土、污垢、油渍等清除干净。对于光滑的混凝土墙面，应采用“凿毛”或“甩毛”喷水泥砂浆（1∶1）的方法使其凝固在混凝土的光滑表面层上，达到初凝用手掰不动为止。

2）墙面浇水：砖墙应提前 1 d 浇水，要求水要渗入墙面内 10 ~ 20 mm。浇水时应按从左到右，从上至下的顺序进行，一天两次为宜。对于混凝土墙面也要提前浇水湿润，但要掌握好水势和速度。

3）找规矩，抹灰饼：目的是为有效地控制抹灰层的垂直度、平整度和厚度，使其符合抹灰工程的质量标准，抹灰前要求找规矩、抹灰饼，也叫做抹标准标志块。其步骤首先是用托线板检查墙体墙面的平整和垂直情况，根据检查的结果兼顾抹灰总的平均厚度要求，决定墙面抹灰厚度。然后弹准线，将房间用角尺规方，小房间可用一面墙做基线，大房间应在地面上弹出十字线。在距阴角 100 mm 处用托线板靠、吊垂直。弹出竖线后，再按抹灰层厚度向里反弹出墙角抹灰准线。并在准线上下两端钉上铁钉，挂上白线作为抹灰饼、冲筋的标准。最后是抹灰饼，先在距顶棚 150 ~ 200 mm 处贴上灰饼，再距地面 200 mm 贴下灰饼。先贴两端头，再贴中间处灰饼，如图 4 – 1（a）所示。墙高 3.2 m 以上，需要两个人挂线做灰饼，如图 4 – 1（b）所示。

抹灰饼的厚度是以确定的抹灰厚度为准，用 1∶3 的水泥砂浆做成 50 mm × 50 mm 见方灰饼，先做两端头的上灰饼，并以这两块灰饼为依据拉线，以此作准线，每隔 1.2 ~ 1.5m 做一块灰饼。

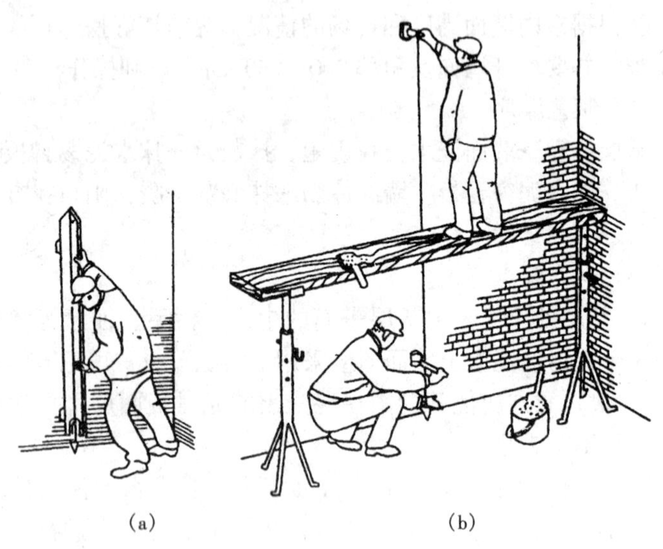

图 4－1　找规矩

(a) 做灰饼；(b) 两人挂线

当上灰饼做好后，用缺口板和线坠做下灰饼，下灰饼应距地 200 mm 左右。其做法与上灰饼做法相同。如图 4－2 所示。

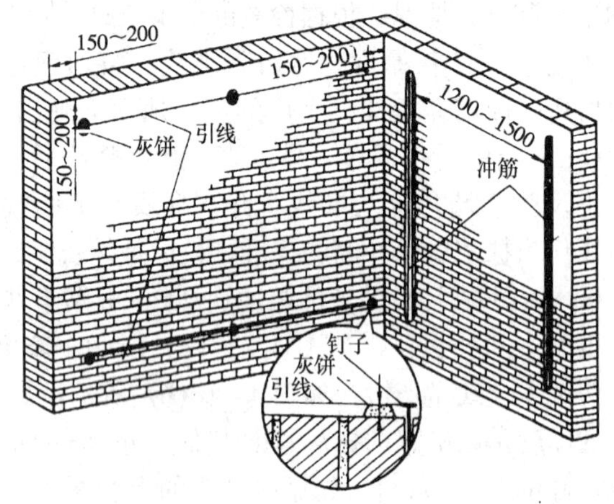

图 4－2　灰饼冲筋（mm）

4）抹水泥踢脚板（或墙裙）：踢脚板和墙裙抹灰，应在墙面抹灰之前进行（如底灰为水泥砂浆或水泥石灰砂浆，也可在室内墙面抹灰之后进行），这样既能有效地防止踢脚板空鼓，又能控制墙面抹灰的平整度。

踢脚板（或墙裙）抹灰之前，应将基层面清理干净，并提前浇水湿润，弹出高度水平线，然后用水泥素灰浆薄薄地刮一遍，要求超出高度水平线 30 ~ 50 mm，紧接着用 1:2 水泥砂浆抹底层灰，后用木抹子搓成麻面。

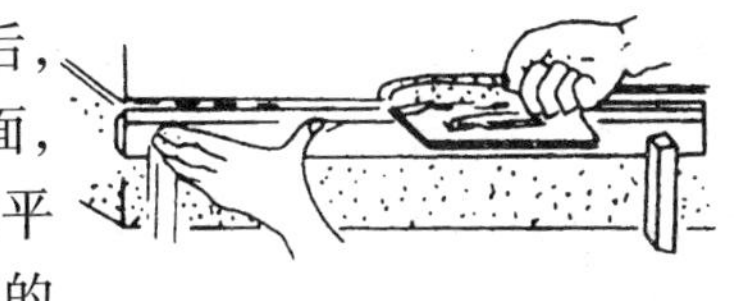

图 4－3 用抹子切齐法

底层灰搓毛抹完，待初凝后，就可以用 1:2.5 的水泥砂浆罩面，其厚度为 5 ~ 7 mm。待面层灰抹平压光收水后，按施工图设计要求的高度，从室内 500 mm 的抄平线下返踢脚板的高度尺寸。再用粉线包弹出水平线，然后用八字靠尺靠在线上（即踢脚板上口）用钢抹子将踢脚板（或墙裙）切齐后，用小压子压抹平整，再用阳角抹子沿踢脚板的上口线捋光，使踢脚板（或墙裙）的上口直线度达到要求，如图 4－3 所示。

5）抹护角线：室内墙面，柱面和门洞口的阳角应做护角线，当设计无特殊要求时，应采用 1:2 水泥砂浆做暗护角，其高度不应低于 2m，每侧宽度不应小于 50 mm。其步骤如下：

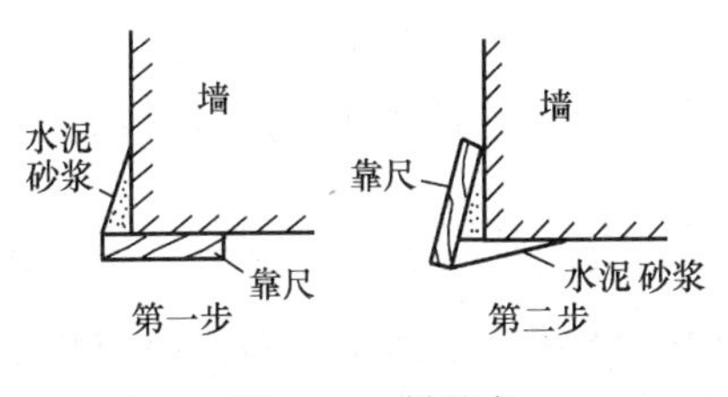

图 4－4 做护角

在墙、柱的阳角处（或门洞口的阳角处）首先浇水使其湿润。以墙面标志块为依据，首先要将阳角用方尺规方。门洞口的阳角靠边框一边，则以门框离墙面的空隙为准，另一边则以标志块厚度为据。最好在地面上画好准线，按准线粘好靠尺板，用线锤吊直，方尺找方。然后，在靠尺板的另一边墙角面分层抹 1:2 水泥砂浆，护角线的外角与靠尺板外口平齐；一边抹好后，再把靠尺板移到已抹好护角的另一边，用钢筋卡稳后，再用线锤吊直靠尺板，把护角的另一面分层抹好。最后，轻轻地把靠尺板拿掉。待护角的棱角稍干时，用阳角抹子和水泥素浆捋出小圆角。最后在墙面处稳住靠尺板，按要求尺寸沿角留出 50 mm，将多余砂浆成 40°斜面切掉，将墙两边和门框及落地灰清洗干净，如图4－4所示。

6）抹水泥窗台板：首先将窗台基层清理干净，松动的砖重新砌好，并把砖缝划深，用水湿润浇透，再用 1:2 的细豆石混凝土铺实，其厚约为 25 mm。次日先刷一道水泥素浆，后用 1:2.5 的水泥砂浆罩面。窗台要抹平、压光，窗台两端抹灰要超过 6 cm，由窗台上皮往下抹 4 cm，并在窗台阳角处用捋角器捋成小圆角。窗台下口要平，不得有毛刺。抹完后隔天浇水养护 2～3 d。

7）墙面冲筋：又叫做标筋。冲筋就是在两灰饼间抹出一条长灰梗来。断面成梯形，底面宽约为 100 mm，上宽 50～60 mm，灰梗两边搓成与墙面角成 45°～60°。抹灰梗时要求比灰饼凸出 5～10 mm。然后用刮尺紧贴灰饼左上右下反复地搓刮，直至灰条与灰饼齐平为止，再将两侧修成斜面，以便与抹灰层结合牢固。至于应连续抹几条灰梗合适，主要根据墙面的吸水程度而定。

当层高大于 3.5m 时，应由两人在架子上协调操作。当灰梗抹好后，两个人各执长刮杠的一端搓平。操作时，要随时注意木杠的受潮变形，随时调整，以防产生因冲筋不平造成墙面抹灰不平的质量问题。

8）抹底灰：抹底灰的操作包括装档、刮杠、搓平。底灰装档要分层进行。当标筋完成 2 h，达到一定强度（即标筋砂浆七八成干时），就要进行底层砂浆抹灰。底层抹灰要薄，使砂浆牢固地嵌入砖缝内。一般应从上而下进行，在两标筋之间的墙面上砂浆抹满后，即用长刮尺两头靠着标筋，从上而下进行刮灰，使抹的底层灰比标筋面略低，再用木抹子搓实，并去高补低。且使每遍厚度控制在 7～9 mm 范围之内。

中层砂浆抹灰应待石灰砂浆底层灰七八成干后方可抹中层砂浆层。应先在底层灰上洒水，待其收水后，即可将中层砂浆抹上，一般应从上而下，自左向右涂抹。中层抹灰其厚度以垫平标筋为准，并使其略高于标筋。

中层砂浆抹好后，即用中、短木杠按标筋刮平。使用木杠时，人站成骑马式，双手紧握木杠，均匀用力，由下往上移动，并使木杠前进方向的一边略微翘起，手腕要活。凹陷处即补砂浆，然后再刮，直至平整为止。紧接着要用木抹子搓磨一遍，使表面平整密实。

当层高小于 3.2 m 时，一般先抹下一步架，然后搭架子再抹上一步架。抹上一步架，可不抹标筋，而是在用木杠刮平时，紧贴下面已经抹好的砂浆上作为刮平的依据，如图 4－5 所示。

图 4－5　内墙面装档刮尺

当层高大于 3.2m 时，一般从上往下抹。

9）阴、阳角找方：指两相交墙面相交的阴角、阳角的抹灰方法。阴角、阳角找方要用阴角方尺检查阴角的直角度；用阳角方尺检查阳角的直角度。用线锤检查阴角与阳角的垂直度。根据直角度及垂直度的误差，确定抹灰层的厚度，并洒水湿润。

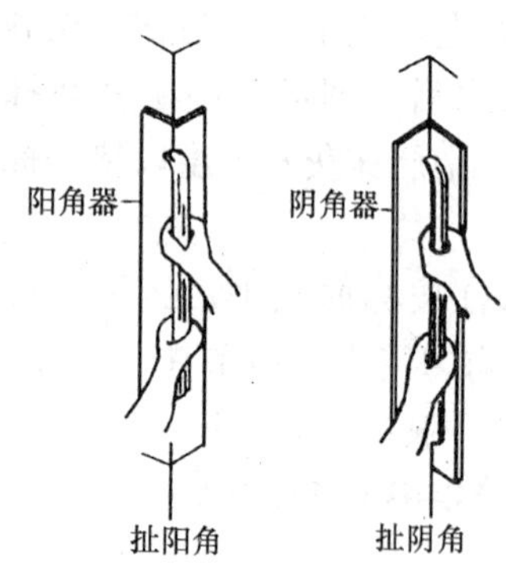

图 4－6　阴角、阳角抹灰

阴角抹底层灰：先用抹子将底层灰抹于阴角处，后用木阴角器压住抹灰层并上下搓动，使阴角处抹灰层基本上达到直角。如靠近阴角处有已结硬的标筋，则用木阴角器沿着标筋上下搓动，基本搓平后，再用阴角抹子上下抹压，使阴角线垂直。

阳角抹底层灰：用抹子与靠尺板将底层灰抹于阳角后，用木阳角器压住抹灰层上下搓动，使阳角处抹灰层基本上达到直角，再用阳角抹子上下抹压，使阳角线垂直，如图 4－6 所示。

当阴、阳角底层灰凝结后，再洒水湿润，将中层抹于阴、阳角处，分别用阴角抹子、阳角抹子上下抹压，使中层灰达到平整。

10）抹罩面灰：面层抹灰俗称罩面。当底层灰七八成干时，就可抹罩面灰。在抹罩面灰之前，必须把预留孔洞、电器箱、槽、盒等处修抹好，然后才能抹罩面灰。如底层灰较干，还要洒水湿润。面层抹灰主要有以下几种：

①纸筋灰、麻刀灰面层：纸筋、麻刀纤维材料掺入石灰膏，主要起拉结作用，使其不易开裂、脱落，增强面层灰耐久性。罩面时应把踢脚、墙裙上口和门口护角线等用水泥砂浆打底的部位，用水灰比小一些的罩面灰先抹一遍，因为这些部位吸水较慢。罩面应分两遍完成，第一遍竖抹，要从左上角开始，从左到右依次抹去，直抹到右边阴角完成，再转入下一步。两人配合效果较好，第一遍一人竖向薄薄抹一层，用铁抹子或塑料抹子均可。一般要把抹子放陡些，厚度约 1 mm，每相邻两抹子的接搓要刮严，要使纸筋灰与中层表面紧密结合，随后另一人横向抹第二遍，并随手压光溜光，然后用排笔或毛刷蘸水横向刷一遍，边

刷边用钢抹子再压实抹平，抹光一次，使表面更为细腻光滑，色泽一致。阴、阳角抹完罩面灰后分别用阴、阳角抹子捋光。要求纸筋灰罩面压实后的厚度应不得大于 2 mm，麻刀灰罩面压实后的厚度应不得大于 3 mm。如果抹厚了，面层易产生收缩裂缝，影响工程质量。麻刀灰面层的操作要点与纸筋灰面层基本相同。但麻刀与纸筋纤维的粗细差别较大，为此，在操作时，一人用铁抹子将麻刀横向（或竖向）抹在底灰上，另一人紧接着用钢抹子自左向右将面层灰赶平、压实，抹光。稍干后，再用钢抹子将面层压光一遍。

②石膏灰面层：石膏灰浆面层是高级抹灰做法，具有良好的装饰效果，表面质量要求平整、光滑、洁白、色泽一致，无抹纹和花斑痕。

石膏灰浆抹面不得涂抹在水泥砂浆或水泥混合砂浆层上，其底子灰一般为石灰砂浆或麻刀石灰砂浆，并要求充分干燥，抹面层灰时应洒少量清水湿润底灰表面，以便将石膏灰浆涂抹均匀。

石膏的凝结速度比较快，初凝时间 3 ~ 6 min，终凝时间不大于 30 min，所以在抹石膏灰墙面时要在石膏浆内掺入一定量的石灰膏或硼砂缓凝剂等，以便其缓凝，利于操作。

操作时以四人为一操作小组，一人拌浆，三人操作，全部操作过程在 20 ~ 30 min 内完成。

抹灰时，一般从左至右，抹子竖向顺着抹，压光时抹子也要顺直。一人先薄薄地抹一遍，使石膏灰浆与中层表面紧密结合，第二人紧跟着抹第二遍，并随手将石膏灰浆赶平，第三人紧跟后面压光。先压两遍，最后边洒水边用钢抹子赶平压光。经赶平压光后的厚度不得大于 2 mm。如墙面较高，应上下同时操作，以免出现接槎。如出现接槎，可等凝固后用刨子刨平。

4.3.2 室内顶棚抹灰

（1）施工准备

1）灰浆材料的配制 1:0.5:1 的水泥混合砂浆或 1:3 的水泥

砂浆。纸筋灰罩面。

2）10%的火碱水和水泥乳液聚合物砂浆。

3）工具与机具：见室内墙面抹灰部分。

4）作业条件：结构工程通过验收合格，并弹好 + 50 cm 水平线。

5）搭脚手架：脚手架铺好后约距顶板 1.8m 左右。以人在架子上，头顶距离顶棚 10 cm 左右为宜，脚手板间距不大于 0.5m，板下平杆或马凳的间距不大于 2m。

（2）工艺顺序

基层处理→弹线、找规矩→抹底子灰→抹罩面灰。

（3）操作要点

1）基层处理：首先将凸出的混凝土剔平，对钢模施工的混凝土顶应凿毛，并用钢丝刷满刷一遍，再浇水湿润。也可采用“毛化处理”办法，即先将表面尘土、污垢清扫干净，用 10%火碱水将顶面的油污刷掉，随之用净水将碱液冲净，晾干。然后用 1:1 水泥细砂浆内掺水重 20%的胶粘剂，用机喷或用扫帚将砂浆甩到顶上，其甩点要均匀，初凝后浇水养护，直至水泥砂浆疙瘩全部粘到混凝土光面上，并有较高的强度，用手掰不动为止。

2）弹线、找规矩：根据 + 50 cm 水平线找出靠近顶棚四周的水平线，其方法为用尺杆或钢尺量至离顶棚板距离 100 mm 处，再用粉线包弹出四周水平线，作为顶棚水平的控制线。也可称为顶棚抹灰层的面层标高线，此标高线注意必须从 + 50 cm 水平线量起，绝不可从顶棚底往下量。

3）抹底子灰：包括底层灰和中层灰两层灰之和。分两次抹。抹底层灰时是在混凝土顶板湿润的情况下，先刷掺胶粘剂的素水泥浆一道（内掺水重 10%的胶粘剂），随刷随抹，底层灰可采用水泥混合砂浆或水泥砂浆。其厚度控制在 2 ~ 3 mm 为宜，操作时须用力压，以便将底层灰挤入到混凝土顶板细小孔隙中，用软刮尺刮抹顺平，用木抹子搓平搓毛。注意顶棚抹灰不做灰饼、标筋，所以顶棚抹灰的平整度由目测和水平线找平。抹中层灰时，其抹压方向宜与底层灰抹压方向相垂直。高级的顶棚抹灰，应加钉长 350 ~ 450 mm 的麻束，间距为 400 mm，并交错布置，分别按放射状梳理抹进中层灰内。中层灰一般采用水泥混合砂浆，其厚度控制在 6 mm 左右。抹完后仍用原软刮尺顺平，然后用木抹子搓平整，如图 4 – 7 所示。

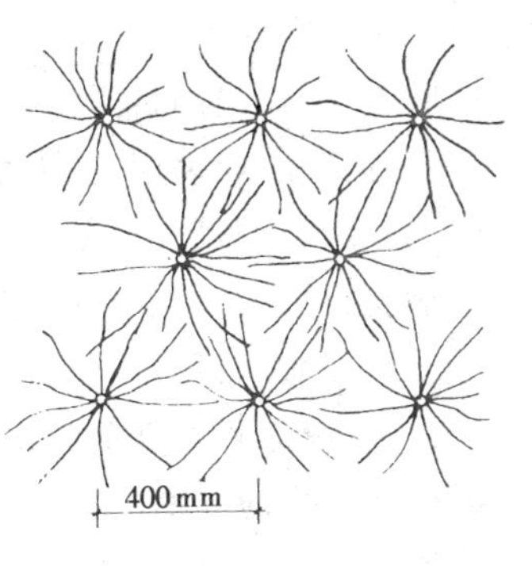

图 4 – 7　加钉麻束梳理

4）抹罩面灰：待中层灰达到六七成干，即用手按不软但有指印时，就可以抹罩面灰。要防止中层灰过干，如过干可洒水湿润再抹。

当采用纸筋灰罩面时，其厚度应控制在 2 mm。并要分两遍抹成，第一遍灰抹的厚度越薄越好，紧跟着抹第二遍罩面灰。操作时抹子要平，稍干后，用塑料抹子或压子顺着抹纹压实压光，二遍成活。

4.4　质量标准

（1）主控项目

1）抹灰前基层表面的尘土、污垢、油渍等应清除干净，并应洒水润湿。

检验方法：检查施工记录。

2）一般抹灰所用材料的品种和性能应符合设计要求。水泥的凝结时间和安定性复验应合格。砂浆的配合比应符合设计要求。

检验方法：检查产品合格证书、进场验收记录、复验报告和施工记录。

3）抹灰应分层进行。当抹灰总厚度大于或等于 35 mm 时，应采取加强措施。不同材料基体交接处表面的抹灰，应采取防止开裂的加强措施，当采用加强网时，加强网与各基体的搭接宽度不应小于 100 mm。

检验方法：检查隐蔽工程验收记录和施工记录。

4）抹灰层与基层之间及各抹灰层之间必须粘结牢固，抹灰层应无脱层、空鼓，面层应无暴灰和裂缝。

检验方法：观察；用小锤轻击检查；检查施工记录。

（2）一般项目

1）普通抹灰表面应光滑、洁净、接槎平整，分格缝应清晰。高级抹灰表面应光滑、洁净、颜色均匀、无抹纹，分格缝和灰线应清晰美观。

检验方法：观察；手摸检查。

2）护角、孔洞、槽、盒周围的抹灰表面应整齐、光滑；管道后面的抹灰表面应平整。

检验方法：观察。

3）抹灰层的总厚度应符合设计要求；水泥砂浆不得抹在石灰砂浆层上；罩面石膏灰不得抹在水泥砂浆层上。

检验方法：检查施工记录。

4）抹灰分格缝的设置应符合设计要求；宽度和深度应均匀，表面应光滑，棱角应整齐。

检验方法：观察；尺量检查。

5）有排水要求的部位应做滴水线（槽）。滴水线（槽）应整齐顺直，滴水线应内高外低，滴水槽的宽度和深度均不应小于 10 mm。

检验方法：观察；尺量检查。

6）一般抹灰工程质量的允许偏差和检验方法应符合表 4－4 的规定。

一般抹灰工程质量的允许偏差和检验方法　　表 4－4

项次	项　目	允许偏差/mm		检验方法
		普通抹灰	高级抹灰	
1	立面垂直度	4	3	用 2m 垂直检测尺检查
2	表面平整度	4	3	用 2m 靠尺和塞尺检查

续表

项次	项　　目	允许偏差/mm		检　验　方　法
		普通抹灰	高级抹灰	
3	阴阳角方正	4	3	用直角检测尺检查
4	分格条（缝）直线度	4	3	拉5m线，不足5m拉通线，用钢直尺检查
5	墙裙、勒脚上口直线度	4	3	拉5m线，不足5m拉通线，用钢直尺检查

注：1. 普通抹灰，本表第三项阴角方正可不检查；
2. 顶棚抹灰，本表第二项表面平整度可不检查，但应平顺。

4.5　质量通病及预防

一般抹灰工程的质量通病及预防措施，见表4－5。

一般抹灰工程的质量通病与预防　　　　表4－5

质量通病	原　　因	预　　防
抹灰层的面层灰起泡、开花、有抹纹	（1）抹完面层未收水、紧接着压光	（1）抹完面层灰后，应待其收水，才能进行面层压光
	（2）中层灰过于干燥，做面层时未浇水湿润	（2）在中层灰五六成干时做面层，如中层灰太干，应洒水湿润
	（3）石灰膏熟化时间不够，未熟化颗粒在灰层中继续熟化	（3）石灰膏熟化应有足够时间，用合格的石灰淋制石灰膏，并用3 mm×3 mm筛过滤
抹灰面不平、阴阳角不垂直、不方正	（1）标筋未硬结，就抹底层灰	（1）应待标筋有七八成干时，方能抹底层灰
	（2）阴、阳角处未找方检查就抹灰	（2）阴、阳角处应用方尺检查，不平处应修整
砖墙、混凝土墙抹灰层空鼓、裂缝	（1）基层清理不净，浇水不透	（1）基层清理应仔细，提前浇水湿润基层
	（2）基层偏差较大，一次抹灰层过厚	（2）抹灰前，应检查基层平整度，偏差较大的地方，应用水泥砂浆先行修整。抹灰层应分层分遍涂抹，每层厚度不超过规定要求
	（3）抹灰砂浆材料质量优劣	（3）选用质量合格的原材料，砂浆的配合比应计量准确

续表

质量通病	原　因	预　防
加气混凝土墙抹灰层空鼓、裂缝	（1）基面未进行处理就抹灰	（1）基面应进行处理，可涂刷107胶水泥浆
	（2）板缝中粘结砂浆不严	（2）板缝中砂浆一定要填刮严密
	（3）条板下细石混凝土未凝固就拔掉木楔	（3）条板下细石混凝土强度达到75%以上才能拔去木楔，木楔留下空隙还要填塞细石混凝土
混凝土顶棚抹灰层空鼓、裂缝	（1）顶棚底清理不干净，抹灰前浇水不透	（1）抹灰前，顶棚底应清理干净、喷水湿润
	（2）预制板排缝不匀，灌缝不密实	（2）预制板排缝应均匀、灌缝应密实
	（3）抹灰砂浆配合比不当	（3）抹灰砂浆的配合比应按设计要求选定，选用的砂浆配合比，搅拌时计量应准确，搅拌时间满足规定要求

复习思考题

1．简述一般抹灰工程的基本技术要求。

2．简述室内墙面抹灰及顶棚抹灰的施工准备、工艺顺序及操作要点。

3．简述一般抹灰工程的质量标准、质量通病与预防措施。

5 装饰抹灰工程

5.1 概述

装饰抹灰是在一般抹灰的基础上发展起来的传统工艺。它将抹灰技术与建筑艺术相结合，长期以来，在我国各地被广泛应用。装饰抹灰包括水刷石抹灰、干粘石抹灰、斩假石抹灰、假面砖抹灰等。

5.2 施工实例

5.2.1 水刷石抹灰

（1）施工准备

1）材料：

①水泥：选用普通硅酸盐、矿渣硅酸盐水泥以及白水泥，强度等级 32.5 以上。要求同批号、同厂家，并经过复验。

②砂：质地坚硬的中砂，且含泥量不大于 3%。使用前经过 5 mm 筛子。

③石渣：洁净、坚实、按粒径、颜色分堆，粒径分为大八厘 8 mm，中八厘 6 mm，小八厘 4 mm。如需颜料应选用耐光、耐碱的矿物颜料。

④石灰膏：陈伏期不少于 30 天，洁净不含杂质与未熟化的颗粒。

2）机具与工具：砂浆搅拌机，手压泵，灰桶，灰勺，小车，铁、木抹子，木杠，靠尺，方尺，毛刷分格条等。

3）作业条件：

①结构工程已验收合格，预留孔、预埋件均已处理好，门窗框已安装，缝隙已填实。

②满足水刷石施工的外架子已搭好，通过安全检查。

③大面积施工已做好样板，并已通过，并有专人统一配料。

(2) 工艺顺序

基层处理→找规矩、抹灰饼→抹底层砂浆→粘分格条→抹石渣浆→修整、压实→冲洗、喷刷→起分格条。

(3) 操作要点

1) 基层处理：基体为砖墙，则需在抹灰前将尘土、污垢及油渍清扫干净，堵好脚手眼，浇水湿润即可。若基体为混凝土墙板，必须将其表面凿毛，板面酥皮剔净，用钢丝刷将粉尘刷掉，清水冲洗。并要用火碱水将混凝土板表面油污刷净，冲洗晾干，或采用“毛化”处理方法。

2) 找规矩、抹灰饼：多层建筑物可用特制的大线坠从顶层往下吊垂直，绷紧铁丝后，按铁丝垂直度在墙的大角、门窗洞口两侧分层抹灰饼，至少保证每步架有一个灰饼。若为高层，则需用经纬仪在大角、门窗洞口两侧打垂直线，并按线分层，每步架找规矩抹灰饼，使横竖方向达到平整、垂直。

3) 抹底层砂浆：在墙体充分湿润的条件下首先抹灰饼冲筋，随即紧跟分层分遍抹底层灰浆，采用配比1:0.5:4水泥混合砂浆打底，刮平后，用木抹子压实、找平、搓毛表面。底层灰完成后第二天，视底层的干燥程度洒水湿润，开始抹中层灰，配合比同底层。要刮平、压实搓粗表面。

4) 粘分格条：待中层灰养护至六七成干时，即可按设计要求弹线分格，粘分格条。若设计无要求时，分格线的短边以不大于1.5m为宜，或以窗的上下口线分格，太长则影响操作。分格缝的宽度一般不少于20 mm，做法与一般抹灰相同。

5) 抹石渣浆：先刮一道内掺10%的胶粘剂水泥浆（或水灰比为0.4的素水泥浆）作为结合层，随即抹面层水泥石渣浆。抹时在每一分格内从下边抹起，边抹边拍打，边揉平。操作时要避免用铁抹子前半部压浆，而应用铁抹子中间部分平压。这样接槎平整，石渣浆压实均匀，且效率高。抹完一块后用直尺检查，不平处及时补好。并把露出的石渣尖棱轻轻拍平。同一平面的面层要求一次完成，不宜留设施工缝。必须留施工缝时，应留在分格条的位置上。施工过程中，一定要随时把握面层的吸水速度，使面层抹灰控制在最佳状态。

阴角抹石渣浆一定要吊线。将用水浸湿的刨光木板条临时固定在一侧，做完以后用靠尺靠在已抹好石渣浆的一侧，再做未抹好的一侧，接头处石渣要交错，避免出现黑边。阴角可用短靠尺顺阴角轻轻拍打，使之顺直。在阴、阳角转角处应多压几遍，并用刷子蘸水刷一遍，在阳角处应向外刷，然后再压，再刷一遍，如此反复不少于 3 次。最后用抹子拍平，达到石渣大面朝外，排列紧密均匀。

6）修整、压实：将已抹好的石渣面层修整拍平、压实。逐步将石粒间隙内水泥浆挤出，用水刷子蘸水将水泥浆刷去，重新修整、压实，反复进行 3～4 遍，直至待面层初凝，以指按无痕，用水刷子刷不掉石粒为度。

7）冲洗、喷刷：当面层灰浆达到一定强度，对石子有较好的握裹力后，即开始冲洗、喷刷：先用刷子蘸水将石渣刷至露出灰浆 1/3 粒径时，再用喷雾器喷刷。先将墙四周相邻部位喷湿，然后从上往下顺序喷水。喷刷要均匀，喷头离墙 10～20 cm，将表面和石粒间的水泥浆冲出，最终使石渣露出 1/2 粒径为止，达到清晰可见，均匀密布。冲阳角时应骑角喷刷，以保证棱角明晰整齐。最后用小水壶从上往下冲洗干净。如果面层错过喷刷最佳时机已开始硬结，可用 3%～5%稀盐酸溶液冲刷，然后用清水冲净。

8）起分格条：在面层冲洗、喷刷完毕后，即可用抹子柄敲击分格条，并用小鸭嘴抹子扎入分格条上下活动，将其轻轻起出。然后用小溜子找平，用刷子刷光理直缝角，并用素灰将缝格修补平直，颜色一致。

（4）其他

在高级装修工程中，往往采用白水泥、白石渣或其他色彩石渣的水刷石，以求得更加洁白雅致的饰面效果。白水泥中一般不得掺石灰膏，有时为改善操作条件，可以掺石膏，但掺量应不超过水泥用量的20%，否则将影响白水泥石渣浆的强度。

白水泥水刷石的操作方法与普通水泥水刷石相同，但要保证施工工具洁净，防止污染，冲刷石渣时，水流要慢些，要防止掉石渣，最后用稀草酸溶液冲洗一遍，再用清水冲净。

5.2.2 干粘石抹灰

干粘石抹灰工艺是水刷石抹灰的代用工艺技术，有水刷石的同样效果，却比水刷石造价低，施工进度快。但不如水刷石坚固、耐久。随着粘结剂在建筑饰面抹灰中的广泛应用，在干粘石的粘结层砂浆中掺入适量粘结剂，并逐渐从手工甩石粒改为机喷石，不仅使粘结层厚度比原来减小，且使粘结更牢固，从而显著提高了装饰质量的耐久性。干粘石一般多用于两层以上楼房的外墙装饰。

（1）施工准备

1）材料：基本与水刷石材料相同。

2）机具与工具：除常用机具外还有0.6～0.8 MPa的空压机、干粘石喷枪（喷石机）、木制托盘、塑料滚子、小木拍、接石筛及抹灰手工工具等。

3）作业条件：与水刷石要求相同。

（2）工艺顺序

基层处理→抹底、中层砂浆→粘分格条→抹石粒粘结层→甩石粒→拍压→养护。

（3）操作要点

1）基层处理：对基层为砖墙或混凝土板墙的处理方法与上节水刷石基层处理方法相同。

2）抹底、中层砂浆：基层处理合格后如同水刷石一样要求吊线找垂直，找规矩抹灰饼冲筋后就可以抹底层砂浆。在抹底灰前，先刷一道掺 10% 水重的胶粘剂的素水泥浆。可以两人配合操作，一人抹素水泥浆，另一人在后抹底层砂浆。一般使用 1:3 水泥砂浆，常温时也可掺石灰膏。采用 1:0.5:4 = 水泥:石灰膏:砂的混合砂浆。底层灰抹完后第二天，底层灰凝结后，再洒水湿润，抹中层灰，可采用与底层灰同样配比。中层灰抹至与冲筋平，再用木杠横竖刮平，木抹子搓毛，终凝后浇水养护。

3）粘分格条：干粘石粘分格条的目的是为了保证施工质量，以及分段、分块操作的方便。如无设计要求，分格条短边以不大于 1.5m 为宜，宽度视建筑物高度及体型而定，一般木制分格条不小于 20 mm 为宜。也可采用玻璃条，其优点是分格呈线型，无毛边，且不起条，一次成活。嵌固玻璃条的操作方法与粘贴木条一样。分格线弹好后，将 3 mm 厚的玻璃条，宽度同面层厚度（木条也不应超过面层厚度），用水泥浆粘于底灰上，然后抹出 60°或近似弧形边，把玻璃条嵌牢，并用排笔抹掉上面的灰浆，以免污染。

4）抹石粒粘结层：干粘石的石粒粘结层现在多采用聚合物水泥砂浆，配合比为水泥:石灰膏:砂:胶粘剂 = 1:1:2:0.2，其厚度根据石粒的粒径来选择。小八厘石粒抹粘结层厚度为 4 ~ 5 mm，如采用中八厘则为 5 ~ 6 mm。一般抹石粒粘结层应低于分格条1 ~ 2 mm。粘结层要抹平，按分格大小一次抹一块，避免在分块内甩槎。

5）甩石粒：粘结层抹好后，稍停即可往粘结层上甩石粒。此时粘结层砂浆的干湿度很重要。过干，石渣粘不上，过湿，砂浆会流淌。一般以手按上去有窝，但没水迹为好。甩石渣时，一手拿木拍，一手拿盛料盘。木拍和盛料盘的形式，如图 5 - 1、图 5 - 2 所示。

甩石渣时，用木拍铲盛料盘中的石渣，反手甩到墙上。甩时动作要快，注意甩撒均匀，用力轻重适宜。边角处应先甩，使石渣均匀地嵌入粘结层砂浆中。如发现石渣甩得不均匀或过稀现象，可用抹子直接补粘，否则会出现死坑或裂缝。下边部分因水分大，宜最后甩。

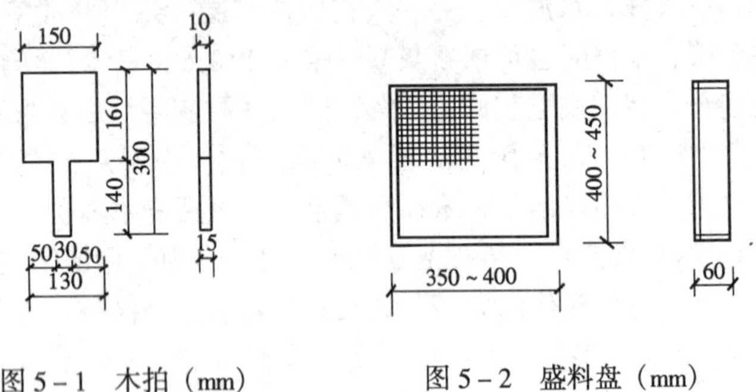

图 5－1　木拍（mm）　　　　图 5－2　盛料盘（mm）

6）拍压：当粘结层上均匀地粘上一层石渣后，开始拍压，即用抹子或橡胶（塑料）滚子轻压赶平，使石渣嵌牢。使石渣嵌入砂浆粘结层内深度不小于 1/2 粒径，并同时将突出部分及下坠部分轻轻赶平。使表面平整坚实，石渣大面朝外。拍压时要注意用力适当，用力过大会将灰浆拍出来，造成翻浆糊面，影响美观；用力过小，石渣与砂浆粘结不牢，容易掉粒。并且不要反复拍打，滚压，以防泛水出浆或形成阴印。整个操作时间不应超过 45 min，即初凝前完成全部操作。要求表面平整，色泽均匀，线条清晰。

对于阴角处干粘石操作，应从角的两侧同时进行，否则当一侧的石渣粘上去后，在边角口的砂浆收水，另一侧的石渣就不易粘上去，形成黑边。阴角处做法与大面积施工方法相同，但要保证粘结层砂浆刮直、刮平，石渣甩上去要压平，以免两面相对时出现阴角不直或相互污染现象。

7）养护：干粘石成活后不能马上淋水，应在 24 h 后，洒水养护 2 ~ 3 d。未达强度标准时，要防止碰撞、触动，以免石粒脱落；干粘石墙面拍压平整，石粒饱满时，即可取出分格条，方法同上节水刷石墙面。

注意事项：由于甩石渣操作，未粘上墙的石渣飞溅，造成浪费。可以采取在操作面下钉木接料盘或用钢筋弯框缝制粗布做成盛料盘，紧靠墙边，接住掉粒，回收后洗净晾干后再用。

（4）其他

在施工中，有条件时，也可以采用机喷石。

所采用 UBJ2.0 挤压式砂浆泵，其工作压力为 1.5 MPa，喷斗的喷嘴口径为 8 mm，当分格区内抹好粘结层后，应立即进行喷石渣，用喷斗从左向右，由下而上进行喷粘石渣。喷斗嘴应与墙面垂直，要求距离控制在 30～50 cm，一人手持喷枪，一人不断地向喷枪的漏斗装石渣，同时可稍加水湿润。应掌握好空压机的压力，气量要适当，使石渣均匀、密实、粘贴牢固。

5.2.3 斩假石抹灰

斩假石是在石粒砂浆抹灰面层上用斩琢加工制成人造石材状的一种装饰抹灰。斩假石装饰效果好，一般多用于外墙面、勒脚、室外台阶、纪念性建筑物的外装饰抹灰。

（1）施工准备

1）材料：

①水泥：普通硅酸盐水泥或白水泥。强度等级不小于 32.5。

②砂：中砂，过筛。含泥量不得大于 3%。

③石粒：坚硬岩石（白云石、大理石）制成，粒径采用小八厘（4 mm 以下）。

④颜料：采用耐光、耐碱的矿物颜料，其掺入量一般不大于水泥重量的 5%。

2）机具与工具：除一般抹灰的常用工具外，还有斩假石专用工具：单刃斧、多刃斧、棱点锤、錾子、线条模板、钢丝刷、扁凿等。

3）作业条件：

①结构工程已验收合格。

②做台阶时，要把门框立好并固定牢固。

③墙面施工搭好脚手架，符合施工要求。

(2) 工艺顺序

基层处理→找规矩、抹灰饼→抹底层砂浆→抹面层石粒浆→剁石。

(3) 操作要点

1) 基层处理：砖墙除要清理干净外，把脚手眼要堵好，并浇水湿润。对混凝土墙板应进行“凿毛”或“毛化”处理。

2) 找规矩、抹灰饼：把墙面、柱面、四周大角及门窗口角，用线坠吊垂直线，然后确定灰饼的厚度、贴灰饼找直及平整度。横线以楼层为水平基线或用±0.000标高线交圈控制抹灰饼，并以灰饼为基准点冲筋，套方、找规矩，做到横平竖直、上下交圈。

3) 抹底层砂浆：在抹底层砂浆前，先将基层浇湿润，然后刷一道掺水重10%胶粘剂的素水泥浆。最好两人配合操作，前面一人刷素水泥浆，另一人紧跟着用1:3水泥砂浆按冲筋分层分遍抹底层灰。要求第一遍厚度为5 mm，抹好后用扫帚扫毛；待前一遍抹灰层凝结后，抹第二遍灰，其厚度约6~8 mm，这样就完成底层和中层抹灰层，用刮杠刮平整，木抹子搓实、压平后再扫毛，墙面的阴阳角要垂直方正，待终凝后浇水养护。

台阶的底层灰也要根据踏步的宽和高垫好靠尺分遍抹1:3水泥砂浆。要刮平、搓实、抹平，使每步的宽度和高度要一致，台阶面层向外坡度为1%。

4) 抹面层石粒浆：首先按设计要求在底子灰上进行分格、弹线，粘分格条。其方法可参照抹水泥砂浆方法。

在分格条有了一定强度后，就可以抹面层石粒浆。先满刮一遍（在分格条分区内）水灰比为1:0.4的素水泥浆，随即用1:1.25的水泥石粒浆抹面层，其厚度在10 mm（与分格条平齐）。然后用铁抹子横竖反复压几遍直至赶平压实，边角无空隙。随后用毛刷蘸水把表面的水泥浆刷掉，使露出的石粒均匀一致。面层石粒浆完成后24 h开始浇水养护，常温下一般为5~7 d，其强度达到5 MPa，即面层产生一定强度但不太大，剁斧上去剁得动且石粒剁不掉为宜。

5）剁石：斩剁前要按设计要求的留边宽度进行弹线，如无设计要求，每一方格的四边要留出 20～30 mm 的边条，作为镜边。斩剁的纹路依设计而定。为保证剁纹垂直和平行，可在分格内划垂直线控制，或在台阶上划平行及垂直线，控制剁纹保持与边线平行。

剁石时用力要一致，垂直于大面，顺着一个方向剁，以保证剁纹均匀。一般剁石的深度以石粒剁掉 1/3 比较为宜，使剁成的假石成品美观大方。

斩剁的顺序是先上后下，由左到右。先剁转角和四周边缘，后剁中间墙面。转角和四周宜剁水平纹，中间墙面剁垂直纹。每剁一行应随时将上面和竖向分格条取出，并及时用水泥浆将分块内的缝隙和小孔修补平整。

5.2.4 假面砖抹灰

假面砖抹灰是使用彩色砂浆仿釉面砖效果的一种装饰抹灰。这种抹灰造价低，操作简单，效果好，广泛应用于外墙面装饰。

（1）施工准备

1）材料：

①水泥：普通硅酸盐水泥，强度等级不小于 32.5。

②砂：中砂、粗砂，含泥量不得大于 3%。

③彩色砂浆：一般按设计要求的色调合理调配，并先做出样板，确定标准配合比。其配合比可参考表 5－1。

彩色砂浆参考配合比（体积比） 表 5－1

设计颜色	普通水泥	白水泥	石灰膏	颜料（按水泥量%）	细　砂
土黄色	5		1	氧化铁红（0.2～0.3） 氧化铁黄（0.1～0.2）	9
咖啡色	5		1	氧化铁红（0.5）	9
淡　黄		5		铬黄（0.9）	9
浅桃红		5		铬黄（0.9）、红珠（0.4）	白色细砂 9

续表

设计颜色	普通水泥	白水泥	石灰膏	颜料（按水泥量%）	细　砂
浅绿色		5		氧化铬绿（2）	白色细砂9
灰绿色	5		1	氧化铬绿（2）	白色细砂9
白　色		5			白色细砂9

2）机具与工具：

①一般抹灰使用的砂浆搅拌机。

②抹灰常用的手工工具和制作板假面砖专用工具，如：

刻度靠尺板：在普通靠尺板上划出假面砖尺寸的刻度。

铁梳子：用2 mm厚钢板一段剪成锯齿形，如图5－3（a）所示。

铁钩子：用ϕ6钢筋砸成扁钩，如图5－3（b）所示。

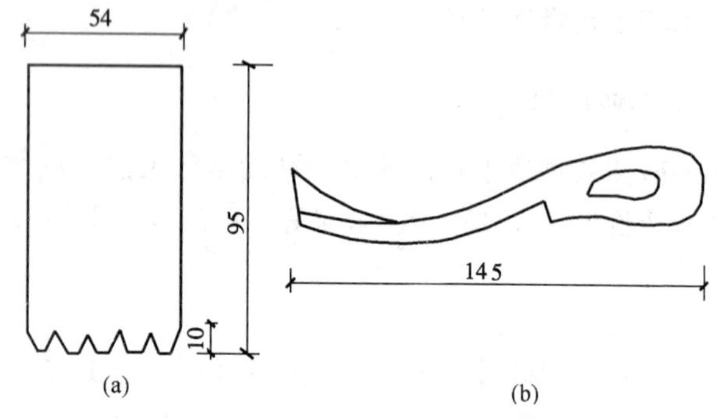

图5－3　做假面砖的施工工具（单位：mm）

（a）铁梳子；（b）铁钩子

3）作业条件：

①结构墙体工程已验收合格，预留孔洞已处理好，脚手眼已堵实。

②满足施工要求架子已搭设好。

③墙体样板已通过，配比已确定，并由专人统一配料。

（2）工艺顺序

基层处理→找规矩、抹灰饼→抹底层、中层砂浆→弹线→抹面层灰→划缝、做面砖。

(3) 操作要点

1) 基层处理：清除基层表面灰尘、油污等杂物。

2) 找规矩、抹灰饼：主要是确定抹灰厚度，方法同一般抹灰。

3) 抹底层、中层砂浆：在砖墙基层上洒水湿润后抹底层灰 1:3 水泥砂浆，其厚度为 6～8 mm，如果是混凝土基层，则先刷一道素水泥浆后再抹底层灰。当底层灰初步凝结后，抹中层灰 1:1水泥砂浆，厚度为 6～7 mm。

4) 弹线：主要弹水平线，按每步架为一水平工作段，弹上、中、下三条水平通线，以便控制面层划沟平直度。

5) 抹面层灰：待中层灰凝固后，洒水湿润，抹面层灰。面层灰宜用水泥石灰砂浆，其配合比为水泥:石灰膏:细砂 = 5:1:9，按色彩需要掺入适量矿物颜料，成为色彩砂浆，抹灰厚度为 3～4 mm,并压实抹平。

6) 划缝、做面砖：面层灰收水后，先用铁梳子沿木靠尺由上向下划出竖向纹，深度约 2 mm。竖向纹划完后，再按假面砖尺寸，弹出水平线，将靠尺靠在水平线上，用铁钩子顺着靠尺横向划沟，沟深为 3～4 mm，深度以露出底层为准。操作时要求，划沟要水平成线，沟的间距、深浅要一致；竖向划纹，也要垂直成线，深浅一致，水平灰缝要平直。

5.3 质量标准

(1) 主控项目

1) 抹灰前基层表面的尘土、污垢、油渍等应清除干净，并应洒水湿润。

检验方法：检查施工记录。

2) 装饰抹灰工程所用材料的品种和性能应符合设计要求。水泥的凝结时间和安定性复验应合格。砂浆的配合比应符合设计要求。

检验方法：检查产品合格证书、进场验收记录、复验报告和施工记录。

3）抹灰工程应分层进行。当抹灰总厚度大于或等于35 mm时，应采取加强措施。不同材料基体交接处表面的抹灰，应采取防止开裂的加强措施，当采用加强网时，加强网与各基体的搭接宽度不应小于100 mm。

检验方法：检查隐蔽工程验收记录和施工记录。

4）各抹灰层之间及抹灰层与基体之间必须粘结牢固，抹灰层应无脱层、空鼓和裂缝。

检验方法：观察；用小锤轻击检查；检查施工记录。

（2）一般项目

1）装饰抹灰工程的表面质量应符合下列规定：

①水刷石表面应石粒清晰、分布均匀、紧密平整、色泽一致，应无掉粒和接槎痕迹。

②斩假石表面剁纹应均匀顺直、深浅一致，应无漏剁处；阳角处应横剁并留出宽窄一致的不剁边条，棱角应无损坏。

③干粘石表面应色泽一致、不露浆、不漏粘，石粒应粘结牢固、分布均匀，阳角处应无明显黑边。

④假面砖表面应平整、沟纹清晰、留缝整齐、色泽一致，应无掉角、脱皮、起砂等缺陷。

检验方法：观察；手摸检查。

2）装饰抹灰分格条（缝）的设置应符合设计要求，宽度和深度应均匀，表面应平整光滑，棱角应整齐。

检验方法：观察。

3）有排水要求的部位应做滴水线（槽）。滴水线（槽）应整齐顺直，滴水线应内高外低，滴水槽的宽度和深度均不应小于10 mm。

检验方法：观察；尺量检查。

4）装饰抹灰工程质量的允许偏差和检验方法，符合表5-2

的规定。

装饰抹灰工程质量的允许偏差和检验方法　　　表 5-2

项次	项　　目	允　许　偏　差/mm				检验方法
		水刷石	斩假石	干粘石	假面砖	
1	立面垂直度	5	4	5	5	用2m垂直检测尺检查
2	表面垂直度	3	3	5	4	用2m靠尺和塞尺检查
3	阳角方正	3	3	4	4	用直角检测尺检查
4	分格条（缝）直线度	3	3	3	3	拉5m线，不足5m拉通线，用钢直尺检查
5	墙裙、勒脚上口直线度	3	3	—	—	拉5m线，不足5m拉通线，用钢直尺检查

5.4　质量通病及预防

装饰抹灰工程的质量通病与预防措施，分别见表 5-3、表 5-4、表 5-5、表 5-6。

水刷石抹灰质量通病与预防　　　表 5-3

质量通病	原　　因	预　　防
石子不均匀、脱落	（1）石渣使用前未洗净	（1）水刷石渣使用前应冲洗干净
	（2）底层灰或中层灰干湿程度掌握不好	（2）应待底层灰凝结后，方可抹中层灰
	（3）水泥石子浆搅拌不均匀	（3）水泥石子浆应搅拌均匀
面层空鼓	（1）底层灰或中层灰未洒水湿润	（1）底层灰或中层灰有七成干时，可抹下一道，若已干燥应洒水湿润
	（2）素水泥浆抹刮不匀或漏刮	（2）素水泥浆应抹刮均匀，随抹随铺面层灰

续表

质量通病	原　　因	预　　防
阴阳角不垂直	（1）阴角处抹水泥石子浆一次成活，未弹垂直线	（1）阴角处水刷面宜两次完成，在靠近阴角处，按水泥石子浆厚度在底层灰上弹垂直线，作抹阴角依据
	（2）阳角分段抹水泥石子浆时，靠尺位置不妥	（2）阴角贴靠尺时，应比上段已抹完的阳角略高1～2 mm
	（3）抹阳角操作不正确	（3）抹阳角时，水泥石子浆接槎应正交在阳角尖上

干粘石抹灰质量通病与预防　　表5－4

质量通病	原　　因	预　　防
面层空鼓	（1）基面清理不干净	（1）墙面清理应仔细，表面应清理干净
	（2）基层墙面未浇水湿润或浇水过多	（2）抹灰前，墙面浇水应适当
	（3）墙面凹凸超差	（3）抹灰前，检查墙面平整度，凸处剔平，凹处修补平整
面层滑坠	（1）干粘石拍打过重，局部返浆	（1）干粘石拍打应轻，避免返浆
	（2）底层灰抹得不平，灰厚处易产生滑坠	（2）底层灰的平整度应控制，不平整误差不应大于5 mm
	（3）底层灰未干就抹中层灰	（3）应待底层灰凝固后，洒水湿润再抹中层灰
粘石饰面浑浊不洁	（1）石子内混有杂质	（1）石子应先过筛，去除杂质，然后用水冲洗
	（2）石子内掺入石屑过多或含有石粉	（2）石屑掺量不应大于30%，石粉应筛去
	（3）几种色石渣混用时，配合比例不准	（3）石渣配合比应准确，最好采用重量比
接槎明显	（1）结合层涂抹与干粘石不衔接	（1）结合层涂刷后，应即粘石子
	（2）分格较大，不能连续粘完	（2）一分格内干粘石应连续做完

斩假石抹灰质量通病与预防　　表 5-5

质量通病	原　　因	预　　防
抹灰层空鼓、裂缝	（1）基层处理不好，形成抹灰层与基层粘结不好	（1）重视基层处理工作，严格检查
	（2）抹灰层过厚，易产生空鼓和裂缝	（2）控制抹灰层总厚度，超过 35 mm 时，采取加强措施
	（3）砂浆受冻，失去强度	（3）斩假石抹灰宜安排在正常温度下进行，不宜在冬季施工
抹面有坑、剁纹不匀	（1）开剁时间不对，面层强度低，造成坑面	（1）掌握好开剁时间，以试剁不掉石渣为准
	（2）剁纹不规矩，操作时用力不匀或斧刃不快造成	（2）对上岗的新工人进行培训，并做样板指导操作

假面砖抹灰质量通病与预防　　表 5-6

质量通病	原　　因	预　　防
面层色泽不一、抹面不平	（1）彩色砂浆掺量配合比掌握不好，搅拌时间不够	（1）严格按配合比掺料；掌握好搅拌时间
	（2）施工时，没有按操作规范去做	（2）对上岗新工人进行培训，严格执行操作规范
划沟深浅不一、横竖沟不直	（1）每步架没有弹三条控制线	（1）严格要求每步架在每一工作段上、中、下弹三条控制线
	（2）没有按弹线沿靠尺板比着划，用力不均匀	（2）划沟时，按弹线沿靠尺板划沟，用力要均匀

复 习 思 考 题

1. 简述水刷石、干粘石、斩假石、假面砖抹灰的施工准备、工艺顺序及操作要点。

2. 简述装饰抹灰工程的质量标准、质量通病及预防措施。

6　特种砂浆抹灰工程

6.1　概述

在本书“特种砂浆抹灰”部分对有关特种砂浆抹灰的基本情况，做了一定的介绍。但是各类特种砂浆在抹灰工程中如何具体进行施工？它们的质量标准又如何？在本章中将选一部分实例，予以叙述。

6.2　施工实例

6.2.1　防水砂浆抹灰

（1）施工准备

1）材料：

①水泥：可采用普通硅酸盐水泥、矿渣硅酸盐水泥，强度等级要求大于 32.5，有侵蚀介质作用部位应按设计要求选用。

②砂：中砂，含泥量应小于 3%，使用前过 3 ~ 5 mm 孔径的筛子。

③防水剂：按水泥重量的 1.5% ~ 5% 掺量。

2）机具与工具：砂浆搅拌机及抹灰常用工具。

3）作业条件：

①地下室已采取排水、降水措施。

②结构验收合格。

③管道穿墙按设计要求已做好防水处理。

④已办好隐检手续。

（2）工艺顺序

基层处理→刷防水素水泥浆→抹底层防水砂浆→刷第二道防水素水泥浆→抹面层防水砂浆→刷最后一道防水素水泥浆→养护。

（3）操作要点

1）基层处理：混凝土墙面凡蜂窝及松散处全部剔掉，水冲刷干净后，用1:3水泥砂浆抹平，表面油渍等用10%的火碱水溶液刷洗，光滑表面应凿毛，并用水湿润。混合砂浆砌筑砖墙要画缝，深度为10～12 mm，预埋件周围剔成20～30 mm宽，50～60 mm深沟槽，用1:2水泥砂浆（干硬性）填实。

2）刷防水素水泥浆：配合比为水泥:防水油＝1:0.03，加适量水拌和成粥状。或用水泥:防水剂:水＝12.5:0.31:10的素水泥浆，拌匀后用毛刷刷在基层上。

3）抹底层防水砂浆：用1:3的水泥砂浆，掺3%～5%的防水粉或用水泥:砂:防水剂＝1:2.5:0.03的防水砂浆拌和均匀，用木抹子搓实、搓平，厚度控制在5 mm以下，尽可能封闭毛细孔通道，最后用铁抹子压实、压平养护1 d。

4）刷第二道防水素水泥浆：在上层防水砂浆表面硬化后，再用防水素水泥浆按上述方法再刷一遍，要求涂刷均匀，不得漏刷。

5）抹面层防水砂浆：待第二层素水泥浆收水发白后，就可抹面层防水砂浆，配比同前底层防水砂浆，厚度为5 mm左右，用木抹子搓平、压实后，再用钢抹子压光。

6）刷最后一道防水素水泥浆：待面层防水砂浆初凝后，就可以刷最后一道防水素水泥浆，并压实、压光，使其面层防水砂浆紧密结合。其配合比为水泥:防水油＝1:0.01，加适量水。

当用防水粉时，其掺入量为水泥重量的3%～5%。防水素水泥浆要随拌随用，时间不得超过45 min。

7）养护：养护时间应在抹水泥浆层终凝后，在表面呈灰白时进行。一开始要洒水养护，使水能被砂浆吸收。待砂浆达到一定强度后方可浇水养护。养护时间不少于7 d，如采用矿渣水泥，应不少于14 d，其养护温度不低于15 ℃。

6.2.2 重晶石砂浆抹灰

重晶石（钡砂）含有硫酸钡，用它作为掺和料制成砂浆的面层，对 X 和 γ 射线有阻隔作用，常用作 X 射线探伤室、X 射线治疗室、同位素试验室等墙面抹灰。

（1）材料

1）水泥：32.5 级普通硅酸盐水泥。

2）砂：一般采用洁净中砂，含泥量不应大于 2%。

3）重晶石（钡砂）：粒径 0.6～1.2 mm，洁净无杂质。

4）重晶石粉（钡粉）：细度通过 0.3 mm 筛。

5）重晶石砂浆：重晶石砂浆搅拌时，要严格控制配合比和稠度，拌和用料必须要过秤，搅拌砂浆的水要加热到 50 ℃，按比例先将重晶石粉（钡粉）与水泥拌和均匀，然后加入砂和重晶石砂（钡砂）拌和至均匀后，再加水搅拌均匀。每次拌料要在 1 h 内用完。

（2）配合比

重晶石砂浆配合比，见表 6－1。

重晶石砂浆配合比 **表 6－1**

材料	水泥	砂	钡砂	钡粉	水
配合比	1	1	1.8	0.4	0.48
每立方米用量/kg	526	526	947	210.4	252.5

（3）工艺顺序

基层处理→抹砂浆。

（4）操作要点

1）基层处理：清除墙面尘污，对凹凸不平处用 1∶3 水泥砂浆找平或凿平，并浇水湿润。

2）抹砂浆：抹灰一般应根据设计厚度分 7～8 次抹成，要一层竖抹一层横抹分层施工，每层抹灰厚度不得超过 3～4 mm，而且每层抹灰要连续施工，不得留施工缝。抹灰过程中，如果发现裂缝，必须铲除重抹，每层抹完后 30 min 要用抹子压一遍，表面划毛，最后一层必须待收水后用铁抹子压光。

阴阳角要抹成圆弧形，以免棱角开裂。

每天抹灰后，昼夜喷水养护不少于5次，整个抹灰完成后要关闭门窗一周，地面要浇水，使室内有足够的湿度，并用喷雾器喷水养护，养护期一般不少于14 d，养护温度保持在15 ℃以上。

6.2.3 保温灰浆抹灰

保温灰浆，按使用骨料不同，分膨胀蛭石浆和膨胀珍珠岩浆两种。它具有重量轻、导热系数小的特点，多用于保温隔热要求较高的墙面、屋面及油罐、管道的表面。

此处，以膨胀珍珠岩浆为例，介绍如下。

（1）所用材料

1）水泥：32.5级普通硅酸盐水泥或矿渣硅酸盐水泥。

2）膨胀珍珠岩：体积密度分轻、中、重三级，抹灰常用轻级（小于80 kg/m^3）或中级（80～120 kg/m^3）。

3）松香酸钠加气剂：

其配制方法（重量比）如下：

①按1:4.5（氢氧化钠:水）配成氢氧化钠溶液；

②将氢氧化钠溶液加热至沸点，然后按1:0.36（氢氧化钠溶液：松香粉，松香粉过3 mm筛）将松香粉缓慢加入，随加随搅拌，并继续熬煮1～1.5 h，至松香完全溶化，颜色均匀，没有颗粒为止，冷却备用（在熬制过程中蒸发掉的水分应补充）；

③为了使加气剂用量准确，在使用前可另加9倍水进行稀释后再用。

（2）配合比

膨胀珍珠岩浆配合比及适用部位，见表6－2。

膨胀珍珠岩浆配合比及适用部位　　表6－2

配合比（重量比）	水泥	水	膨胀珍珠岩	加气剂	稠度/cm	适用部位
Ⅰ	1	0.5	0.4	—	7	空调控制室墙面
Ⅱ	1	0.35	0.6	—	—	屋面保温层
Ⅲ	1	0.41	0.4	0.05%	6.5	液氧排放槽基础

（3）工艺顺序

基层处理→抹灰。

（4）操作要点

1）基层处理：清除基层表面尘污，并适量洒水湿润，但不宜过湿。

2）抹灰：膨胀珍珠岩浆抹灰一般可分为底层、面层两层或底层、中层、面层三层做法。

①两层抹灰做法：基层湿润后，用水泥珍珠岩浆抹底，厚度宜为 15 mm。抹底层灰时，抹子不要用力过大，以免增加抹灰层密度而影响隔热保温效果。

底层灰抹完后第二天，视情况湿润后，用水泥珍珠岩浆罩面，厚度宜为 12 mm。面层要刮平、抹平，用抹子溜一遍，待收水后再压一遍，最后用塑料压子压光。每遍压光要轻，不可过于用力。

两层抹灰多用于油罐、管道等的保温层和室内有保温要求的墙面。

②三层抹灰做法：基层湿润后，用水泥珍珠岩浆抹底，厚度宜为 15 mm。第二天抹中层灰找平，厚度宜为 5 ~ 8 mm，待中层灰稍干后，用木抹子轻轻搓平。

中层灰六七成干时，用纸筋灰罩面。面层分两遍完成，一般第一遍竖抹，薄薄刮一层；待稍收水后抹第二遍，要横抹。抹平后用托线板挂垂直、靠平，用抹子压光。阴阳角处要抹成圆弧形，不得有裂纹。

6.2.4 耐酸砂浆抹面

耐酸砂浆是以水玻璃为胶结剂、氟硅酸钠为固化剂、耐酸粉为填充料、耐酸砂为骨料拌制而成。常用作有抗酸性物质侵蚀要求的工作间外表面抹灰。

（1）所用材料

1）耐酸砂：一般采用石英砂、安山岩石屑、文石石屑；也可采用质地较好的黄砂，但要经耐腐蚀检验。

2）耐酸粉：常采用石英粉、辉绿岩粉、瓷粉、安山岩粉、69号耐酸灰等。

3）水玻璃、氟硅酸钠：根据设计要求选用。水玻璃类材料的施工温度以15～30 ℃为宜，低于10 ℃时应加热后使用，但不宜用蒸汽直接加热。氟硅酸钠等有毒材料要作出标记，安全存放，由专人保管。

4）耐酸胶泥：由耐酸粉、氟硅酸钠及水玻璃，按一定配比，拌和而成。拌制时，先把耐酸粉和氟硅酸钠拌均匀，而后慢慢加入水玻璃，边加边拌合至均匀。每次拌料要在30 min内用完。

5）耐酸砂浆：由耐酸粉、耐酸砂、氟硅酸钠及水玻璃，按一定配比，拌合而成。拌制时，先把耐酸粉、耐酸砂、氟硅酸钠拌均匀，然后慢慢加入水玻璃，边加边拌合至均匀。每次拌料要在30 min内用完。

（2）配合比

耐酸胶泥、耐酸砂浆的配合比，一般依设计要求采用。如果设计无要求时，可参考下述配合比：

1）耐酸胶泥配合比：

耐酸粉∶氟硅酸钠∶水玻璃＝100∶（5～6）∶40。

2）耐酸砂浆配合比：

耐酸粉∶耐酸砂∶氟硅酸钠∶水玻璃＝100∶250∶11∶74。

（3）工艺顺序

基层处理→抹耐酸胶泥→抹耐酸砂浆→养护→酸洗。

（4）操作要点

1）基层处理：将基层表面的杂物清除干净，凸出部位要剔平，凹处要用1∶3水泥砂浆补平。基层要表面平整、清洁、无起砂现象，具有足够的强度，并且干燥，含水率要小于6%。如果在呈碱性的水泥砂浆或混凝土基层上抹灰时，应设沥青卷材、沥青胶泥等隔离层。如果在金属表面抹灰时，可直接把耐酸胶泥刷在金属基层上，但应把毛刺、焊渣、铁锈、油污、尘土等清除。

2）抹耐酸胶泥：在基层上涂抹二道耐酸胶泥，二道间隔时间不少于 12 h，而且要相互垂直涂抹。涂抹时要往复进行，以利封闭严密；并要涂抹均匀，不得产生气泡。

3）抹耐酸砂浆：第二道耐酸胶泥涂抹后，可涂抹耐酸砂浆，厚度控制在 3 ~ 4 mm。涂抹时，一般为 7 ~ 8 遍成活；每遍抹灰都要按一个方向一抹子成活，不要来回反复，如果需要用第二抹子，也要按同一方向抹压。每两层间要相互垂直进行，间隔时间为 12 ~ 24 h。

面层要压出光面，阴阳角处要抹成圆弧形，不能有裂纹。

涂抹过程中，房间要适当封闭，不可过于通风，以免干裂。如果出现裂纹，要铲掉重新涂抹，以免造成涂抹层耐酸效果不良。

4）养护：全部抹完后，应在干燥、15 ℃以上温度下进行养护，养护期不少于 20 d。

5）酸洗：养护期后，用 30%浓度的硫酸溶液清刷表面进行酸性处理。每次清刷后墙面析出的白色物要在下一次清刷前擦去。每次清刷间隔时间可依析出物质多少而定，一般前两次间隔时间稍短一些，以后逐渐延长，直到再无白色物析出为止。

此外，在施工中一定要注意：耐酸砂浆所用材料中有有毒材料，所以材料进场后要放在防雨的干燥仓库，专人保管；粉料搅拌应使用密闭的搅拌箱，现场要通风，操作人员要穿工作服、戴口罩、眼镜等；进行酸洗时要穿胶鞋、戴胶手套等。

6.2.5 水泥钢(铁)屑砂浆抹面

水泥钢（铁）屑砂浆，由水泥、砂、钢（铁）屑和水，按一定配比，拌合而成。具有强度高、硬度大、耐冲击、耐摩擦等特点，适用于经常有机动车辆行驶或坚硬物件冲击、滚动、摩擦的地面。

（1）地面构造

由水泥钢（铁）屑砂浆做面层的地面构造，见表 6 – 3。

水泥钢（铁）屑地面构造 **表 6-3**

构造层名称	使用材料	厚度/mm	说　　明
面　层	水泥钢（铁）屑砂浆	30～40	
结合层	1∶2 水泥砂浆	20	
垫　层	C10 混凝土	60～100	
	3∶7 灰土	100～200	
基　土	素土夯实		

（2）所用材料

1）水泥：强度等级不应小于 32.5 级的硅酸盐水泥或普通硅酸盐水泥。

2）砂：洁净中砂、粗砂。

3）钢(铁)屑：粒径应为 1～5 mm；钢（铁）屑中不应有其他杂质，施工前应去油除锈，冲洗干净并干燥。

（3）配合比

水泥钢（铁）屑面层配合比应通过试验确定，抗压强度不应小于 40MPa；当采用振动法使水泥钢（铁）屑拌合料密实时，其密度不应小于 2 000 kg/m^3，其稠度不应大于 10 mm。

结合层水泥砂浆配合比为 1∶2，相应的强度等级不应小于 M15。

（4）工艺顺序

基层处理→设标高→抹结合层→抹面层→养护。

（5）操作要点

1）基层处理：清理基层表面杂物，洒水湿润。

2）设标高：按水平标高，设水泥砂浆结合层和水泥钢（铁）屑面层标高线，并做出结合层灰饼。

3）抹结合层：在混凝土垫层上刷 1∶0.4～1∶0.5 素水泥浆一道，随后铺抹 20 mm 后 1∶2 水泥砂浆，依灰饼用木杠刮平，木抹子搓平，压实后养护。

4）抹面层：当水泥砂浆达到抗压强度 1.2MPa 时，在其上刷

1:（0.4～0.5）素水泥浆一道，随即摊铺 30～40 mm 厚水泥钢（铁）屑拌合料，用刮尺找平，木抹子搓平，铁抹子压光。

第一遍压至出浆为止。若拌合料过稀，抹压后出现泌水，可均匀撒少许 1∶1 干水泥砂（砂过 3 mm 筛），用木抹子抹压，水泥砂吸水后，用铁抹子压平。

面层初凝后（上人有脚印，但不下陷），用铁抹子抹压第二遍，表面应压平、压光。

面层初凝前（上人稍有脚印，但用抹子抹压不再有抹纹），用铁抹子用力抹压第三遍，将第二遍抹灰留下的抹纹全部压平、压实、压光。

大面积施工时，水泥钢(铁)屑面层应用平板振动器振实。

5）养护：水泥钢(铁)屑面层抹完 12 h 后，用锯末或其他覆盖材料护盖，洒水养护，14 d 后方可使用。

6.2.6 不发火(防爆)水泥砂浆抹灰

不发火(防爆)砂浆，由水泥、不发火的骨料和水，按一定配比拌和而成，适用于化工、化纤、危险品仓库等地面。

（1）地面构造

不发火(防爆)楼地面构造，见表 6－4、表 6－5。

不发火地面构造 **表 6－4**

构造层名称	使用材料		厚度/mm	说明
面层	1∶2.5 水泥砂浆		20	
结合层	素水泥浆			
垫层	1	C10 混凝土	50	
		3∶7 灰土	150	
	2	C10 混凝土	50	
		卵石灌 M2.5 混合砂浆	150	
基土	素土夯实			

注：适用于要求不发火的房间地面。

不发火楼面构造 **表 6－5**

构造层名称	使用材料	厚度/mm	说　明
面　层	1∶2.5 水泥砂浆	20	
结合层	素水泥浆		
基　层	钢筋混凝土现制楼板		

（2）所用材料

面层所用材料如下：

1）水泥：强度等级不应小于 32.5 级的普通硅酸盐水泥。

2）碎石：大理石、白云石或其他石料加工而成，并以金属或石料撞击时不发生火花为合格。

3）砂：质地坚硬、表面粗糙，其粒径宜为 0.15～5 mm，含泥量不应大于 3%，有机物含量不应大于 0.5%。

4）分格条：用不发生火花的材料配制。

所用材料不发火性试验：按相应规范规定进行。

（3）配合比

面层不发火（防爆）砂浆配合比，按表 6－4、表 6－5 规定采用。

（4）工艺顺序

基层处理→设标高、做灰饼→抹面层→养护。

（5）操作要点

1）基层处理：清理干净基层表面杂物，洒水湿润。

2）设标高、做灰饼：按水平标高，设面层标高线，做灰饼。

3）抹面层：在基层上刷一遍 1∶0.4～1∶0.5 素水泥浆结合层，随后铺抹 20 mm 厚的 1∶2.5 水泥砂浆（不发火水泥砂浆拌和料），依灰饼用木杠刮平，木抹子搓平、压实，铁抹子压光。

第一遍压光应以出浆为止。若砂浆过稀，抹压后出现泌水，可均匀撒少量 1∶1 干水泥砂（砂过 3 mm 筛），用木抹子抹压，干水泥砂吸水后，用铁抹子压平。

水泥砂经初凝后（面层上人有脚印，但不下陷时），用铁抹子抹压第二遍，抹压后，表面应压平、压光。

水泥砂浆初凝前（面层上人稍有脚印，但用抹子抹压不再有抹纹时），进行第三遍抹压。压光时应用力，将第二遍留下的抹纹全部压平、压实、压光。

三遍抹压应在水泥砂浆终凝前完成。

4）养护：面层抹完压光 12 h 后，用锯末或其他覆盖材料护盖，洒水养护，7 d 后方可使用。

6.3 质量标准

特种砂浆抹灰工程质量标准,根据目前已有的资料,分述如下。

6.3.1 水泥钢(铁)屑面层

（1）基本规定

1）水泥钢（铁）屑面层应采用水泥与钢（铁）屑的拌合料铺设。

2）水泥钢(铁)屑面层配合比应通过试验确定。当采用振动法使水泥钢(铁)屑拌合料密实时，其密度不应小于2 000 kg/m^3，其稠度不应大于 10 mm。

3）水泥钢(铁)屑面层铺设时应先铺一层厚 20 mm 的水泥砂浆结合层，面层的铺设应在结合层的水泥初凝前完成。

（2）主控项目

1）水泥强度等级不应小于 32.5；钢（铁）屑的粒径应为 1～5 mm;钢(铁)屑中不应有其他杂质，使用前应去油除锈，冲洗干净并干燥。

检验方法：观察检查和检查材质合格证文件及检测报告。

2）面层和结合层的强度等级必须符合设计要求，且面层抗压强度不应小于 40MPa；结合层体积比为 1∶2（相应的强度等级不应小于 M15）。

检验方法：检查配合比通知单和检测报告。

3）面层与下一层结合必须牢固，无空鼓。

检验方法：用小锤轻击检查。

（3）一般项目

1）面层表面坡度应符合设计要求。

检验方法：用坡度尺检查。

2）面层表面不应有裂纹、脱皮、麻面等缺陷。

检验方法：观察检查。

3）踢脚线与墙面应结合牢固、高度一致、出墙厚度均匀。

检验方法：用小锤轻击、钢尺和观察检查。

4）水泥钢(铁)屑面层的允许偏差，应符合表6－6的规定。

检验方法：应按表6－6中的检验方法检验。

整体面层允许偏差和检验方法 单位：mm 表**6－6**

项次	项　目	允许偏差						检验方法
		水泥混凝土面层	水泥砂浆面层	普通水磨石面层	高级水磨石面层	水泥钢（铁）屑面层	防油渗混凝土和不发火（防爆）面层	
1	表面平整度	5	4	3	2	4	5	用2 m靠尺和楔形塞尺检查
2	踢脚线上口平直	4	4	3	3	4	4	拉5 m线和用钢尺检查
3	缝格平直	3	3	3	2	3	3	

6.3.2 不发火(防爆)面层

（1）基本规定

1）不发火(防爆)面层应采用水泥类的拌合料铺设，其厚度应符合设计要求。

2）不发火(防爆)各类面层的铺设，应符合本章相应面层的规定。

3）不发火(防爆)面层采用的石料和硬化后的试件，应在金刚砂轮上做摩擦试验。试验时应符合规范 GB 50209—2002 附录 A 的规定。

（2）主控项目

1）不发火（防爆）面层采用的碎石应选用大理石、白云石或其他石料加工而成，并以金属或石料撞击时不发生火花为合格；砂应质地坚硬、表面粗糙，其粒径宜为 0.15 ~ 5 mm，含泥量不应大于 3%，有机物含量不应大于 0.5%。水泥应采用普通硅酸盐水泥，其强度等级不应小于 32.5；面层分格的嵌条应采用不发生火花的材料配制。配制时应随时检查，不得混入金属或其他易发生火花的杂质。

检验方法：观察检查和检查材质合格证文件及检测报告。

2）不发火（防爆）面层的强度等级应符合设计要求。

检验方法：检查配合比通知单和检测报告。

3）面层与下一层应结合牢固，无空鼓、无裂纹。

检验方法：用小锤轻击检查。

注：空鼓面积不应大于 400 cm^2，且每自然间（标准间）不多于 2 处可不计。

4）不发火（防爆）面层的试件，必须检验合格。

检验方法：检查检测报告。

（3）一般项目

1）面层表面应密实，无裂缝、蜂窝、麻面等缺陷。

检验方法：观察检查。

2）踢脚线与墙面应紧密结合、高度一致、出墙厚度均匀。

检验方法：用小锤轻击、钢尺和观察检查。

3）不发火（防爆）面层的允许偏差，应符合表 6 – 6 的规定。

检验方法：应按表 6 – 6 中的检验方法检验。

其他特种砂浆抹灰工程质量标准，如国家有相应质量验收规范发布，则按相应规范执行。若无相应规范，可参照相应专业的有关要求执行。

复 习 思 考 题

1. 简述防水砂浆抹灰的施工准备、工艺顺序及操作要点。

2. 简述重晶石砂浆、保温灰浆、耐酸砂浆抹灰所用材料、配合比、工艺顺序及操作要点。

3. 简述水泥钢(铁)屑砂浆抹面、不发火(防爆)水泥砂浆抹面的有关构造、所用材料、配合比、工艺顺序、操作要点及质量标准。

7 饰面砖(板)工程

7.1 概述

饰面砖(板)工程,包括饰面砖粘贴和饰面板安装两大工程内容。而饰面砖粘贴,又分为室内墙面粘贴釉面砖;室外墙面粘贴外墙面砖;室内外墙面粘贴陶瓷锦砖;室内外墙面、柱面安装大理石、花岗石板材(此处所述大理石、花岗石板材均指天然的)等。

室内外墙面、柱面安装大理石、花岗石板材，在施工方法上又有三种，即粘贴法、挂贴法和干挂法。

7.2 施工实例

7.2.1 室内墙面粘贴釉面砖

如前所述，釉面砖，也称瓷砖、瓷板，多用于室内厨房、卫生间等墙面。

(1) 施工准备

1) 材料:

①水泥: 32.5 级或 42.5 级矿渣水泥或普通硅酸盐水泥。应有出厂证明或复验合格单。若出厂日期超过 3 个月而且水泥已结有小块的不得使用；白水泥应在 32.5 级以上，并符合设计和规范质量标准的要求。

②砂子: 中砂，用前过筛，含泥量不大于 3%。

③面砖: 面砖的表面应光洁、方正、平整、质地坚固，其品种、规格、尺寸、色泽、图案应均匀一致，必须符合设计规定。不得有缺楞、掉角、暗痕和裂纹等缺陷。其性能指标均应符合现

行国家标准的规定。釉面砖的吸水率不得大于10%。

④石灰膏：用块状生石灰淋制，必须用孔径3 mm×3 mm的筛网过滤，并储存在沉淀池中。熟化时间，常温下不少于15 d，用于罩面灰，不少于30 d，石灰膏内部不得有未熟化的颗粒和其他物质。

⑤生石灰粉：磨细生石灰粉，其细度应通过4 900孔/cm^{2}筛子，用前应用水浸泡，其时间不少于3 d。

⑥粉煤灰：细度过0.08 mm筛，筛余量不大于5%。

⑦界面剂胶和矿物颜料：按设计要求配比，其质量应符合规范标准。

2）机具与工具：砂浆搅拌机、切割机、手电钻、冲击电钻、铁板、阴阳角抹子、铁皮抹子、木抹子、托灰板、木刮尺、方尺、铁制水平尺、小铁锤、木锤、錾子、垫板、小白线、开刀、墨斗、小线坠、小灰铲、盒尺、钉子、红铅笔、工具袋等。

3）作业条件：

①墙顶抹灰完毕，做好墙面防水层、保护层和地面防水层、混凝土垫层。

②搭设双排架子或钉高马凳，横竖杆及马凳端头应离开墙面和门窗角150～200 mm。架子的步高和马凳高、长度要符合施工要求和安全操作规程。

③安装好门窗框扇，隐蔽部位的防腐、填嵌应处理好，并用1:3水泥砂浆将门窗框、洞口缝隙塞严实，铝合金、塑料门窗、不锈钢门等框边缝所用嵌塞材料及密封材料应符合设计要求，且应塞堵密实，并事先粘贴好保护膜。

④脸盆架、镜卡、管卡、水箱、煤气等应埋设好防腐木砖、位置正确。

⑤按面砖的尺寸、颜色进行选砖，并分类存放备用。

⑥统一弹出墙面+50 cm水平线，大面积施工前应先放大样，并做出样板墙，确定施工工艺及操作要点，并向施工人员做交底工作。样板墙完成后必须经质检部门鉴定合格，还要经过设

计、甲方和施工单位共同认定验收后，方可组织班组按照样板墙壁要求施工。

⑦有关管、线、盒等安装完并验收。

⑧室内温度应在 5 ℃以上。

（2）工艺顺序

基层处理→找规矩、贴灰饼与冲筋→抹底层灰→选砖、排砖→弹线、贴标准点→垫底尺、粘贴瓷砖→擦缝。

（3）操作要点

1）基层处理：

砖砌体：应清除表面杂物、尘土，抹灰前应洒水湿润。

混凝土：表面应凿毛或在表面洒水湿润后进行“毛化”处理（加适量胶粘剂）。

加气混凝土：应在湿润后，边刷界面剂，边抹强度不大于 M5 的水泥混合砂浆。

2）找规矩、贴灰饼与冲筋：根据贴面砖的设计要求和墙面的平整度，通过吊垂直、套方找规矩的方法确定灰饼的厚度。一般先贴上口灰饼，在墙面两阴角距离 10 ~ 20 cm 处，用底层灰砂浆抹上两个标志块灰饼，然后进行吊垂直做墙面下部对应的灰饼，待下部的标志块灰饼贴好后，以上下标志块为依据拉小线作中间的灰饼，其灰饼之间的间距为 1.2 ~ 1.5 m。全部灰饼贴好后，就可以将墙面底层灰的冲筋做出来了。

3）抹底层灰：由于基层材料不一样，底子灰的材料和操作也各不一样。

混凝土墙面抹底层灰：先用掺水重 10% 的乳液（胶粘剂）的素水泥浆薄薄地刷一道，然后紧跟前面用 1:3 水泥砂浆分层抹底层灰。每层厚度控制在 5 ~ 7 mm，使底层砂浆与基层粘结牢固。底层砂浆抹平压实后，应将其扫毛或划毛。

加气混凝土抹底层灰：先刷一道掺水重 20% 的胶粘剂水溶液，紧跟着用 1:0.5:4 的水泥混合砂浆分层抹底灰。其厚度控制在 7 mm 左右，进行刮平压实后扫毛或划出纹道，待终凝后浇水养护。

砖墙面抹底层灰：先将砖墙面浇水湿润，然后用1∶3水泥砂浆分层抹底层灰，其厚度控制在12 mm左右，在刮平压实后，扫毛或划出纹道，待终凝后浇水养护。

4）选砖、排砖：内墙瓷砖或釉面砖一般按1 mm差距分类选出1～3个规格，选好后应根据房间大小计划好用料，一面墙或一间房间尽量用同一规格的瓷砖。要求选用方正、平整、无裂纹、棱角完好、颜色均匀、表面无凸凹和扭翘等毛病的瓷砖，不合格的不能使用。

排砖是在底层灰有六七成干时，就可以按施工图设计要求排砖，同一方向应粘贴尺寸一致的瓷砖。如果不能满足要求，应将数量较多，规格较大的瓷砖贴在下部，以便上部的瓷砖通过缝子宽窄来调整找齐。排砖要按粘贴顺序进行排列。一般由阴角开始粘贴，自下而上地进行，尽量使不成整块的瓷砖排在阴角处或次要部位。每面砖不宜有两列非整砖，并且非整砖宽度不宜小于整砖的1/3。如遇有水池、镜框时，必须以水池、镜框为中心往两边分贴。

5）弹线、贴标准点：待砖层排好后，应在底层砂浆上弹垂直与水平控制线。一般竖线间距为1m左右，横线一般根据瓷砖规格尺寸每隔5～10块弹一水平控制线，作为确定水平及竖向控制标志。

标准点是用废瓷砖片粘贴在底层砂浆上，粘贴时将砖的棱角翘起，以棱角为粘贴瓷砖表面平整的标准点。做标准点用水泥∶石灰膏∶砂＝1∶0.1∶3的水泥混合砂浆粘贴，粘贴好后，在标准点的棱角上拉直线，再在直线上拴活动的水平线，用来控制瓷砖的表面平整。做标准点时，上下用靠尺板找好垂直，横向用靠尺板找平。

6）垫底尺、粘贴瓷砖：根据计算好的最下一皮砖的下口标高，垫放好尺板作为第一皮砖下口的标准。底尺上皮一般比地面低1 cm左右，以使地面压住墙面砖。底尺安放必须平稳，底尺的垫点间距应在 40 cm 以内，以保证垫板牢固。

粘贴时，首先将规格一致的瓷砖清理干净，放入净水中浸泡 1 h 以上，再取出后擦净水痕，阴干。然后用水泥∶石灰膏∶砂 = 1∶0.1∶2.5 的混合砂浆，由下而上地进行粘贴。其方法是：垫好底尺后，挂线，再在瓷砖背面满刮砂浆，其厚度在 6 ~ 8 mm,紧靠底尺上皮把砖贴在墙上，使灰挤满、挤牢，上口以水平线为准，再用小铲的木把轻轻敲瓷砖。贴好底层一皮砖后，再用靠尺板横向靠平，有不平处，再用小铲把敲平，有亏灰处应取下瓷砖添灰重贴，不得在砖口处塞灰，否则会发生空鼓。在门口或阳角以及长墙每隔 2 m 应先竖向贴一排砖，作为墙面垂直、平整和砖层的标准，然后按此标准向两侧挂线粘贴，如图 7 – 1 所示。

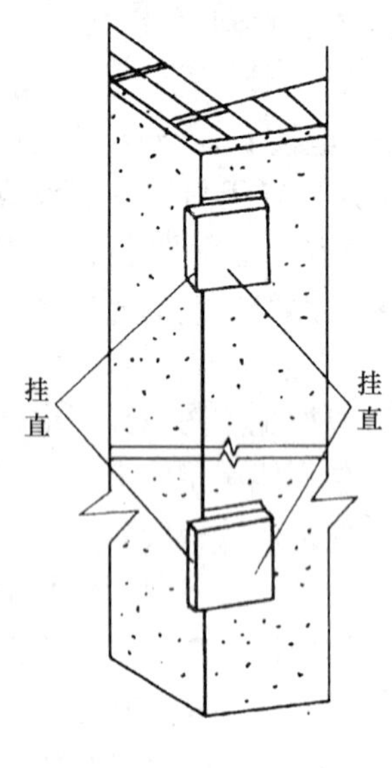

图 7 – 1　两面挂直示意图

瓷砖粘贴到上口必须平直成一线，上口用一面圆的瓷砖。阳角大面一侧必须用一面圆的配件转，这一行的最上面一块必须用两面圆的瓷砖。总之无论墙裙、浴盆、水池等上口和阴角、阳角处粘贴的瓷砖，都应使用配件砖。如墙面有孔洞，应先用瓷砖对准孔洞，上下左右画好位置，然后用切砖刀裁切，用胡桃钳钳去局部。整面墙不宜一次铺贴到顶，以免塌落。

7）擦缝：全部瓷砖粘贴完后，应自检一下是否有空鼓、不平、不直等现象，发现不符要求时，应及时进行补救。然后用清水将砖面洗擦一遍，再用棉丝擦净，最后用长刷子蘸粥状白水泥素浆涂缝，再用麻布将缝子的素浆擦均匀，再把瓷砖表面擦干净即可。在整个粘贴瓷砖工程完成之后，要采取措施防止玷污和损坏。

7.2.2 室外墙面粘贴外墙面砖

(1) 施工准备

1）材料：

①水泥：32.5 级或 42.5 级矿渣水泥或普通硅酸盐水泥。应有出厂证明或复验合格单。若出厂日期超过 3 个月或水泥已结有小块的不得使用；白水泥应符合 GB 2015—91《白色硅酸盐水泥》标准中 425 号以上的规定，并符合设计和规范质量标准的要求。

②砂子：粗中砂，用前过筛，其他应符合规范的质量标准。

③面砖：面砖的表面应光洁、方正、平整、质地坚固，其品种、规格、尺寸、色泽、图案应均匀一致，必须符合设计规定。不得有缺楞、掉角、暗痕和裂纹等缺陷。其性能指标均应符合现行国家标准的规定，其吸水率不得大于 10%。

④石灰膏：用块状生石灰淋制，必须用孔径 3 mm × 3 mm 的筛网过滤，并储存在沉淀池中。熟化时间，常温下不少于 15 d，用于罩面灰，不少于 30 d，石灰膏内部不得有未熟化的颗粒和其他物质。

⑤生石灰粉：磨细生石灰粉，其细度应通过 4 900 孔/cm^2 筛子，用前应用水浸泡，其时间不少于 3 d。

⑥粉煤灰：细度过 0.08 mm 筛，筛余量不大于 5%。

⑦界面剂胶和矿物颜料：按设计要求配比，其质量应符合规范标准。

2）机具与工具：砂浆搅拌机、切割机、磅秤、铁板、孔径 5 mm 筛子、窗纱筛子、手推车、大桶、小水桶、平锹、木抹子、大杠、中杠、小杠、靠尺、方尺、铁制水平尺、灰槽、灰勺、米厘条、毛刷、铁丝刷、笤帚、錾子、锤子、米线包、小白线、擦布或棉丝、钢片开刀、小灰铲、勾缝溜子、勾缝托灰板、托线板、线坠、盒尺、钉子、红铅笔、铅丝、工具袋等。

3）作业条件：

①主体结构施工完，并通过验收。

②外架子（高层多用吊篮或吊架）应提前支搭和安装好，多层房屋最好选用双排架子或桥架，其横竖杆及拉杆等应离开墙面和门窗口角150~200 mm。架子的步高和支搭要符合施工要求和安全操作规程。

③阳台栏杆、预留孔洞及排水管等应处理完毕，门窗框要固定好，隐蔽部位的防腐、填嵌应处理好，并用1:3水泥砂浆将缝隙塞严实；铝合金、塑料门窗、不锈钢门等框边缝所用嵌塞材料及密封材料应符合设计要求，且应塞堵密实，并事先粘贴好保护膜。

④墙面基层处理干净，脚手眼等事先使用与基层相同的材料砌堵好。

⑤按面砖的尺寸、颜色进行选砖，并分类存放备用。

⑥大面积施工前应先放大样，并做出样板墙，确定施工工艺及操作要点，并向施工人员做好交底工作。样板墙完成后必须经质检部门鉴定合格，还要经过设计、甲方和施工单位共同认定验收后，方可组织班组按照样板墙壁要求施工。

（2）工艺顺序

基层处理→挂线、贴灰饼→抹找平层→选砖、排砖→分格、弹线→粘贴面砖→勾缝→清理。

（3）操作要点

1）基层处理：当基体的抗拉强度小于外墙饰面砖粘结强度时，必须进行加固处理。加固后应对粘贴样板进行强度检测。

对加气混凝土、轻质砌块和轻质墙板等基体，若采用外墙饰面砖，必须有可靠的粘结质量保证措施，否则，不宜采用外墙饰面砖饰面。

对混凝土基体表面，应采用聚合物水泥砂浆或其他界面处理剂做结合层。

对实心黏土砖墙，对基层表面的尘土、污垢、油渍等应清除干净，并应洒水湿润。

2）挂线、贴灰饼：若建筑物为高层时，应在四周大角和门窗口边用经纬仪打垂直线找直。如果建筑物为多层时，可从顶层开始用特制的大线锤拉铁丝吊垂直，然后根据面砖的规格尺寸分层设点、做灰饼。墙面上每隔 1.5 ~ 2 m 间距做标志块，并找准阳角方正，横线则以楼层为水平基线交圈控制，竖向线则以四周大角和通天柱或垛子为基准线控制，应全部是整砖。每层打底时则以此灰饼为基准点，进行冲筋，使底层做到横平竖直。同时要注意找好突出檐口、腰线、窗台、雨篷等饰面的流水坡度和滴水线（槽）。

3）抹找平层：抹找平层前应将基体表面湿润，并刷一道掺水重 10%胶粘剂（乳液）的素水泥浆。紧跟着分层分遍抹找平层。一般采用 1∶3 水泥砂浆，每层厚度不应大于 7 mm，且应在前一层终凝后再抹第二遍，厚度约 8 ~ 12 mm，总厚度不应大于 20 mm。随即用木杠贴着冲筋将灰刮平，木抹子搓实搓毛，待终凝后浇水养护。

4）选砖、排砖：面砖应根据设计要求挑选规格一致、形状平整方正，不缺棱掉角，不开裂和脱釉，无凹凸扭曲，颜色均匀的砖块及配件。对于长宽尺寸不同的外墙砖面，可制作两个"工工"形木框进行选砖，分出大、中、小三类。

根据大样图及墙面尺寸进行横竖排砖，并确定接缝宽度，要求面砖接缝的宽度不应小于 5 mm，不得采用密缝，缝深不宜大于 3 mm。也可采用平缝。注意大面、通天柱、垛子要排整砖，在同一墙面上的横竖排列，均不得有一行以上的非整砖。非整砖行应排在次要部位或阴角处，但要注意一致和对称。

5）弹线、分格：外墙面砖粘贴前，应根据施工大样图统一弹线、分格。方法可采取在外墙阳角用钢丝拉垂线，根据阳角拉线，在墙面上每隔 1.5 ~ 2 m 做出标志块。按大样图先弹出分层的水平线，然后弹出分格的垂直线。

离缝分格，则应按整块砖的尺寸分匀，确定分格缝的尺寸，并按离缝实际宽度做分格条。分格条一般是刨光的米厘条，其宽度是 6 ~ 10 mm，高度在 15 mm 左右。

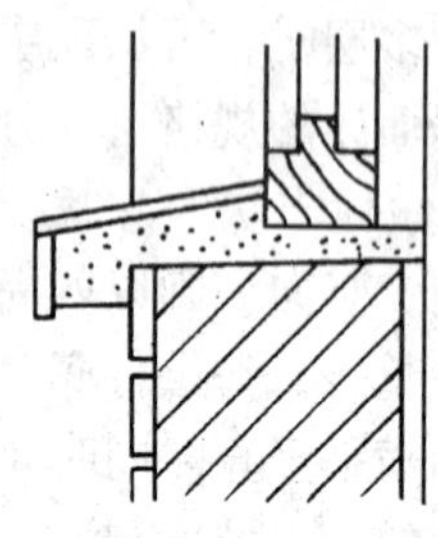

图 7－2　突出墙面部分贴法

统一弹线，分格，一般要求横缝与碹脸或窗台取平。突出墙面的部分，如窗台、腰线阳角及滴水线的排砖方法，可按图 7－2处理，需要注意的是正面面砖要往下空出 3 mm 左右，底面面砖要留有滴水坡度。

6）粘贴面砖：在粘贴面砖前，应将面砖放入清水浸泡 2 h 以上，然后阴干备用，即以饰面砖表面有潮湿感但手按无水迹为准。

粘贴面砖的顺序是先贴附墙柱面，后贴大墙面，最后贴窗间墙。对每一分段或分块内的面砖均应自下而上进行粘贴。在最底一皮面砖的下皮位置稳好靠尺（最好用 5 cm × 10 cm 木杠），要垫平、垫实、垫稳，以此来托住第一皮面砖。从两端头以标准块为准拉面砖外皮上口的通线，作为粘贴面砖的标准。粘贴砂浆采用 1:2 水泥砂浆，要求砂浆的稠度一致，避免砂浆上墙后流淌。刮灰厚度控制在 6 ~ 10 mm，面砖贴上墙后用灰铲柄轻轻敲击，使之附线，再用钢片开刀调整竖缝。如上口不在同一条直线上，应在面砖的下口垫小木片（或铁钉），使上口在一条直线上，然后用靠尺板通过标准块来调整平面的垂直度。

女儿墙压顶、窗台、腰线等部位平面也粘贴面砖时，应采取顶面面砖压立面面砖的做法，以免向内渗水，引起空鼓。

7）勾缝：面砖缝应按设计要求的材料和深度进行，勾缝应连续、平直、光滑、无裂纹、无空鼓。

勾缝宜按先水平后垂直的顺序进行。面砖缝一般在 8 mm 以上，用 1:1 水泥砂浆进行勾缝。砂子要求过窗纱筛。一般分两次进行，头一次可用一般砂浆，第二遍用按设计要求色彩配制的砂浆勾缝。要先勾水平缝，再勾竖缝。一般要求勾进面砖 2 ~ 3 mm。

8）清理：面砖粘贴后应及时将表面清理干净，清洗工作应在勾缝材料硬化后进行，如有污染用水很难清洗时，则可用浓度为 10% 的盐酸刷洗，然后用清水洗净。

7.2.3 室内外墙面粘贴陶瓷锦砖

如前所述，陶瓷锦砖，也称马赛克。多用于室内外墙面，也用于室内厨房、卫生间等墙面。

（1）施工准备

1）材料：

①水泥：32.5 级普通硅酸盐水泥或矿渣硅酸盐水泥。应有出厂证明或复验合格单。若出厂超过 3 个月，应按试验结果使用。

②白水泥：32.5 级白水泥。

③砂子:粗砂或中砂,用前过筛,其他应符合规范的质量标准。

④陶瓷锦砖（马赛克）：应表面平整，颜色一致，每张长宽规格一致，尺寸正确，边棱整齐，一次进场。锦砖脱纸时间不得大于 40 min。

⑤石灰膏：应用块状生石灰淋制，淋制时必须用孔径不大于 3 mm×3 mm 的筛过滤，并储存在沉淀池中。

⑥生石灰粉：抹灰用的石灰膏可用磨细生石灰粉代替，其细度应通过 4 900 孔/cm^2 筛子。用于罩面时，熟化时间不应小于 3 d。

⑦纸筋：用白纸筋或草纸筋。使用前 3 周应用水浸透捣烂，使用时宜用小钢磨磨细。

2）机具与工具：

磅秤、铁板、孔径 5 mm 筛子、手推车、大桶、平锹、木抹子、开刀或钢片、铁制水平尺、方尺、大杠、灰槽、灰勺、米厘条、毛刷、笤帚、大小锤子、粉线包、小线、擦布或棉丝、老虎钳子、小铲、小型台式砂轮、勾缝溜子、勾缝托灰板、托线板、线坠、盒尺、钉子、铅丝、工具袋等。

3）作业条件：

①根据设计图纸要求，按照建筑物各部位的具体做法和工程量，事先挑选出颜色一致、同规格的陶瓷锦砖，分别堆放并保

管好。

②预留孔洞及排水管应处理完毕，门窗框扇要固定好，并用1:3水泥砂浆将缝隙堵塞严密。铝合金、塑钢等门窗框边缝所用嵌缝材料应符合设计要求，且堵塞严实，并事先粘贴好保护膜。

③脚手架或吊篮提前支搭好。选用双排架子，其横竖杆及拉杆等应距离门窗口角150~200 mm。架子的步高要符合施工要求。

④墙面基层要清理干净，脚手眼堵好。

⑤大面积施工前应先做样板，样板完成后，必须经质检部门鉴定合格，还要经过设计、甲方、施工单位共同认定验收后，方可组织班组按样板要求施工。

(2) 工艺顺序

基层处理→吊垂直、找规矩→抹找平层→分格弹线→粘贴锦砖→揭纸→调缝→擦缝。

(3) 操作要点

1) 基层处理：分混凝土基面、砖基面。

混凝土基面：凹凸处，抹平或剔平。光滑面，用钢丝刷凿毛或采用“毛化处理”方法。并采用聚合物水泥砂浆或其他界面处理剂做结合层。

砖基面：抹灰前墙面必须清扫干净，检查窗台窗套和腰线等处，对损坏和松动的部分要处理好，然后浇水湿润墙面。

2) 吊垂直、找规矩：见前面外墙面贴面砖一节所述。

3) 抹底灰：一般要求分两次抹成。抹灰前，先刷一道水灰比为1:0.4~1:0.5的素水泥浆（可掺10%的乳液)。紧跟着抹1:2.5的水泥砂浆，薄薄地抹一层，宜为5 mm厚，均匀抹压密实。当第一层凝结后方可抹第二层，使用相同的配合比的水泥砂浆按冲筋抹平。再用短木杠刮平，低凹处填平补齐，最后用木抹子搓平搓出麻面，待砂浆终凝后浇水养护。

4) 分格弹线：粘贴锦砖要先放施工大样。根据实际高度弹出若干条水平线。在弹水平线时，应计算好锦砖的块数，使两线之间保持整砖数。如分格，需按总高度分均匀，再根据设计与锦砖品种、规格尺寸定出分格缝的宽度，然后再加工分格条。在弹线分块数时应注意在同一墙上不得有一排以上的非整砖，并应将其排列在较隐蔽的部位。

一个房间、一整幅墙、柱面，贴同一分类规格的砖块，砖块排列应自阴角开始，至阳角停止；自顶棚开始，到地面停止。女儿墙、窗顶、窗台及各种腰线部位，顶面砖块应压盖立面砖块，以防渗水，引起空鼓。如设计没有滴水线时，外墙各种腰线正面砖块下突 3 mm，线底砖块应向内翘起约 3 ~ 5 mm，以利滴水。

5）粘贴锦砖：粘贴锦砖前，应将底层灰浇水湿润，在第一组弹好水平线的下口上，支上垫尺，要求垫平、垫实、垫稳。

在已润湿的底子灰上刷素水泥浆一道，作为结合层，厚约 1 ~ 2 mm,同时将锦砖放在木垫板上，底面朝上，用湿布将底面擦净，再用白水泥浆，刮满锦砖的缝隙后，即可将锦砖沿线粘贴在墙上。

另一种做法是：在湿润的中层灰面上刷素水泥浆一道，再抹 2 ~ 3 mm 厚的纸筋灰素水泥浆（纸筋∶石灰膏∶水泥 = 1∶1∶8）做粘结层，用靠尺刮平，同时将陶瓷砖铺放在木垫板上，底面朝上，缝隙撒灌 1∶2 干水泥砂浆，用软毛刷子刷净底面上的浮砂、再薄薄抹一层粘贴砂浆，然后将锦砖贴到墙面上。粘贴时应沿尺上口弹好的横竖线铺贴。铺贴顺序自下而上。每张之间接茬缝的间距应保证与锦砖缝宽一致，接茬缝要对齐，应随时注意调整缝子的平直和间距。贴完一组后，如有分格缝，应将分格条放在锦砖上口。

锦砖粘贴完后，应随即用拍板靠放在已贴好的锦砖表面，用小锤轻击拍板，均匀地由边沿到中间满敲一遍，将锦砖拍平压实，使其中层粘结牢固，表面平整。

6）揭纸：待砂浆开始初凝（约 20 ~ 30 min），再用刷子或用喷雾器分次喷水湿润纸面。当护面纸吸水泡开后（约 0.5 h）即可揭纸。

7）调缝：揭纸后检查锦砖砖缝是否均匀一致，平直，将弯扭的砖缝用拨缝刀调直，宽度调正一致，然后用小锤拍板敲击拍平一遍，以增强与墙面的粘结。拨缝工作必须在水泥浆初凝前完成，否则易产生面层空鼓、脱落现象。

8）擦缝：待水泥浆凝固后（约 48 h），用抹子将素水泥浆抹在已铺好的锦砖表面，将所有缝隙抹平嵌实。待稍收水后，用棉丝将砖表面擦净（分格缝的缝隙，应在起分格条后，用 1∶1 水泥砂浆勾嵌），次日起喷水养护，时间 3～4 d。

玻璃锦砖的粘贴工艺与陶瓷锦砖基本相同，但抹粘结层时要注意使粘结灰浆填满玻璃锦砖之间的缝隙。铺贴玻璃锦砖时，先在中层表面上涂抹粘结砂浆一层，厚约 2～3 mm，再在玻璃锦砖底面薄薄地涂抹一层粘结灰浆，厚度 1～2 mm。涂抹时要确保缝隙中灰浆饱满，否则，用水洗刷玻璃锦砖表面时，易产生砂眼洞。

7.2.4 室内外墙面、柱面安装大理石、花岗石板材

7.2.4.1 粘贴法

一般来说，薄型小规格大理石、花岗石板材，其厚度在 10 mm 以下，边长小于 40 cm，且安装高度在 1m 以下时，均采用粘贴法施工。

（1）施工准备

1）材料：

①水泥：32.5 级普通硅酸盐水泥，应有出厂证明、检验单。若出厂超过 3 个月，应按试验结果使用。

②白水泥：32.5 级白水泥。

③砂子：粗砂或中砂，用前过筛，其他应符合规范的质量标准。

④大理石、花岗石板材：按照设计图纸要求的规格、颜色等配料。但表面不得有隐伤、风化等缺陷。不宜用易褪色的材料包装。

⑤其他材料：如熟石膏、铜丝或镀锌铅丝、铅皮、硬塑料板条、配套挂件，尚应配备适量与大理石或花岗石等颜色接近的各

种石渣和矿物颜料、胶和填塞饰面板缝隙的专用塑料软管等。

2）机具与工具：磅秤、铁板、半截大桶、小水桶、铁簸箕、平锹、手推车、塑料软管、胶皮碗、喷壶、合金钢扁錾字、合金钢钻头、操作支架、台钻、铁制水平尺、方尺、靠尺板、底尺、托线板、线坠、粉线包、高凳、木楔子、小型台式砂轮、裁改大理石砂轮、全套裁割机、开刀、灰板、木抹子、铁抹子、细钢丝刷、笤帚、大小锤子、小白线、铅丝、擦布或棉丝、老虎钳子、小铲、盒尺、钉子、红铅笔、毛刷、工具袋等。

3）作业条件：

①办理好结构验收，水电、通风、设备安装等应提前完成，准备好加工饰面板所需的水、电源等。

②内墙面弹好 50 cm 水平线（室内墙面弹好 ±0 和各层水平标高控制线）。

③脚手架或吊篮提前支搭好，宜选用双排架子（室外高层宜采用吊篮，多层可采用桥式架子等），其横竖杆及拉杆等应距离门窗口角 150 ~ 200 mm。架子步高要符合施工规程的要求。

④有门窗套的必须把门框、窗框立好。同时要用 1∶3 水泥砂浆将缝隙堵塞严密。铝合金门窗框边缝所用嵌缝材料应符合设计要求，且堵塞密实，并事先粘贴好保护膜。

⑤大理石、花岗石板材进场后应堆放于室内，下垫方木，核对数量、规格，并预铺、配花、编号等，以备正式铺贴时按号取用。

⑥大面积施工前应先放出施工大样，并做样板，经质检部门鉴定合格后，还要经过设计、甲方、施工单位共同认定验收，方可组织班组按样板要求施工。

⑦对进场的石材应进行验收，颜色不均匀时应进行挑选，必要时进行试拼编号。

（2）工艺顺序

基体处理→石材表面处理→抹底层砂浆→弹线→排板材→粘贴板材→接缝处理。

（3）操作要点

1）进行基层处理，吊垂直、套方、找规矩，其他有关内容参见粘贴外墙面砖相应内容。

2）在基层湿润的情况下，先刷胶界面剂素水泥浆一道，随刷随打底；底子灰采用1∶3水泥砂浆，厚度约12 mm，分两遍操作，第一遍约5 mm，第二遍约7 mm，待底子灰压实刮平后，将底子灰表面划毛。

3）石材表面处理：石材表面充分干燥（含水率应小于8%）后，用石材防护剂进行石材六面体防护处理。此工序必须在无污染的环境下进行。将石材平放于木枋上，用羊毛刷蘸上防护剂，均匀涂刷于石材表面。涂刷必须到位。第一遍涂刷完间隔24 h后，用同样的方法涂刷第二遍石材防护剂。如采用水泥或胶粘剂固定，间隔48 h后对石材粘结面用专用胶泥进行拉毛处理。拉毛胶泥凝固硬化后方可使用。

4）待底子灰凝固后便可进行分块弹线，随即将已湿润的块材抹上厚度为2～3 mm的素水泥浆，内掺水重20%的界面剂进行粘贴，用木锤轻敲，用靠尺找平找直。

5）接缝处理：按设计要求认真处理。粘贴后应清擦干净，需要时，可打蜡上光。

7.2.4.2　挂贴法

规格较大的大理石、花岗石板材，常采用挂贴法施工。

（1）施工准备

1）材料：参见“粘贴法”相应内容。

2）机具与工具：参见“粘贴法”相应内容。

3）作业条件：参见“粘贴法”相应内容。

（2）工艺顺序

基体处理→绑扎钢筋网→预拼→固定绑扎钢丝→板材就位→固定板材→灌浆→清理嵌缝。

（3）操作要点

挂贴法，按其锚固方式及灌浇材料的差异，又分为两种，现将其操作要点分别介绍如下：

第一种挂贴法操作要点：

1）基体处理：将基体表面的残灰、污垢清理干净，有油污可用10%火碱液清洗，干净后再用清水将火碱液清洗干净。

基体应具有足够的刚度和稳定性。并且基体表面应平整粗糙。对于光滑的基体表面应进行凿毛处理。

基体应在板材安装前一天浇水湿透。

2）绑扎钢筋网：先检查基体墙面平整情况，然后在建筑物四周由顶到底挂垂直线，再根据垂直标准，拉水平通线，在边角做出板材安装厚度的标志块，根据标志块做标筋和确定饰面板留缝灌浆的厚度。

按上述找规矩确定的标准线，在水平与垂直范围内根据立面要求画出水平方向及垂直方向的板材分块尺寸，并核对一下墙和柱预留的洞、槽的位置。然后先剔凿出墙面或柱面结构施工时的预埋钢筋，使其外露于墙、柱面，然后连接绑扎（或焊接）$\phi 8$ 的竖向钢筋（竖向钢筋的间距，如设计无要求，可按板材宽度距离设置，一般为30～50 cm），随后绑扎横向钢筋，横向钢筋的间距比板材竖向尺寸小2～3 cm为宜。

一般室内装饰工程墙面，都没有预埋钢筋，绑扎钢筋网之前需要在墙面用M10～M16膨胀螺栓来固定铁件。膨胀螺栓的间距为板面宽，或者用冲击电钻在基体上打出 $\phi 6 \sim \phi 8$ mm，深度大于60 mm的孔，再向孔内打入 $\phi 6 \sim \phi 8$ mm的短钢筋，应外露50 mm以上并弯钩。短钢筋的间距为板面宽度。上、下两排膨胀螺栓或插筋的距离为板的高度减去100 mm左右。将同一标高的膨胀螺栓或插筋上连接水平钢筋，水平钢筋可绑扎固定或点焊固定，如图7－3所示。

3）预拼：为了使板材安装时上、下、左、右颜色花纹一致、纹理通顺、接缝严密吻合，安装前，必须按大样图预拼排号。

一般应先按图样挑出品种、规格、颜色与纹理一致的板料，按设计尺寸，进行试拼，校正尺寸及四角套方，使其合乎要求，凡阳角对接处，应磨边卡角，如图 7－4 所示。

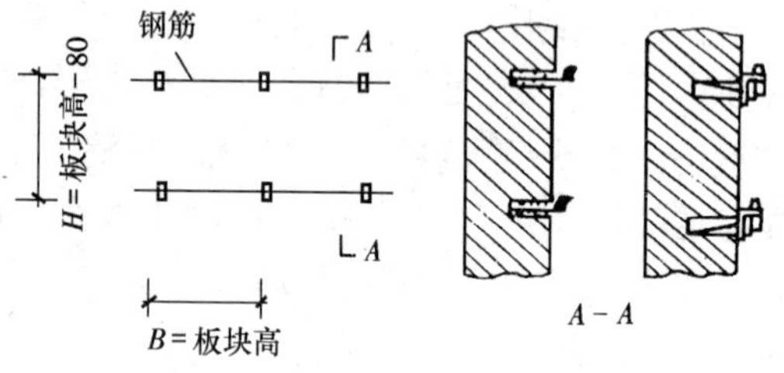

图 7－3　墙上埋入钢筋或螺栓（mm）

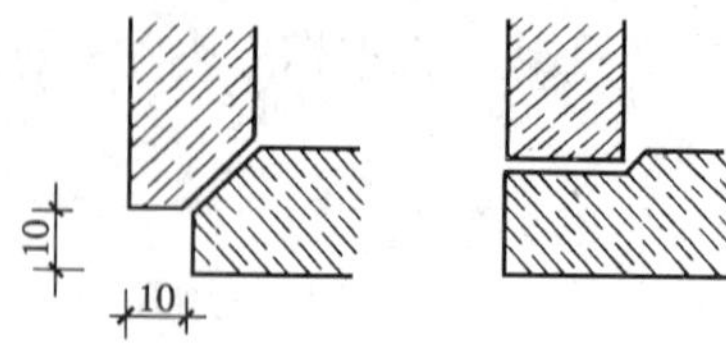

图 7－4　阳角处磨边卡角（mm）

预拼号的板材应按施工顺序编号，编号一般由下往上编排。然后竖向堆好备用。

对于有缺陷的板材经过修补后可改小料用，或应用于阴角或靠近地面不显眼部位。

4）固定绑扎钢丝：固定绑扎丝（铜丝或不锈钢丝）的方法采用开四道槽或三道槽方法。其操作方法为：用电动手提式石材无齿切割机的圆锯片，在需绑丝的部位上开槽。四道槽的位置是：板材背面的边角处开两条竖槽，其间距为 30～40 mm，板材侧边外的两条竖槽位置上开一条横槽，再在板材背面上的两条竖槽位置下部开一条横槽，如图 7－5 所示。

板材开好槽后，把备好的不锈钢或铜丝剪成 30 cm 长，并弯成 U 形。将 U 形绑丝先套入板材背横槽内，U 形的两条边从两条竖槽内通出后，在板材侧边横槽处交叉。然后再通过两竖槽将绑丝在板材背面扎牢。但要注意不要将绑丝拧得过紧，以防止拧断绑丝或把槽口弄断裂。

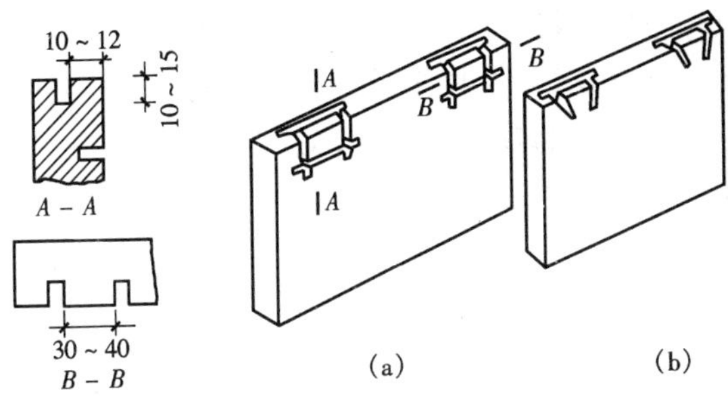

图 7-5　板材开槽方式（mm）

（a）四道槽；（b）三道槽

5）板材就位：安装顺序一般由下往上进行，每层板材由中间或一端开始。先将墙面最下层的板材按地面标高线就位，如果地面未做出，就需用垫块把板材垫高至墙面标高线位置。然后使板材上口外仰，把下口不锈钢丝（或铜丝）绑好后，用木楔垫稳。随后用靠尺板检查平整度、垂直度，合格后系紧绑丝，并用木楔挤紧。最下一层定位后，再拉上一层垂直线和水平线来控制上一层安装质量。上口水平线应到灌浆完后再拆除，如图 7-6 所示。

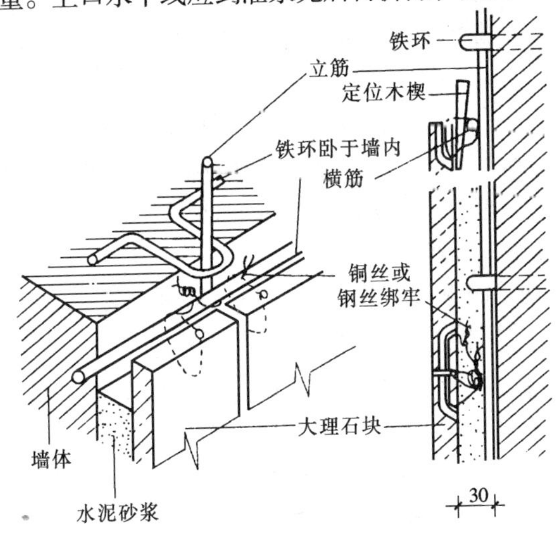

图 7-6　预埋件与钢筋绑扎示意图（mm）

柱面可按顺时针安装，一般先从正面开始。第一层就位后要用靠尺找垂直，用水平尺找平整，用方尺打好阴、阳角。如发现板材规格不准确或板材间隙不匀，应用铅皮加垫，使板材间隙均匀一致，以保持每一层板材上口平直，为上一层板材安装打下基础。

6）固定板材：板材安装就位后，用纸或熟石膏将两侧缝隙堵严。

用熟石膏临时封固后，要及时用靠尺板、水平尺检查板面是否平直，保证板与板之交接处四角平直。如发现问题，立即校正。待石膏硬固后即可进行灌浆。

7）灌浆：用1:2.5（体积比）水泥砂浆，稠度10～15 cm，分层灌注。灌注时用铁簸箕徐徐倒入板材内侧，不要只从一处灌注，也不能碰动板材。同时检查板材因灌浆是否有移位。第一层浇灌高度为15 cm，即不得超过石板高度1/3处。第一层灌浆很重要，要锚固下口绑丝及板材，所以操作时要轻，防止碰撞和猛灌，一旦发生板材外移，错动，应拆除重新安装。

第一次灌浆后稍停1～2 h，待砂浆初凝无水溢出，并且板材无移动后，再进行第二次灌浆，高度为10 cm左右，即灌浆高度达到板材的1/2高度处。稍停1～2 h，再灌第三次浆，灌浆高度达到离上口5 cm处，余量作为上层板材灌浆的接口。

当采用浅色的板材时，灌浆应采用白水泥和白石屑，以防透底影响美观。如为柱子贴面，在灌浆前用方木夹具夹住板材，以防止灌浆时板材外胀。

8）清理、嵌缝：三次灌浆完毕，砂浆初凝后就可清理板材上口余浆，并用棉丝擦干净。隔天再清理第一层板材上口木楔和上口有碍安装上口板材的石膏。以后用相同方法把上层板材下口绑丝拴在第一层板材上口固定的绑丝处，依次进行安装。

柱面、墙面、门窗套等饰面板安装与地面块材铺设的关系：一般采取先做立面后做地面的方法。这种方法要求地面分块尺寸准确，边部块材切割整齐；也可采用先做地面后做立面的方法。

这样可以解决边部块材不齐问题，但地面应加以保护，防止损坏。

嵌缝是全部板材安装完毕后的最后一道工序。首先应将板材表面清理干净，并按板材颜色调制水泥色浆嵌缝，边嵌缝边擦拭清洁，使缝隙密实干净、颜色一致。安装固定后的板材，如面层光泽受到影响，要重新打蜡上光。

第二种挂贴法操作要点：

第一种挂贴法，易造成挂贴不牢、表面接槎不平整等通病。为此，将第一种挂贴法加以改进，于是便有了第二种挂贴法。该法工艺顺序与前者基本相同。其操作要点如下：

1）基层处理：对混凝土墙、柱等凹凸不平处凿平后用 1∶3 水泥砂浆分层抹平。钢模混凝土墙面必须凿毛，并将基层清刷干净，浇水湿润。

板材背面进行防碱背涂处理，代替洒水湿润，以防止锈蚀和泛碱现象。

预埋钢筋或贴模钢筋要先剔凿使其外露于墙面。无预埋筋处则应先探测结构钢筋位置，避开钢筋钻孔。孔径为 25 mm、孔深 90mm，用 M16 膨胀螺栓固定预埋件。

2）板材钻孔：直孔用台钻打眼，操作时应钉木架，使钻头直对板材上端面。一般在每块石板的上、下两个面打眼。孔位打在距板两端 1/4 处。每个面各打两个眼，孔径为 5 mm，深 18 mm，孔位距石板背面以 8 mm 为宜。如板材宽度较大，中间再增打一孔。钻孔后用合金钢凿子朝板材背面的孔壁轻打剔凿，剔出深 4 mm 的槽，以便固定连接件，如图 7－7 所示。

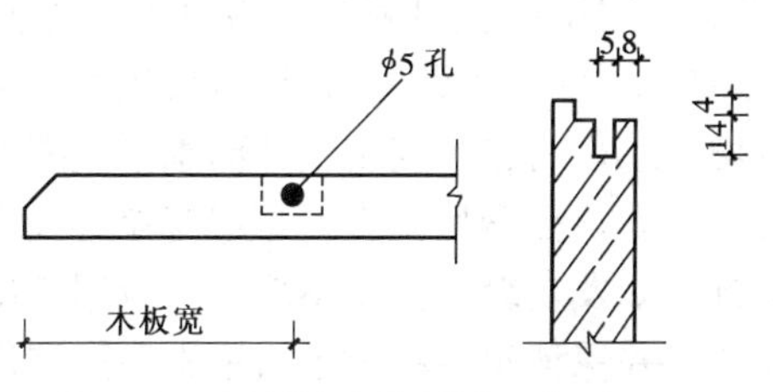

图 7－7　板材钻直孔剔槽示意图（mm）

板材背面钻 135° 斜孔，先用合金钢凿子在打孔平面剔窝，再用台钻对板材背面打孔。打孔时将板材固定在 135° 的木架上（或用摇臂钻斜对石板）打孔，孔深 5 ~ 8 mm，孔底距板材光面 9 mm，孔径 8 mm，如图 7 – 8 所示。

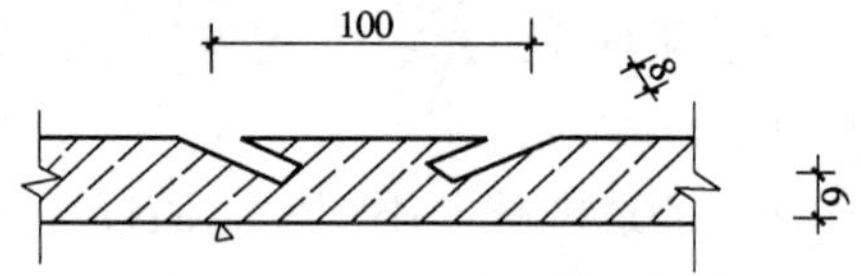

图 7 – 8　磨光花岗石加工示意图（mm）

3）金属夹安装：把金属夹安装在板内 135° 斜孔内，用 JGN 型胶固定，并与钢筋网连接牢固，如图 7 – 9 所示。

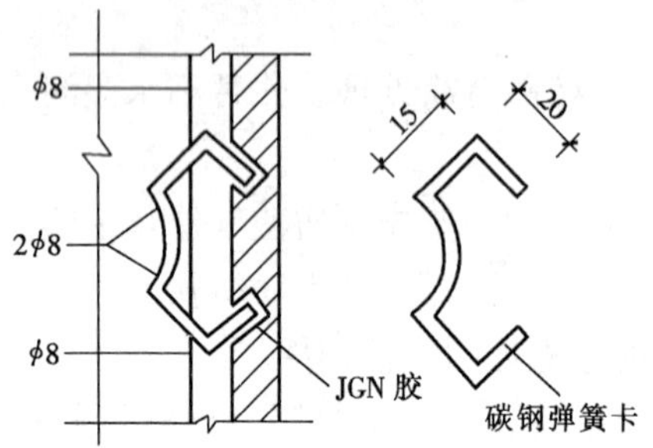

图 7 – 9　安装金属夹示意图（mm）

4）绑扎钢筋网：先绑竖筋，竖筋与结构内预埋筋或预埋铁连接。横向钢筋根据板材规格，在比板材上端低 20 ~ 30 mm 处固定。

5）安装板材：按试拼板材就位，板材上口外仰，将两板间连接筋对齐，连接件挂牢于横筋上，用木楔垫稳，用靠尺检查调整平直。一般均从左往右进行安装，柱面水平交圈安装，以便校正水平垂直度。四大角拉钢尺找直，每层应拉通线找平找直，阴阳角用方尺套方。如发现缝隙大小不均匀，应用铁皮垫平，使板材缝隙均匀一致，并保证每层板材上口平直，连接件亦挂牢于横筋上。然后用熟石膏固定。经检查无变形方可浇灌细石混凝土。

6）浇灌细石混凝土：把搅拌均匀的细石混凝土用铁簸箕徐徐倒入，不得碰动板材及石膏木楔。要求下料均匀，轻捣细石混凝土，直至无气泡。每层板材分三次浇灌。每次浇灌间隔 1 h 左右，待初凝后经检验无松动、变形，方可再次浇灌细石混凝土。第三次浇灌细石混凝土时上口留 5 cm，作为上层板材浇灌细石混凝土的结合层。

7）擦缝、打蜡：板材安装完后，清除所有石膏和余浆痕迹，用棉丝或抹布擦洗干净。按照板材颜色调制水泥浆嵌缝，边嵌缝边擦干净，以防污染板材表面，使之嵌缝密实、均匀，外观洁净，颜色一致，最后抛光上蜡。

7.2.4.3 干挂法

对于大规格的大理石、花岩石板材安装，多采用干挂法施工。

干挂施工工艺改变了传统的板材安装的一贯做法，采用在混凝土外墙面上打膨胀螺栓，再通过钢扣件连接板材的扣件固定法。每块板材的自重由钢件传递给膨胀螺栓支承，板与板之间用不锈钢销钉固定，板面防水处理用密封硅胶嵌缝。用扣件固定板材，在板材与混凝土墙面之间形成空腔，无须用砂浆等填充，因此，对结构的平整度要求降低，墙体外饰面受热胀冷缩的影响较小。缩短了工期、减轻了自重，提高了抗震性能和装饰效果，也带来了较好的经济效益。

其具体施工方法如下：

（1）施工准备

1）材料：

① 石材：根据设计要求，确定石材的品种、颜色、花纹和尺寸规格，并严格控制、检查其抗折、抗拉及抗压强度、吸水率、耐冻融循环等性能。花岗岩板材的弯曲强度应经法定检测机构检测确定。

② 合成树脂胶粘剂：用于粘贴石材背面的柔性背衬材料，要求具有防水和耐老化性能。

③ 双组分环氧型胶粘剂：按固化速度分为快固型（K）和普通型（P）。用于挂件与石材间粘结固定。

④ 中性硅酮耐候密封胶：应进行粘合力的试验和相容性试验。

⑤ 玻璃纤维网格布：石材的背衬材料。

⑥ 防水胶泥：用于密封连接件。

⑦ 防污胶条：用于石材边缘防止污染。

⑧ 嵌缝膏：用于嵌填石材接缝。

⑨ 罩面涂料：用于大理石表面防风化、防污染。

⑩ 不锈钢紧固件：应按同一种类构件的5%进行抽样检查，且每种构件不少于5件。

⑪ 其他：如膨胀螺栓、连接铁件、连接不锈钢针等配套的铁垫板、垫圈、螺帽等的质量，必须符合要求。

2）机具与工具：台钻、无齿切割锯、冲击钻、手枪钻、力矩扳手、开口扳手、嵌缝枪、专用手推车、长卷尺、盒尺、锤子、各种形状钢凿子、靠尺、水平尺、方尺、多用刀、剪子、铅丝、弹线用的粉线包、墨斗、小白线、笤帚、铁锹、开刀、灰槽、灰桶、工具袋、手套、红铅笔等。

3）作业条件：

①检查石材的质量、规格、品种、数量、力学性能和物理性能是否符合设计要求，并进行表面处理工作。同时应符合现行行业标准《天然石材放射性防护分类控制标准》。

②搭设双排架子或吊篮处理。

③水电及设备、墙上预留预埋件已安装完毕。垂直运输机具均事先准备好。

④外门窗已安装完毕，安装质量符合要求。

⑤对施工人员进行技术交底时，应强调技术措施、质量要求和成品保护，大面积施工前应先做样板，经质检部门鉴定合格后，方可组织班组施工。

⑥安装系统隐蔽项目已经验收。

(2) 工艺顺序

墙面修整→弹线→墙面涂防水剂→打孔→固定连接件→固定板材→调整固定→顶部板安装→嵌缝→清理。

(3) 操作要点

1) 墙面修整：如果混凝土外墙表面有局部凸出处会影响扣件安装时，要进行凿平修整。

2) 弹线：找规矩，弹出垂直线和水平线，并根据施工大样图弹出安装板材的位置线和分块线。板材安装前要事先用经纬仪打大角的两个面的竖向控制线，最好弹在离大角 20 cm 的位置上，以便随时检查垂直挂线的准确性，保证顺利安装。竖向挂线宜用 $\phi1\sim\phi1.2$ 的钢丝，下边吊沉铁坠。一般 40m 以下高度沉铁重量为 8 ~ 10 kg，上端挂在专用的挂线角钢架上，角钢架用膨胀螺栓固定在建筑物大角的顶端，一定要挂在牢固、准确、不易碰动的地方，要在控制线上、下做出标记，并注意保护和检查。

3) 墙面涂防水剂：由于板材与混凝土墙身之间不填充砂浆，为了防止因材料性能或施工质量可能造成渗漏，在外墙面上涂刷一层防水剂，以增强外墙的防水性能。

4) 打孔：根据施工大样图的要求，为保证打孔位置准确，将专用模具固定在台钻上，进行板材打孔。为保证孔的垂直性，钉一个板材托架，将板材放在托架上，将打孔的小面与钻头垂直，使孔成型后准确无误。孔深 20 mm，孔径为 5 mm。钻头为 4.5 mm。要求孔位正确。

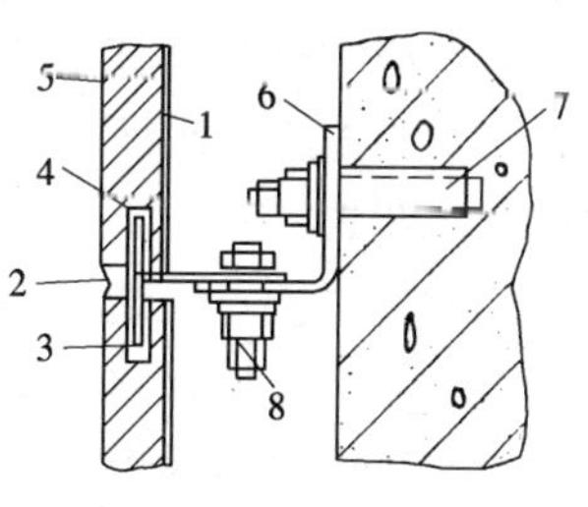

图 7-10 干挂工艺构造示意图

1—玻璃布增强层；2—嵌缝油膏；3—钢针；4—长孔（充填环氧树脂粘结剂）；5—石材板；6—安装角钢；7—膨胀螺栓；8—紧固螺栓

5) 固定连接件：在结构墙上打孔、下膨胀螺栓。在基体表面弹好水平线，按施工大样图和板材尺寸，在基体结构墙上做好标记，然后按点打孔，孔深为60 ~ 80 mm。若遇到结构中的钢筋，可以将孔位在水平方向移位或往上抬高。在连接铁件时利用可调余量再调整。成孔与墙面垂直，将孔内灰渣挖出后安放膨胀螺栓。并将所需的全部膨胀螺栓全部安装到位。然后将扣件固定，用扳手拧紧。安装节点图如图7－10所示。连接板上的孔洞均呈椭圆形，以便于安装时调节位置，如图 7－11 所示。

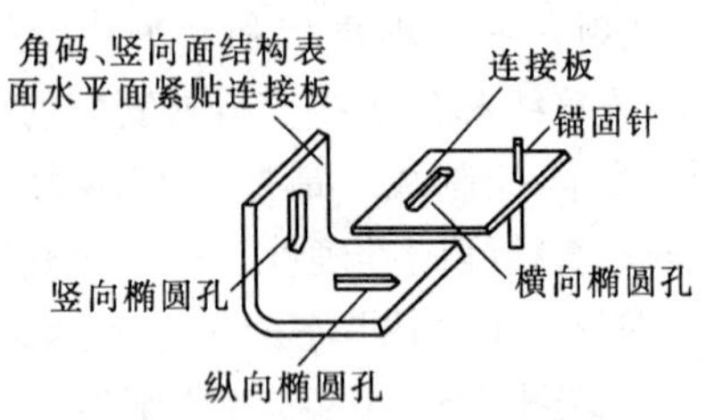

图 7－11　组合挂件三向调节

6）固定板材：底层板材安装，把侧面的连接铁件安好，便可把底层面板靠角上的一块就位。方法是用夹具暂时固定，先将石板侧孔抹胶，调整钢件，插固定钢针，调整面板固定。依次按顺序安装底层面板，待底层面板全部就位后，须检查一下各板材水平是否在一条线上。先调整好面板的水平与垂直度；再检查板缝宽度，应按设计要求确保板缝均匀，嵌缝高度要高于 25 cm；其后将 1∶2.5 的白水泥配制的砂浆，灌于底层面板内 20 cm 高，并设排水装置。

这时，可接着安装上一层连接件，将胶粘剂灌入上层板材下方孔内，再将上层板材对准钢针插入；随后，将胶粘剂灌入该层板材上方孔内，插连上一层的钢针，并用相应连接件予以固定。如此反复直至板材全部安装完毕。

7）调整固定：每一层板暂时固定后，均须调整水平度。如板面上口不平，可在板底的一端下口的连接平钢板上垫一相应的铅皮板或铜丝，也可把另一端下口用以上方法垫一下。而后调整垂直度，可调整面板上口的不锈钢连接件的距墙空隙，直至面板垂直。

8）顶部板安装：顶部最后一层板材除了按一般板材安装要求安装调整好外，还要在结构与板材的缝隙里吊一通长的 20 mm 厚木条，木条上平位置为板材上口下 250 mm，吊点可设在连接铁件上，可采用铅丝吊木条。木条吊好后，即在板材与墙面之间的空隙里塞放聚苯板。聚苯板条要宽于空隙，以便堵塞严实，防止灌浆时漏浆，造成蜂窝、孔洞等。灌浆至板材口下 20 mm，做压顶盖板之用。

9）嵌缝：每一施工段安装好经检查无误后，可清扫拼接缝，填入橡胶条，然后用打胶机进行硅胶涂封。一般，硅胶只封平接缝表面或比板面稍凹少许即可。雨天或板材受潮时，不宜涂硅胶。

10）清理：清理板块表面，用棉丝将石板擦干净。如有余胶等其他粘结杂物，可用开刀轻铲、用棉丝沾丙酮擦干净。

7.3 质量标准

7.3.1 饰面砖工程质量标准

室内墙面粘贴釉面砖、室外墙面粘贴外墙面砖、室内外墙面粘贴陶瓷锦砖等，均属饰面砖工程，其质量标准如下：

（1）主控项目

1）饰面砖的品种、规格、图案、颜色和性能应符合设计要求。

检验方法：观察；检查产品合格证书、进场验收记录、性能检测报告和复验报告。

2）饰面砖粘贴工程的找平、防水、粘结和勾缝材料及施工方法应符合设计要求及国家现行产品标准和工程技术标准的规定。

检验方法：检查产品合格证书、复验报告和隐蔽工程验收记录。

3）饰面砖粘贴必须牢固。

检验方法：检查样板件粘结强度检测报告和施工记录。

4）满粘法施工的饰面砖工程应无空鼓、裂缝。

检验方法：观察；用小锤轻击检查。

（2）一般项目

1）饰面砖表面应平整、洁净、色泽一致、无裂痕和缺损。

检验方法：观察。

2）阴阳角处搭接方式、非整砖使用部位应符合设计要求。

检验方法：观察。

3）墙面突出物周围的饰面砖应整砖套割吻合，边缘应整齐。墙裙、贴脸突出墙面的厚度应一致。

检验方法：观察；尺量检查。

4）饰面砖接缝应平直、光滑，填嵌应连续、密实；宽度和深度应符合设计要求。

检验方法：观察；尺量检查。

5）有排水要求的部位应做滴水线（槽）。滴水线（槽）应顺直，流水坡向应正确，坡度应符合设计要求。

检验方法：观察；用水平尺检查。

6）饰面砖粘贴的允许偏差和检验方法，应符合表 7－1 的规定。

饰面砖粘贴的允许偏差和检验方法　　　表 7－1

项次	项　目	允许偏差/mm		检　验　方　法
		外墙面砖	内墙面砖	
1	立面垂直度	3	2	用 2 m 垂直检测尺检查
2	表面平整度	4	3	用 2 m 靠尺和塞尺检查
3	阴阳角方正	3	3	用直角检测尺检查
4	接缝直线度	3	2	拉 5 m 线，不足 5 m 拉通线，用钢直尺检查
5	接缝高低差	1	0.5	用钢直尺和塞尺检查
6	接缝宽度	1	1	用钢直尺检查

7.3.2 饰面板安装工程质量标准

室内外墙面、柱面安装大理石、花岗石板材等，无论是采用粘贴法施工，还是采用挂贴法、干挂法等施工，均属饰面板安装工程，其质量标准如下：

（1）主控项目

1）饰面板的品种、规格、颜色和性能应符合设计要求。

检验方法：观察；检查产品合格证书、进场验收记录和性能检测报告。

2）饰面板孔、槽的数量、位置和尺寸应符合设计要求。

检验方法：检查进场验收记录和施工记录。

3）饰面板安装工程的预埋件（或后置埋件）、连接件的数量、规格、位置、连接方法和防腐处理必须符合设计要求。后置埋件的现场拉拨强度必须符合设计要求。饰面板安装必须牢固。

检验方法：手扳检查；检查进场验收记录、现场拉拨检测报告、隐蔽工程验收记录和施工记录。

（2）一般项目

1）饰面板表面应平整、洁净、色泽一致，无裂痕和缺损。石材表面应无泛碱等污染。

检验方法：观察。

2）饰面板嵌缝应密实、平直，宽度和深度应符合设计要求，嵌填材料色泽应一致。

检验方法：观察；尺量检查。

3）采用湿作业法施工的饰面板工程，石材应进行防碱背涂处理。饰面板与基体之间的灌注材料应饱满、密实。

检验方法：用小锤轻击检查；检查施工记录。

4）饰面板上的孔洞应套割吻合，边缘应整齐。

检验方法：观察。

5）饰面板安装的允许偏差和检验方法，应符合表 7－2 的规定。

饰面板安装的允许偏差和检验方法 **表7－2**

项次	项目	允许偏差/mm							检验方法
		石材			瓷板	木材	塑料	金属	
		光面	垛斧石	蘑菇石					
1	立面垂直度	2	3	3	2	1.5	2	2	用2 m垂直检测尺检查
2	表面垂直度	2	3	—	1.5	1	3	3	用2 m靠尺和塞尺检查
3	阴阳角方正	2	4	4	2	1.5	3	3	用直角检测尺检查
4	接缝直线度	2	4	4	2	1	1	1	拉5 m线，不足5 m拉通线，用钢直尺检查
5	墙裙、勒脚上口直线度	2	3	3	2	2	2	2	拉5 m线，不足5 m拉通线，用钢直尺检查
6	接缝高低差	0.5	3	—	0.5	0.5	1	1	用钢直尺和塞尺检查
7	接缝宽度	1	2	2	1	1	1	1	用钢直尺检查

7.4 质量通病与预防

饰面砖（板）工程质量通病与预防，分别见表7－3、表7－4、表7－5。

饰面砖粘贴质量通病与预防 **表7－3**

质量通病	原因	预防
面砖空鼓、脱落	（1）基面处理不当	（1）不同基体的墙面应按规定进行处理，基面偏差应符合要求，抹灰时，应按操作规程进行，保证每层的粘结强度
	（2）砂浆配合比不准，稠度不合要求	（2）砂浆配合比应按设计要求，砂子含泥量不超过3%，稠度根据配合比设计要求确定，贴面砖砂浆中可适量加107胶
面砖分格缝不直、不均	（1）面砖质量差，规格尺寸偏差大，未认真挑选	（1）面砖的质量应符合设计要求，施工前，应对面砖进行挑选，偏差大的应予剔除

续表

质量通病	原　　因	预　　防
面砖分格缝不直、不均	(2) 分段分块弹线不仔细，操作的控制点少	(2) 按设计要求弹线，并复检，根据内墙、外墙面砖的不同要求设相应的基准控制线
面层不平、偏差大	(1) 结构偏差较大、施工前未认真处理	(1) 对结构面偏差较大的处理，应协商处理办法，处理检查合格方可施工
	(2) 基面打底偏差大	(2) 基面打底操作应仔细，各层应检验合格，方可进行下道工序

饰面板挂贴质量通病与预防　　表 7－4

质量通病	原　　因	预　　防
面板接缝不平，高低差较大	(1) 面板质量差，挑选不认真	(1) 面板的质量应符合设计要求，施工前挑选，应仔细把关
	(2) 施工操作不当，分次灌浆过高，引起面板错动	(2) 灌浆时，不应碰面板，边灌边用橡胶锤轻敲面板使砂浆排气，第一次灌浆高度为 150 mm，不能超过面板高度的 1/3，第一次灌后应停 1～2 h，待砂浆初凝，再灌第二次，灌浆高度 200～300 mm。待其初凝后，再灌第三次，灌至面板上口下 50～100 mm 为止
面板开裂	(1) 面板质量较差	(1) 饰面板选材应严格按设计要求进行，重要技术指标应复检，挑选时，对隐伤、暗缝等应注意
	(2) 墙、柱面上下空隙较小；结构受压变形	(2) 面板施工应待墙、柱面等承重结构沉降稳定后进行，安装时，留有一定缝隙，防止结构压缩
面板空鼓	(1) 灌浆稠度较大	(1) 灌浆稠度一般控制在 80～120 mm
	(2) 砂浆过稀，产生漏浆	(2) 注意控制好砂浆的稠度
	(3) 缺乏养护，脱水过早	(3) 严格遵守养护规定，冬季、夏季应采取相应的养护措施

续表

质量通病	原　　因	预　　防
面板污染碰损	（1）搬运、安装过程中被砂浆污染	（1）整个操作过程应注意面板的保护，避免碰撞，对出现的砂浆粘附表面现象应随时清理干净
	（2）操作中，有色液体直接接触面板表面	（2）操作过程中，应仔细，防止有色液体、颜料、酸碱类化学物品，直接接触面层表面

大理石、花岗石干挂质量通病与预防　　表7－5

质量通病	原　　因	预　　防
面板渗漏	处理板间缝隙不仔细，嵌缝、打胶不到位	操作中，对缝隙的处理应仔细，背衬条填嵌位置合适，打胶用力要匀，走枪应稳而慢，每做完一步应仔细检查验收
面板缝格不直、不匀	（1）分段分块弹线不细	（1）应按设计要求，核对尺寸，认真进行弹线工序
	（2）操作过程中，拉线不直，吊线检查校正不及时	（2）操作过程中，应按规定要求拉线、吊线，并随时进行检查校正，出现不直现象，及时纠正

复习思考题

1. 简述室内墙面粘贴釉面砖、室外墙面粘贴外墙面砖的施工准备、工艺顺序及操作要点。

2. 简述室内外墙面粘贴陶瓷锦砖的施工准备、工艺顺序及操作要点。

3. 简述室内外墙面、柱面安装大理石、花岗石板材的方法；各种方法的施工准备、工艺顺序及操作要点。

4. 简述饰面砖（板）工程质量标准、质量通病及预防措施。

8 地 面 工 程

8.1 概述

地面工程，包括建筑物底层地面和楼地面；同时包括楼梯踏步、室外散水、台阶、坡道及庭院道路等。

地面工程施工，包括垫层、找平层、隔离层、填充层施工，以及面层施工。

面层施工，又分整体面层和板块面层施工。

整体面层又细分为：水泥混凝土面层、水泥砂浆面层、现浇水磨石面层等。

同样，板块面层可细分为：陶瓷锦砖面层、陶瓷地砖面层、缸砖面层、大理石面层、花岗石面层、条石面层、块石面层、水泥花砖面层、水泥混凝土板块面层、水磨石板块面层等。

8.2 施工实例

此处，仅以面层施工为主，选部分实例介绍如下。

8.2.1 现浇水磨石面层施工

（1）施工准备

1）材料：

①水泥：宜用硅酸盐水泥、普通硅酸盐水泥、矿渣硅酸盐水泥；白色或浅色水磨石面层，应用白水泥。水泥强度等级不应低于42.5。

②砂：用中砂，过8 mm孔径筛，含泥量不大于3%。

③石粒：用坚硬可磨的白云石、大理石等岩石加工颗粒，常

用规格为大八厘、中八厘、小八厘，具体情况见表8-1。

水磨石石料应洁净无杂物。

④颜料：用耐光、耐碱的矿物颜料，不得使用酸性颜料，其掺入量宜为水泥重量的3%~6%，或由试验确定。

⑤分格条：铜条，采用1~2 mm厚，10 mm宽（宽度还应根据面层厚度确定），长度按分格尺寸定；玻璃条，采用3 mm厚、10 mm宽（宽度亦应根据面层厚度确定），长度按分格尺寸定；铝条和塑料条与铜条尺寸相同。

⑥草酸：块状、粉状均可，用沸水溶化稀释，浓度一般为10%~25%。

⑦白蜡及22号铁丝。

石子规格与粒径 **表8-1**

规格俗称	大二分	一分半	大八厘	中八厘	小八厘	米粒石
相当粒径/mm	20	15	8	6	4	2~4

2）机具与工具：水磨石机、滚筒、油石（粗、中、细）、手推车、计量器、筛子、木耙、铁锹、小线、钢尺、胶皮管、木拍板、刮杠、木抹子、铁抹子等。

3）作业条件：

①配合比已经试验确定。

②对所覆盖的隐蔽工程进行验收且合格，并进行隐检会签。

③施工前，应做好水平标志，以控制铺设的高度和厚度，可采用竖尺、拉线、弹线等方法。

④对所有作业人员进行技术交底，特殊工种必须持证上岗。

⑤作业时的环境如天气、温度、湿度等状况应满足施工质量可达到标准的要求。

⑥地面立管安装完毕并已装套管，门框及地面预埋件安装完毕，验收合格。

⑦屋面防水施工完毕。

⑧基层处理干净，缺陷处理完毕。

（2）工艺顺序

基层处理→找标高→铺抹找平层砂浆→养护→弹分格线→镶分格条→搅拌→铺水磨石拌和料→滚压找平→养护→试磨→粗磨→细磨→磨光→清洗→打蜡上光→检查验收。

（3）操作要点

1）基面清理干净，表面不得有灰渣、杂物、油污等。检查基面质量，有起砂、开裂等缺陷，应做处理。

2）根据水平标高，量出面层标高。

3）做水泥砂浆找平层。按面层标高，留出面层厚度（约10～15 mm)做灰饼、标筋，间距1.5 m左右。有坡度面层，以排水口为中心，做向四周辐射的坡度标筋。

基面洒水湿润，刷一道素水泥浆，水灰比1:0.4～1:0.5，同时铺抹1:3水泥砂浆，随刷浆随铺抹，以灰饼、标筋为准刮平，木抹拍实搓平。

找平层砂浆铺抹后，应养护24 h。

4）找平层砂浆抗压强度达到1.2MPa后，根据设计要求，弹分格尺寸线，间距一般为1m。弹线时，应在房间中部弹十字线，由十字线弹其他分格线，若有图案要求时，则按设计图案弹线。

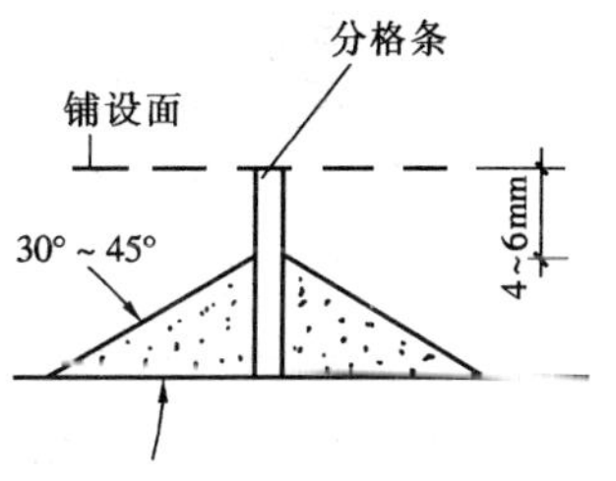

图8－1　分格条粘贴

5）用素水泥浆将分格条固定在分格线上，水泥抹成45°的八字形，高度低于分格条顶部6 mm左右，如图8－1所示。

固定铜、铝条时，铜铝条两端下部1/3处钻$\phi2$～$\phi5$ mm的孔，将22号铁丝穿入孔内，锚固在八字水泥浆中。

白水泥美术水磨石用玻璃分格条时，在镶条处，先抹一条50 mm宽白水泥带，然后镶玻璃条。

6）分格条的十字交叉处，应空40～50 mm距离不抹水泥浆，如图8－2所示。

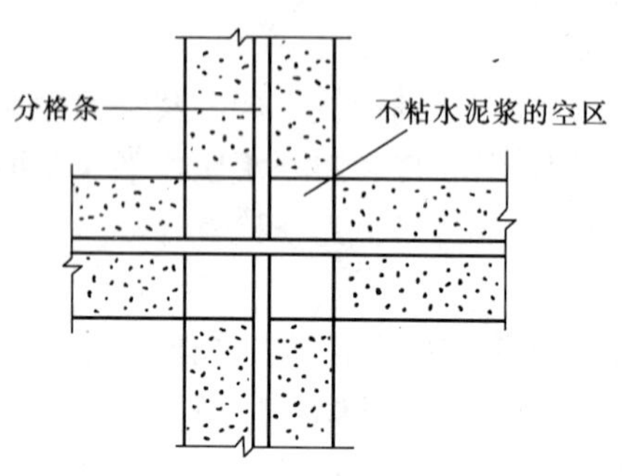

图 8－2　分格条十字交接平面

7）固定分格条后，应检查其平直、牢固和接头处的空隙，平直偏差不大于 1～2 mm，接头处空隙不大于 1 mm。做成曲线的分格条弯曲应自然。检查无误后 12 h 开始浇水养护 2 d。养护期间禁止各工序进行。

8）水磨石拌和料的体积比一般为：水泥∶石粒＝1∶1.5～1∶2.5。根据石子规格，配合比可作调整，参考比例见表 8－2。

水磨石拌和料参考比例　　表 8－2

部　　位	石子规格	参考配比
楼地面	8 mm	1∶1.5～1∶2
楼地面、墙裙	6 mm	1∶1.3～1∶2
楼地面	4 mm	1∶1.25～1∶1.5
墙裙	或 2～4 mm 米粒石	1∶1～1∶1.4

9）水磨石拌合料应根据用量，统一配制，一次配足。所配材料应是同厂、同品种、同批号，不允许混用。配好的材料按一定重量装袋，置于干燥室内待用。

10）水磨石拌合料机械搅拌顺序为：石料→水泥＋颜料；人工搅拌顺序为：颜料拌入水泥，拌匀后→石料。拌合料的稠度为 60 mm。

11）找平层洒水湿润，涂刷素水泥浆，水灰比 1∶0.4～1∶0.5。随刷随铺水磨石拌合料。

12）铺拌合料，应先铺分格条边缘部分，后铺中间部分，用铁抹将料由中间向边角推送，拍平、拍实。对边线和分格交叉处，应注意压实抹平，不得用刮尺刮平。

13）铺彩色水磨石拌合料，应先铺深色的，后铺浅色的，先做大面，后做镶边。在前一种色料凝结后，再铺另一种色料，不同颜色的拌和料不能同时铺抹。

14）拌合料厚度宜为 12～18 mm，并应按石子粒径确定。通常铺抹厚度高出分格条 5 mm，待滚筒碾压后，以高出 2 mm 为宜。

15）拌合料收水后，用滚筒滚压至表面平整密实、出浆，石粒均匀为止。待石粒浆稍收水后，用铁抹将浆抹平、压实。用靠尺检查平整度或流水坡度，发现缺陷应及时修补。

16）滚压完 24 h 后，浇水养护，养护时间可参考表 8－3。

现制水磨石地面开磨时间　　表 8－3

环境温度/℃	开磨时间/d	
	机器磨	人工磨
20～30	2～3	1～2
10～20	.3～4	1.5～2.5
5～10	5～6	2～3

17）机器磨前，宜用手工试磨，以石子不松动为准。水磨石第一遍粗磨，用 60～80 号粗金刚石，边磨边加水，磨至分格条、石子全部磨出为止。用水清洗晾干面层，用同色水泥浆满擦补浆，最后浇水养护 2～3 d。

18）水磨石第二遍细磨，用 90～120 号金刚石，边磨边加水，磨至面层表面光滑为止。用清水清洗干净，用同色水泥浆满擦补浆，最后浇水养护 2～3 d。

19）水磨石第三遍细磨，用 180～240 号金刚石，边磨边加水，磨至表面平整光滑。磨后冲洗干净，浇水养护。

20）草酸擦洗，应在各工种完工后进行。用浓度 10% 的草酸溶液，蘸洒面层，用 240 号以上油石打磨一遍，水冲净，软布擦干。待地面干燥发白时，在面层上均匀涂蜡，磨光打亮。

8.2.2 陶瓷锦砖面层

（1）施工准备

1）材料：

①陶瓷锦砖（马赛克）：有各种式样的图案和色彩，按设计采用。

②水泥：普通硅酸盐水泥、矿渣硅酸盐水泥，水泥强度等级42.5以上。

③白水泥：42.5等级硅酸盐白水泥。

④砂：粗砂或中砂，用时过筛，含泥量不大于3%。

2）机具与工具：切割机、手推车、计量器、筛子、木耙、铁锹、大桶、小桶、钢尺、水平尺、小线、胶皮锤、木抹子、铁抹子、拨刀、木拍板等。

3）作业条件：

①进场复试和相关实验已经完毕并符合要求。

②对所覆盖的隐蔽工程进行验收且合格，并进行隐检会签。

③施工前，应做好水平标志，以控制铺设的高度和厚度，可采用竖尺、拉线、弹线等方法。

④对所有作业人员已进行了技术交底，特殊工种必须持证上岗。

⑤作业时的环境如天气、温度、湿度等状况应满足施工质量可达到标准的要求。

⑥竖向穿过地面的立管已安装完，并装有套管。如有防水层，管根已作防水处理。

⑦门框已安装到位，并通过验收。

⑧基层洁净，缺陷已处理完，并做隐蔽验收。

（2）工艺顺序

基层处理→找标高→挑砖→做找平层灰饼、标筋→铺抹结合层砂浆→铺砖→撕背纸→擦缝→养护→检查验收。

(3) 操作要点

1）基面清理干净，表面灰浆应铲净，无杂物。

2）按水平标高线，弹陶瓷锦砖找平层、面层标高线。

3）对陶瓷锦砖进行挑选，品种、规格、花色应符合要求。应剔除色差明显、接缝不匀、有缺棱、掉角的锦砖联。

4）做找平层灰饼、标筋。有地漏、排水口的坡度地面，标筋应按设计做成坡度标筋，并向地漏、排水口方向作放射状布置。

5）刷涂灰比 1:0.4～1:0.5 素水泥浆，随刷随摊铺 1:3 干硬性水泥砂浆，厚 20～25 mm。顺标筋刮平，木抹拍实、抹平。有地漏、排水口的地面按要求坡度做出泛水。

6）找平层砂浆抗压强度达到 1.2MPa 后，在房间中心弹十字控制线，根据设计要求的图案结合陶瓷锦砖每联的尺寸，计算张数，弹出各砖联的分格线，并按图案形式写上编号，在相应的砖联背纸上也写上编号。

7）洒水湿润找平层，抹 2～2.5 mm 的水泥浆（宜掺水泥重量 20% 的 107 胶），随抹随贴陶瓷锦砖联。操作时，抹水泥浆的面积不得过大，随抹随贴。贴时，将成联锦砖，对准分格线贴在水泥浆上，用与砖联同样尺寸的木拍板覆盖在锦砖背纸上，用橡皮锤敲打至纸面露出砖缝水印为止。

8）铺贴顺序应从里往外沿控制线退着进行，并随时用靠尺检查平整度。铺至地漏、排水口处，应先试铺，按地漏口的形状裁去不需要部分后正式铺贴。

9）铺贴时，应按房间一次连续操作。如面积过大，则需将接槎切齐，余灰清理干净。

10）整间铺贴完，检查、修整四周边角和门口与其他地面的接槎部位，有缺陷应及时修整。

11）检查无误，紧接着在纸面上均匀刷水，常温下过 5～30 min,背纸湿透后，将背纸全部撕掉。

12）检查锦砖拼缝，如拼缝宽窄不一，应用拨刀、靠尺按先纵缝后横缝的顺序将其拨正，用木拍板和橡胶锤拍实，若有颗粒粘贴不牢，应加水泥浆重新粘贴、拍实。

13）抹水泥浆、铺贴锦砖、刷水撕纸、修理、拨缝等工序，一般应控制在 4 h 内完成。

14）灌缝应在拨缝后的第二天进行，用白水泥或与锦砖同色的素水泥浆擦缝，用棉纱从里到外顺缝揉擦。

15）锦砖擦缝后 24 h，应铺锯末或其他覆盖材料洒水养护，常温下养护时间不少于 7 d。

8.2.3　陶瓷地砖面层

（1）施工准备

1）材料：

①陶瓷地砖：品种较多，常用的有釉面地砖、无釉全瓷地砖、全瓷抛光地砖、全瓷防滑地转、玻化砖等。按设计要求采用。

②水泥：硅酸盐水泥、普通硅酸盐水泥，强度等级不低于 42.5。

③砂：中砂或粗砂，过 8 mm 孔筛，含泥量不大于 3%。

④107 胶、蜡等。

2）机具与工具：参见“8.2.2”相应内容。

3）作业条件：参见“8.2.2”相应内容。

（2）工艺顺序

基层处理→找标高→弹线→挑砖→地砖处理→铺抹结合层砂浆→铺砖→擦缝或勾缝→养护→贴踢脚板→检查验收。

（3）操作要点

陶瓷地砖面层施工操作要点：

1）陶瓷地砖应铺设在水泥类基层上，施工前，基面应清理干净，洒水湿润。

2）根据标高，确定面层标高线。

3）根据设计要求和砖块尺寸，确定地砖铺设的缝隙宽度，设计无要求时，紧密铺设的缝隙不宜大于 1 mm，虚缝铺贴缝隙宽度宜为 5～10 mm。

4）在基面上弹地砖基准线和控制线，当房间的净长或净宽为地砖规格（含缝宽）的整偶数倍时，纵横基准线的交点位于房间中心点；当房间的净宽或净长为地砖规格（含缝宽）的整奇数倍时，纵横基准线的交点应偏离房间中心点半块砖的宽度；当房间的净宽或净长不是地砖规格（含缝宽）的整数倍时，纵横基准线应距墙边一块地砖宽度处，如图 8－3 所示。

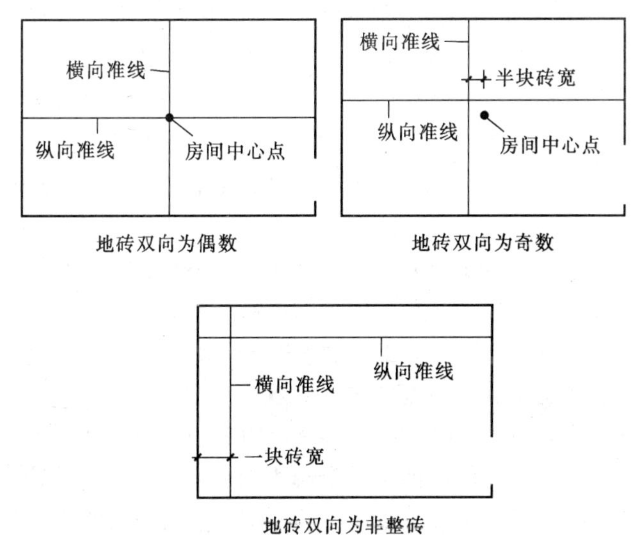

图 8－3　地砖基准线

根据基准线，按每四块砖弹一条纵横控制线。室内与过道相邻处拉通线，对好花样和缝隙。

5）对地砖进行挑选，长、宽、厚度的误差不应超过 1 mm；平整度不应超过 ±5 mm。外观无裂缝、掉角，表面有缺陷的应挑出单独堆放。对有色差的地砖，应按色差大小，分别堆放，色差过大的应剔出。目前，使用较为广泛的抛光地砖，抛光程度较高，为防止施工中的污染，一般在铺贴前，在其表面涂蜡进行保护。

6）对带釉面的陶瓷地砖，使用前应用水浸泡 2 h 以上；对全瓷类地砖，使用前浇水湿润；陶瓷地砖浸泡或浇水湿润后，应阴干 3～5 h，以手摸有潮湿感，用手指按无水痕为宜。

7）在基面上刷素水泥一道，随刷随摊铺 1:4 干硬性水泥砂浆，干硬程度以手捏成团，落地开花为准，厚度为 20 mm，刮平，木抹拍实。在地砖背面满刮素水泥浆，砖四边的素水泥浆高于中部，然后按线铺粘，找平、找正后，用橡皮锤锤实。

8）铺粘地砖应从基准线开始，第一块砖对准基准线，以后各行紧贴前行进行。铺贴时，边铺边用水平尺检查相邻地砖的平整度。当地砖直角有误差时，应及时调整相邻地砖的缝隙。

9）对面积较小的房间，可按 T 字形铺法铺设。面积较大的房间，可按十字形铺法铺设，以提高劳动效率。一次应铺完一间。

铺设较大面积的地面时，一般在纵横相隔 10～15 块砖的间距上，按控制线先铺一行控制带，以减少铺粘时的累积误差。

10）铺设有地漏、排水口的坡度地面时，应严格按坡度线铺设，使地砖面层满足坡度要求。

11）铺至边角处时，应仔细量出边角处的尺寸和形状，按其尺寸、形状裁砖，然后铺粘。带镶边的地面，一般先铺镶边。

12）铺设时，注意色差地砖的搭配，在公开、明亮之处，地砖颜色应尽可能一致。

13）面层铺贴完，应在 24 h 内擦缝或勾缝。用与铺设面层同色的水泥进行。先用水泥浆浇缝，后用干水泥撒抹，再用棉纱擦揉。勾缝一般用 1:1 水泥细砂浆进行，勾缝应密实、平整、光滑。

14）面层砖铺完 24 h 后洒水养护，养护时间至少 7 d。

陶瓷地砖踢脚施工操作要点：

1）贴踢脚板在面层完工后进行，踢脚板底层处理为：当墙体为混凝土墙面时，在底层刷素水泥胶（内掺水重 3%～5% 的 107 胶）；当墙体为加气混凝土墙面时，在底层刷 1:4 的 107 胶水溶液。

2）踢脚板一般采用与地面面层同规格、同品种、同颜色的块材。铺贴前，块材应浸水、晾干至无明水。墙面铺粘前应洒水湿润。

3）铺贴踢脚板时，其立缝应与地面缝对齐。操作时，在房间墙面两端阴角处先各粘贴一块踢脚板材，作为标准。以此上楞为标准挂线，然后铺贴踢脚板。

4）在踢脚板背面满粘 1∶2 水泥砂浆，四边满铺，中间留凹坑，随即粘贴墙上，并拍实。砖上楞应跟线齐，上下找正，刮去余浆，面层处理干净。

8.2.4 大理石和花岗石面层

此处所述大理石、花岗石，均指天然的。

（1）施工准备

1）材料：

①大理石和花岗石石板材：按设计要求采用。

②水泥：硅酸盐水泥、普通硅酸盐水泥、矿渣硅酸盐水泥，强度等级不宜小于 42.5。

③砂：中砂或粗砂，含泥量不大于 3%。

④矿物颜料、草酸、蜡。

2）机具与工具：云石机、手推车、计量器、筛子、木耙、铁锨、大桶、小桶、钢尺、水平尺、小线、胶皮锤、木抹子、铁抹子等。

3）作业条件：

①材料检验已经完毕并符合要求。

②对所覆盖的隐蔽工程进行验收且合格，并进行隐检会签。

③施工前，应做好水平标志，以控制铺设的高度和厚度，可采用竖尺、拉线、弹线等方法。

④对所有作业人员已进行了技术交底，特殊工种必须持证上岗。

⑤作业时的环境如天气、温度、湿度等状况应满足施工质量

可达到标准的要求。

⑥竖向穿过地面的立管已安装完，并装有套管。如有防水层，基层和构造层已找坡，管根已做防水处理。

⑦门框安装到位，并通过验收。

⑧基层洁净，缺陷已处理完，并作隐蔽验收。

（2）工艺顺序

基层处理→找标高→放样→挑板材→试拼编号→铺设结合层砂浆→板材处理→铺板材→擦缝→养护→打蜡、抛光→贴踢脚板→检查验收。

（3）操作要点

——大理石、花岗石面层施工操作要点：

1）基面应清理干净，去除基层上的砂浆、杂物。

2）根据水平标高，弹面层标高线。在房间内拉十字控制线，按施工大样图弹分格线。

3）按设计图案，画出大理石或花岗石地面施工大样图。

4）进场大理石、花岗石应侧立、光面相对堆放于木方上。对进场的板材，应核对品种、规格，并逐块进行挑选，对有裂缝、掉角、翘曲等缺陷的，应予剔除。对存在明显色差的板材，应予归类，分别堆放。

5）铺设前，应按每一房间的设计图案、颜色、纹理等进行试拼，试拼后，按纵横方向编号，并堆放整齐。

6）基面洒水湿润，涂刷1:0.4～1:0.5素水泥浆，随刷随摊铺1:4干硬性水泥砂浆（干硬程度以手捏成团、落地开花为宜），摊铺厚度宜为放大理石、花岗石板材后高出面层标高3～4 mm，摊铺后，刮平，木抹拍实。

7）大理石、花岗石刷水湿润，表面晾干后，方可使用。

8）根据试拼时的编号、图案和试排的缝隙（板块缝隙宽度无设计要求时，不应大于1 mm）在十字交点处，按房间十字控制线，纵横各铺一行，作铺设标筋用，面积较大时，可分段设标筋，以控制累积误差。

9）铺设大理石、花岗石板材，可从里往外顺控制线依次铺设，也可从门口处按控制线往里铺设。当墙、柱处有镶边时，应按控制线先铺镶边板材。

10）铺设板材按先试铺、后实铺的顺序进行。即先将板材铺在已刮平、拍实的干硬性水泥砂浆层面上，用橡胶锤敲木垫板(不得用橡胶锤直接敲击板面）振实至铺设面层标高后，将板块掀至一旁，检查砂浆表面与板块的结合情况，若发现空隙，应用砂浆填补、拍实；然后，在板块背面满刮素水泥浆（也可在砂浆面层上均匀满浇一层1:0.4～1:0.5水泥浆）。铺设时，应四周同时放下，用橡胶锤敲击木垫板，至面层标高为止。

11）每铺设一块板材，应用水平尺测量纵横两个方向的水平度。不足之处，用橡胶锤敲击木垫板予以纠正，若低于水平标高，或高于水平标高，应起出板块，重新铺设砂浆和素水泥浆。

12）大理石、花岗石板材铺设24～48 h后，进行灌浆、擦缝。根据大理石、花岗石的颜色，选择相同颜色的耐光、耐碱矿物颜料与水泥拌合成稀水泥浆，用浆壶灌入板块间。灌浆1～2 h后，用棉纱擦缝，擦缝同时，应将板材面层的水泥浆擦净。

13）擦缝结束,面层应加覆盖材料进行养护,养护期不少于7 d。

14）大理石、花岗石的打蜡，应在所有工序完成，准备交工时进行。用5%草酸溶液清洗面层，干燥后，涂蜡、抛光。

— 大理石、花岗石踢脚施工操作要点：

其做法有粘贴法和灌浆法两种。

粘贴法：

1）根据水平标高线，量踢脚板上口标高线，吊线确定踢脚板的出墙厚度。

2）用1:2～1:3水泥砂浆抹墙面底灰、抹平、划毛。

3）水泥砂浆干硬后，拉踢脚板上口水平线。

4）在刷水、阴干的踢脚板背面，满刮一层素水泥浆（宜加10%左右的107胶），厚2～3 mm。按水平线进行粘贴，用橡胶锤敲实。粘结材料也可选用粘结剂，但应经试验合格后方可使用。

5）踢脚板粘贴时，其缝隙应与大理石、花岗石面层接缝相齐。墙面和墙柱的阳角处，应用正面板盖侧面板，或将板端切割成45°角碰角连接。

6）踢脚板粘贴24 h后，用同色水泥浆擦缝，并将余浆擦掉。

灌浆法：

1）根据水平标高线，量出踢脚板上口标高线，吊线确定踢脚板出墙厚度。

2）拉踢脚板上口水平线，在墙两端先按水平线各镶贴一块踢脚板，然后，逐块顺序安装。安装时，在相邻两块板间、板与地面、墙面间，用石膏稳牢。安装时，随时检查上口水平、立面垂直和缝隙大小。

3）灌1:2水泥砂浆，用钎插捣实，对溢出的余浆擦净。捣实过程中，注意板材不能松动和移动。

4）砂浆终凝后，将石膏铲去，用棉纱蘸水泥浆擦缝。

8.3 质量标准

8.3.1 现浇水磨石面层质量标准

（1）基本规定

1）水磨石面层应采用水泥与石粒的拌和料铺设。面层厚度除有特殊要求外，宜为12～18 mm，且按石粒粒径确定。水磨石面层的颜色和图案应符合设计要求。

2）白色或浅色的水磨石面层，应采用白水泥；深色的水磨石面层，宜采用硅酸盐水泥、普通硅酸盐水泥或矿渣硅酸盐水泥；同颜色的面层应使用同一批水泥。同一彩色面层应使用同厂、同批的颜料；其掺入量宜为水泥重量的3%～6%或由试验确定。

3）水磨石面层的结合层的水泥砂浆体积比宜为1:3，相应的强度等级不应小于M10，水泥砂浆稠度（以标准圆锥体沉入度计）宜为 30 ~ 35 mm。

4）普通水磨石面层磨光遍数不应少于 3 遍。高级水磨石面层的厚度和磨光遍数由设计确定。

5）在水磨石面层磨光后、涂草酸和上蜡前，其表面不得污染。

（2）主控项目

1）水磨石面层的石粒，应采用坚硬可磨白云石、大理石等岩石加工而成，石粒应洁净无杂物，其粒径除特殊要求外应为 6 ~ 15 mm；水泥强度等级不应小于 32.5；颜料应采用耐光、耐碱的矿物原料，不得使用酸性颜料。

检验方法：观察检查和检查材质合格证明文件。

2）水磨石面层拌和料的体积比应符合设计要求，且为 1:1.5 ~ 1:2.5（水泥:石粒）。

检验方法：检查配合比通知单和检测报告。

3）面层与下一层结合应牢固，无空鼓、裂纹。

检验方法：用小锤轻击检查。

（3）一般项目

1）面层表面应光滑；无明显裂纹、砂眼和磨纹；石粒密实，显露均匀；颜色图案一致，不混色；分格条牢固、顺直和清晰。

检验方法：观察检查。

2）踢脚线与墙面应紧密结合，高度一致，出墙厚度均匀。

检验方法：用小锤轻击、钢尺和观察检查。

注：局部空鼓长度不大于 300 mm，且每自然间（标准间）不多于 2 处可不计。

3）楼梯踏步的宽度、高度应符合设计要求。楼层梯段相邻踏步高度差不应大于 10 mm，每踏步两端宽度差不应大于 10 mm，旋转楼梯梯段的每踏步两端宽度的允许偏差为 5 mm。楼梯踏步的齿角应整齐，防滑条应顺直。

检验方法：观察和钢尺检查。

4）水磨石面层的允许偏差应符合表 6－6 的规定。

检验方法：应按表 6－6 中的检验方法检验。

8.3.2 砖面层质量标准

此处所述砖面层包括陶瓷锦砖面层、陶瓷地砖面层等。

（1）基本规定

1）砖面层采用陶瓷锦砖、陶瓷地砖等，应在结合层上铺设。

2）有防腐蚀要求的砖面层采用的材质、铺设以及施工质量验收应符合现行国家标准《建筑防腐蚀工程施工及验收规范》GB 50212的规定。

3）在水泥砂浆结合层上铺贴陶瓷地砖等面层时，应符合下列规定：

①在铺贴前，应对砖的规格尺寸、外观质量、色泽等进行预选，浸水湿润晾干待用。

②勾缝和压缝应采用同品种、同强度等级、同颜色的水泥，并作养护和保护。

4）在水泥砂浆结合层上铺贴陶瓷锦砖面层时，砖底面应洁净，每联陶瓷锦砖之间、与结合层之间以及在墙角、镶边和靠墙处，应紧密贴合。在靠墙处不得采用砂浆填补。

5）采用胶粘剂在结合层上粘贴砖面层时，胶粘剂的选用应符合现行国家标准《民用建筑工程室内环境污染控制规范》GB 50325的规定。

（2）主控项目

1）面层所用的板块的品种、质量必须符合设计要求。

检验方法：观察检查和检查材质合格证明文件及检测报告。

2）面层与下一层结合（粘结）应牢固，无空鼓。

检验方法：用小锤轻击检查。

注：凡单块砖边角有局部空鼓，且每自然间（标准间）不超过总数的5%可不计。

（3）一般项目

1）砖面层的表面应洁净、图案清晰，色泽一致，接缝平整，深浅一致，周边顺直。板块无裂纹、掉角和缺楞等缺陷。

检验方法：观察检查。

2）面层邻接处的镶边用料及尺寸应符合设计要求，边角整齐、光滑。

检验方法：观察和用钢尺检查。

3）踢脚线表面应洁净、高度一致、结合牢固、出墙厚度一致。

检验方法：观察和用小锤轻击及钢尺检查。

4）楼梯踏步和台阶板块的缝隙宽度应一致、齿角整齐；楼层梯段相邻踏步高度差不应大于 10 mm；防滑条顺直。

检验方法：观察和用钢尺检查。

5）面层表面的坡度应符合设计要求，不倒泛水、无积水；与地漏、管道结合处应严密牢固，无渗漏。

检验方法：观察、泼水或坡度尺及蓄水检查。

6）砖面层的允许偏差应符合表 8－4 的规定。

检验方法：应按表 8－4 中的检验方法检验。

板、块面层的允许偏差和检验方法 单位：mm **表 8－4**

项次	项目	允许偏差											检验方法
		陶瓷锦砖面层、高级水磨石板、陶瓷地砖面层	缸砖面层	水泥花砖面层	水磨石板块面层	大理石面层和花岗石面层	塑料板面层	水泥混凝土板块面层	碎拼大理石、碎拼花岗石面层	活动地板面层	条石面层	块石面层	
1	表面平整度	2.0	4.0	3.0	3.0	1.0	2.0	4.0	3.0	2.0	10.0	10.0	用 2 m 靠尺和楔形塞尺检查
2	缝格平直	3.0	3.0	3.0	3.0	2.0	3.0	3.0	—	2.5	8.0	8.0	拉 5 m 线和用钢尺检查

续表

项次	项目	允许偏差											检验方法
		陶瓷锦砖面层、高级水磨石板、陶瓷地砖面层	缸砖面层	水泥花砖面层	水磨石板块面层	大理石面层和花岗石面层	塑料板面层	水泥混凝土板块面层	碎拼大理石、碎拼花岗石面层	活动地板面层	条石面层	块石面层	
3	接缝高低差	0.5	1.5	0.5	1.0	0.5	0.5	1.5	—	0.4	2.0	—	用钢尺和楔形塞尺检查
4	踢脚线上口平直	3.0	4.0	—	4.0	1.0	2.0	4.0	1.0	—	—	—	拉 5 m 线和用钢尺检查
5	板块间隙宽度	2.0	2.0	2.0	2.0	1.0	—	0.6	—	0.3	5.0	—	用钢尺检查

8.3.3 大理石面层和花岗石面层质量标准

（1）基本规定

1）大理石、花岗石面层采用天然大理石、花岗石（或碎拼大理石、碎拼花岗石），板材应在结合层上铺设。

2）天然大理石、花岗石的技术等级、光泽度、外观等质量要求应符合国家现行行业标准《天然大理石建筑板材》JC 79、《天然花岗石建筑板材》JC 205 的规定。

3）板材有裂缝、掉角、翘曲和表面有缺陷时应予剔除，品种不同的板材不得混杂使用；在铺设前，应根据石材的颜色、花纹、图案、纹理等按设计要求，试拼编号。

4）铺设大理石、花岗石面层前，板材应浸湿、晾干；结合层与板材应分段同时铺设。

（2）主控项目

1）大理石、花岗石面层所用板块的品种、质量应符合设计要求。

检验方法：观察检查和检查材质合格记录。

2）面层与下一层应结合牢固，无空鼓。

检验方法：用小锤轻击检查。

注：凡单块板材边角有局部空鼓，且每自然间（标准间）不超过总数的5%可不计。

（3）一般项目

1）大理石、花岗石面层的表面应洁净、平整、无磨痕，且应图案清晰、色泽一致、接缝均匀、周边顺直、镶嵌正确、板块无裂纹、掉角、缺楞等缺陷。

检验方法：观察检查。

2）踢脚线表面应洁净，高度一致、结合牢固、出墙厚度一致。

检验方法：观察和用小锤轻击及钢尺检查。

3）楼梯踏步和台阶板块的缝隙宽度应一致、齿角整齐；楼层梯段相邻踏步高度差不应大于10 mm；防滑条应顺直、牢固。

检验方法：观察和用钢尺检查。

4）面层表面的坡度应符合设计要求，不倒泛水、无积水；与地漏、管道结合处应严密牢固，无渗漏。

检验方法：观察、泼水或坡度尺及蓄水检查。

5）大理石和花岗石面层（或碎拼大理石、碎拼花岗石）的允许偏差，应符合表8－4的规定。

检验方法：应按表8－4中的检验方法检验。

8.4 质量通病与预防

地面工程有关面层质量通病与预防，分别见表8－5、

表8－6、表8－7、表8－8。

水磨石面层质量通病与预防 **表8－5**

质量通病	原因	预防
分格条两边或交叉处石子显露不清、不匀	(1) 分格条粘贴方法不正确	(1) 粘贴分格条时，素水泥浆应抹成45°的八字形，分格条顶部应有6 mm左右的空间
	(2) 分格条交叉处粘贴方法不正确	(2) 分格条的十字交叉处，应空40～50 mm的空隙不抹水泥浆
	(3) 面层水泥石子浆太稀，石子少	(3) 宜采用干硬性水泥石子浆，石子浆的配合比应准确
分格条显露不清	(1) 面层水泥石子浆铺设过高，无法磨出分格条	(1) 控制好水泥石子浆的铺设厚度，碾压后，石子浆高出分格条应不超过2 mm
	(2) 开磨时间过迟，水泥石子浆强度高	(2) 熟练掌握开磨时间，十分注意温度的影响，避免开磨时间过迟
	(3) 研磨时，用水较多，影响磨量	(3) 研磨时，应控制浇水量，面层保持适当磨浆水
面层光亮度差，有明显磨石凹痕	(1) 磨具规格不齐，使用不当	(1) 选择适当的磨具规格，第一遍应磨平，第二遍应磨光，第三遍应磨光滑
	(2) 补水泥浆不仔细，操作方法不正确	(2) 补浆应用擦浆法，用棉纱将水泥浆擦严擦实，擦浆后应进行养护
	(3) 涂擦草酸方法不正确，或未擦草酸就上蜡	(3) 涂擦草酸应用10%的草酸溶液涂擦、打磨，上蜡前，必须经草酸涂擦工序
面层水泥石子浆色彩污染	(1) 先铺设的水泥石子浆过厚，漫过分格条	(1) 掌握好面层石子浆厚度，对分格条处应严格控制其厚度，沿分格条边水泥浆应仔细拍实
	(2) 铺设方法不正确	(2) 应先铺深色水泥石子浆，后铺浅色的，先铺掺有颜料的，后铺未掺颜料的

续表

质量通病	原因	预防
面层水泥石子浆色彩污染	(3) 补浆时不仔细、方法不正确	(3) 二次补浆应仔细认真，先补不掺颜色的或浅色部位，后补掺颜色的或深色部位的
	(4) 彩色水磨石结合层色彩与面层色彩不同	(4) 铺设时，水磨石结合层色彩应与面层色彩一致

陶瓷锦砖面层质量通病与预防　　表 8－6

质量通病	原因	预防
面层空鼓	(1) 基面清理不干净，未洒水湿润	(1) 基面清理应仔细、杂质、污物应清理干净，基面清理干净后，应洒水湿润
	(2) 铺贴锦砖操作方法不正确	(2) 水泥浆结合层一次不可刷的面积过大，应随刷随铺贴
面层砖缝格不直、不匀	(1) 锦砖质量差，铺贴前，未仔细挑选	(1) 应采用质量好的锦砖，铺贴前，应对砖联进行挑选
	(2) 遗漏修理、拨缝工序	(2) 严格按工序进行操作，修理、拨缝时，应用靠尺或拉通线进行控制
地漏周围锦砖套割不规则	铺贴至地漏口处，未进行试铺	铺至地漏口处，应进行试铺，以确定地漏周围锦砖的尺寸、形状、裁合适后，再正式铺贴

陶瓷地砖面层质量通病与预防　　表 8－7

质量通病	原因	预防
面层空鼓	(1) 基层清理不干净	(1) 基面清理应仔细
	(2) 结合层的水泥浆操作不正确	(2) 若用素水泥浆则应涂刷均匀，若撒干水泥面，应洒水调和均匀
	(3) 干硬性水泥砂浆太稀，或铺得过厚	(3) 干硬性水泥浆不能太稀，应以手捏成团、落地开花为宜，厚度不宜超过 30 mm

续表

质量通病	原　因	预　防
面层接缝不平、不匀	(1) 地砖质量差，使用前，未进行挑选	(1) 铺设前，应对地砖进行检查挑选，厚薄不匀、翘曲、尺寸超差等缺陷的地砖应予剔除
	(2) 铺设时，未按基准线和控制线进行	(2) 地砖铺设应按基准线进行，并拉控制线，按控制线铺贴
	(3) 地砖铺设后，养护期未到，过早踩踏	(3) 铺设结束后，应按规定养护，养护期间严禁踩踏

大理石、花岗石面层质量通病与预防　　表8-8

质量通病	原　因	预　防
面层空鼓	(1) 基面清理不仔细	(1) 基面清理应仔细，杂物、油污等应清理干净
	(2) 结合层水泥浆涂刷操作方法不正确	(2) 若用素水泥浆，则应涂刷均匀，若撒干水泥面，应洒水调和均匀，水泥浆应控制涂刷面积，应随涂刷随摊铺水泥砂浆
	(3) 干硬性水泥砂浆太稀，或铺设过厚	(3) 1:4的干硬性水泥砂浆不能太稀，应以手捏成团，落地开花为宜，铺设厚度不宜超过30 mm
	(4) 板背面灰尘、杂物未清理	(4) 板材背面在使用前，应刷干净
面层接缝不平、不匀	(1) 各房间水平标高线不统一	(1) 应由专人负责从楼道统一往各房间引进标高线
	(2) 铺设时，未拉通线	(2) 铺设时，应从基准线开始，按顺序铺设，铺设时，应拉通线，缝隙不应有偏差
	(3) 板材挑选不严	(3) 挑选板材时，应仔细，对翘曲、拱背、宽窄不方正等缺陷的板材应予剔除
	(4) 养护期不到，过早踩踏	(4) 加强成品保护，养护期内严禁踩踏

复 习 思 考 题

1. 简述现浇水磨石面层、铺设陶瓷锦砖面层、陶瓷地砖面层、大理石和花岗石面层的施工准备、工艺顺序及操作要点。

2. 简述上述地面工程质量标准、质量通病及预防措施。

9　其他有关抹灰工程

本章着重叙述一般灰线抹灰、装饰灰线抹灰、花饰制作与安装，以及古建筑中有关抹灰工程。

9.1　一般灰线抹灰

9.1.1　概述

（1）灰线抹灰分类

一般灰线抹灰，也称扯灰线，是在公共建筑和民用建筑的墙面、檐口、顶棚、梁底、柱端、门窗口、灯座、舞台口等周围部位，设置一些灰线。灰线的式样很多，线条有繁有简，形状大小不一，一般分为简单灰线和复杂灰线。

1）简单灰线：简单灰线，也称出口线角，一般多在方、圆柱的上端，与平顶或梁的交接处抹出灰线，以增加线角美观，如图 9－1 所示。

有时在墙面与顶棚交接处，根据需要抹出 1～2 条简单的灰线条，以增强空间的美感，如图 9－2 所示。

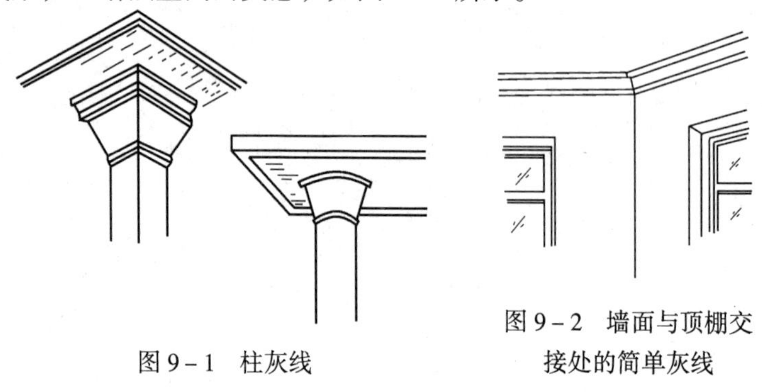

图 9－1　柱灰线

图 9－2　墙面与顶棚交接处的简单灰线

2）复杂灰线：复杂灰线，一般是指三条以上、凹槽较深、形状不一的灰线。较复杂的灰线常见高级装修的房间的顶棚四周、灯口周围，舞台口等处。线条呈多种式样，如图 9－3 所示。

图 9－3 多线条灰线

（2）灰线抹灰所用模具及工具

灰线抹灰前，应先按设计的灰线形式和尺寸，制备有关模具和工具，灰线模具有死模、活模、圆形灰线活模；工具有合叶式喂灰板和灰线接角尺等。

1）死模：死模适用于顶棚与墙面交接处设置的灰线，以及较大的灰线抹灰，如图 9－4 所示。

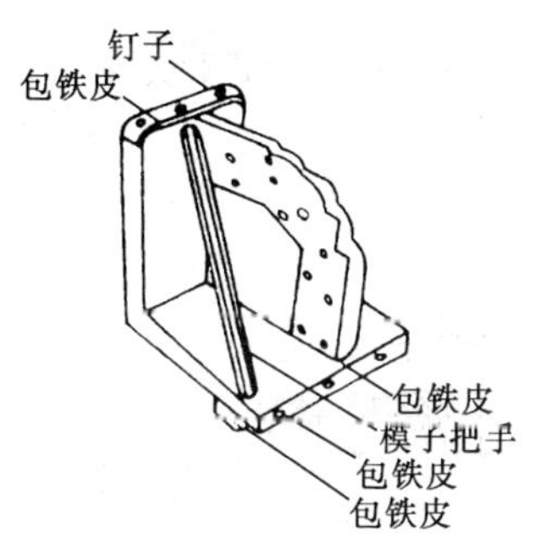

图 9－4 死模

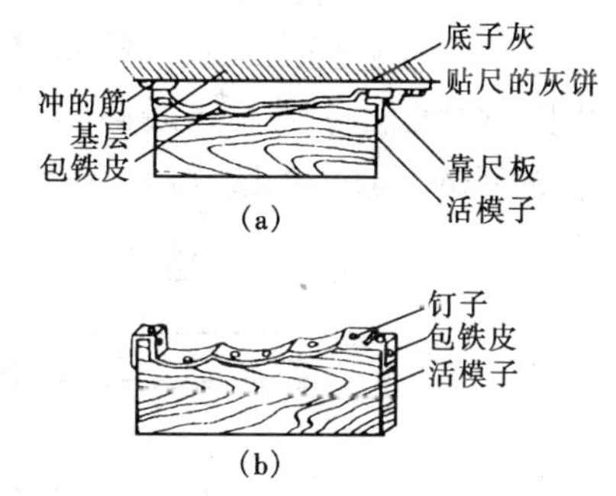

图 9－5 活模

死模中间的一块木板称模身；上口有灰线处称模口，在模口包以白铁皮以减少抹灰的摩擦阻力；顶面的一块木板称为模侧板，在模侧板上包白铁皮的长方形小木块称模头，在抹灰线时模头紧靠上靠尺；底面的木板条称模底板，底板下面钉有一根小木条，抹灰线时，小木条坐在下靠尺上。死模是利用上下两根固定的靠尺作轨道，推拉出线条。

2）活模：活模适用于梁底及门窗角灰线。活模一般由模身和模口组成，模口也包白铁皮。活模使用时，它是靠在一根靠尺上，用两手握住模具捋出线条来，如图 9-5 所示。

3）圆形灰线活模：圆形灰线活模适用于室内顶棚上的圆形灯头灰线和外墙面门窗洞顶部半圆形装饰等灰线。它的一端做成灰线条模型，另一端按圆形灰线半径长度钻一钉孔。操作时将有钉孔的一端用钉子固定在圆形灰线的中心点上，另一端的模子可在半径范围内移动，形成圆形灰线，如图 9-6 所示。

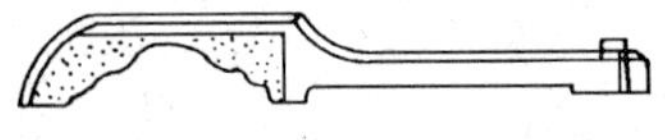

图 9-6　圆形灰线活模

4）合叶式喂灰板：合叶式喂灰板是配合死模抹灰线时的上灰工具。它是根据灰线大致形状，用铅丝将两块或数块木板穿孔连接，能折叠转动，如图9-7所示。

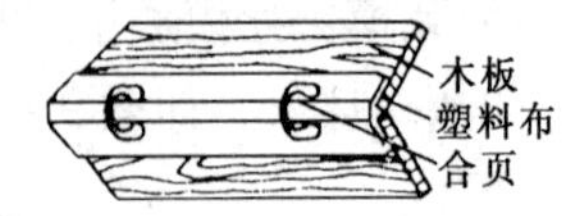

图 9-7　合叶式喂灰板

5）灰线接角尺：灰线接角尺是用于木模无法抹到的灰线阴角接头（合拢）的工具，如图 9-8 所示。

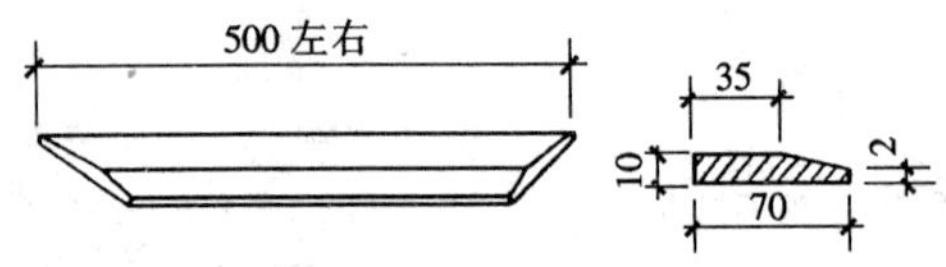

图 9-8　接角尺（mm）

接角尺用硬木制成，有斜度的一边为抹灰的工作面，它的大小长短以镶接合拢长度来确定，两端成斜角 45°。其优点是既便于操作时能伸至合角的尽端，又不致碰坏另一边已抹好的灰线。

（3）灰线抹灰所用材料与配比

一般灰线抹灰都是采用四层做成。分层材料与配比如下：

第一层：粘结层用 1:1:1 的水泥混合砂浆薄薄地抹一层，使其与基底粘结牢固。

第二层：垫灰层用1:1:4的水泥混合砂浆并略掺一些麻刀（或纸筋），其厚度要根据灰线尺寸来定。

第三层：出线灰用1:2石灰砂浆（砂子过3 mm筛孔），也可掺一些水泥，薄薄地抹一层。这层灰是为了灰线的成形，棱角基本整齐。

第四层：罩面灰其厚度为2 mm，应分遍连续涂抹，第一遍用普通纸筋灰，第二遍用过窗纱筛子的细纸筋灰。表面应赶平、修整、压光。

9.1.2 施工实例

（1）方柱、圆柱出口线角

方柱、圆柱出口线角，应在柱子基层清理完毕，弹线找规矩，底层及中层抹灰完成后进行。一般不用模型，使用水泥混合砂浆或在石灰砂浆里掺石膏抹出线角。

方柱抹出口线角操作要点是：首先按设计要求的线条形状、厚度和尺寸的大小，在柱边角处和线角出口处，卡上竖向靠尺板和水平靠尺板。一般应先抹柱子的侧面出口线角，将靠尺板临时卡在前后面，做正面的出口线角时，把靠尺板卡在侧面。抹灰时，应分层进行，要做到对称均匀，柱面平整光滑，四边角棱方正顺直，出口线角平直，棱角线条清晰，并与顶棚或梁的接头处理好，看不出接槎。

圆柱抹出口线角操作要点是：应根据设计要求按圆柱出口线角的形状厚度和尺寸大小，制作圆形样板，将样板套固在线角的位置上，以样板为圆形标志，用钢皮抹子分层将灰浆抹到圆柱上。也可以用薄靠尺板弯成圆弧形状，进行抹灰。当大致抹圆之后，再用圆弧抹子抹圆，出口线角柱面要做到形圆，线角清晰，颜色均匀，并与平顶或梁接头处理好，看不出接槎。

（2）顶棚灰线抹灰

1）施工准备：

①材料：

水泥：普通硅酸盐水泥，强度等级不低于 32.5，复验凝结时间和安定性合格。

砂子：要求中砂需过筛，细砂过 3 mm 筛子，含泥量不得大于 3%。

石灰膏、纸筋灰、春光灰（细纸筋灰）：已过“陈伏”，不得受污染。

②机具与工具：砂浆搅拌机、常用抹灰工具及专用灰线模具。

③作业条件：上层结构和地面已做好防水，顶面管线已埋设完毕，底子灰已完毕，+50 cm 线已测定。

2）工艺顺序：弹线、找规矩→粘贴靠尺→扯灰线→灰线接头。

3）操作要点：

①弹线、找规矩：根据设计图样要求的尺寸和灰线木模的尺寸，从室内墙上 +50 cm 的水平准线，用钢皮尺或尺杆从 50 cm 的水平准线向上量出弹线的尺寸，房间四角都要量出。然后用粉线包在四周的立墙面上弹一条水平准线，作为粘贴下靠尺依据。

②粘贴靠尺：在立墙面上水平线弹好后，即用 1:1 的水泥纸筋混合灰粘贴或用石膏粘贴下靠尺，也可以用钉子把靠尺钉在砖缝里。下靠尺粘贴牢固后，将死模坐在下靠尺上，坠挂直线找正死模的垂直平正角度，然后靠模头外侧定出上靠尺的位置线。房间的四角都用这种方法定出上靠尺的位置线。按在四角定出的位置线用粉线包在顶棚弹出上靠尺的粘贴线，然后按线将上靠尺粘贴牢固。

上、下靠尺在粘贴时要注意两点：一是上下靠尺要粘贴牢固，并要留出进出模的空余尺寸，即靠尺的两端不能粘贴到头。二是上下靠尺的粘贴要将死模放进去，试着推拉一遍，要求死模推拉时以不长不松为好。

③扯灰线：灰线扯制要分层进行，以免砂浆一次涂抹过厚而造成起鼓开裂。操作时要待粘贴靠尺的灰浆干硬后，先抹粘结层，接着一层层的抹垫灰层，垫灰层厚度根据灰线尺寸决定。死

模要随时推拉，超过灰线面的多余砂浆要及时刮掉，低凹的地方应添加砂浆，直至灰线表面砂浆饱满平直。成型时，要把死模倒拉一次，以便抹第三道出线灰和第四道罩面灰时不卡模。

垫灰层抹完后第二天，先用1:2石灰砂浆抹一遍出线灰，再用普通纸筋灰罩面。扯制罩面灰的方法与出线灰基本相同，但上灰使用喂灰板。扯制罩面灰时，一般都是两人配合操作。一人在前，将罩面灰放在喂灰板上，双手托起使灰浆贴紧灰线的出线灰上，并将喂灰板顶住死模模口进行喂灰，一人在后推死模，等基本推出棱角时，再用细纸筋石灰（春光灰）罩面推到使灰线棱角整齐光滑为止（二遍罩面厚度不应超出2 mm）。然后将模取下，刷洗干净。

如果扯石膏灰线，应待底层、中层及出线灰抹完后，在六七成干时，稍洒水湿润后罩面。用4:6的石灰石膏灰浆，而且要在7～10 min内扯完。操作时，两人配合一致，动作轻快，罩面灰推抹扯到光滑整齐为止。

④灰线接头：灰线接头也称“合拢”。其操作难度较大，它要求与四周整个灰线镶接互相贯通，与已经扯制好的灰线棱角、尺寸大小、凹凸形状成为一个整体。为此，不但要求操作技术熟练，而且还须细心领会灰线每个细小组成部位的结构，掌握接角处的特点。

接阴角：当房间顶棚四周灰线扯制完成后，拆除靠尺，切齐甩槎，然后进行每两对应的灰线之间的接头。先用抹子抹阴角处灰线的各层灰，当抹上出线灰及罩面灰后，用灰线接角尺，一边轻抹已成活的灰线作为规矩，一边刮接阴角部位的灰浆，使之成形。一边完成后再进行另一边。镶接时，两手要端平接角尺，手腕用力要均匀，用成活的灰线作规矩，进行修整。灰线接头基本成形后再用小铁皮勾画成型，使接头不显接槎，最后用排笔蘸水清刷，使之挺直光滑。

阴角部位接头的交线要求与墙阴角的交线在一个平面内。

接阳角：在接阳角前，首先要找出垛与柱的阳角距离，来确定灰线的位置，统称为“过线”。

“过线”的方法是用方尺套在已形成灰线的墙面上，用小线锤按在顶棚线的外口，吊在方尺水平线的上端，接着用铅笔画在方尺水平线上，就成为垛、柱靠顶棚上面所需要的尺寸。再将方尺按在垛、柱上，紧挨顶棚画一条线，然后用方尺一头与已形成灰线的上端放平，一头与短线对齐，再用铅笔画一长条直至成形灰线，一头至垛、柱最外处。在垛、柱的另一面，用同样的方法求出所需要的线。总称灰线上口线。过下口线是将两边的成形线下口用方尺套在垛、柱上，与成形灰线最下面画齐。在操作时首先将两边靠阳角处与垛柱结合齐，并严格控制，不要越出上下的画线，再接阳角。抹时要与成形灰线相同，大小一致。抹完后应仔细检查阴阳角方正，并要成一直线。

(3) 圆形灰线

圆形灰线抹灰，多用于顶棚灯头外，其操作要点是：使用活模扯制。其操作准备应根据顶棚抹灰层水平，将顶棚底层及中层灰抹好，留出灯位灰线部分。灯位灰线外圈的顶棚中层灰要压光找平一致。找出灯位中心，钉上十字木板撑，并找准中心点。依中心点，最好先轮出灯灰线的外圆铅笔线，作为活模运行的控制标准线。然后将活模等钉在中心点上，使其能灵活转动，先空转一圈，看是否与已画好的控制线吻合。

圆形灰线抹灰分层做法与上述基本相同。但如板条、板条钢板网顶棚，则底层与中层抹灰应使用纸筋石灰或麻刀石灰砂浆。与顶棚抹灰一样，应将底层灰压入板缝形成角，使其牢固结合，再使用活模绕中心来将灰线抹成形。

在外墙面装饰灰线中也常碰到门、窗洞顶部半圆形灰线，这类半圆形灰线的扯制方法与顶棚灯头圆形灰线的扯制方法基本相同，在半圆的半径上固定一根横摆，找好中心点用圆形灰线活模扯制。

(4) 多线条灰线

多线条灰线根据其部位不同，分别使用死模和活模进行扯制。其施工准备、操作要点等与前述相同。但较复杂的灰线抹灰一般应在墙面、柱面的中层砂浆抹完后，顶棚抹灰没抹之前进行。

多线条抹灰具体操作时，墙面与顶棚交接处灰线，也是采用死模操作。其推拉轨道可采用双靠尺死模法，也可采用单靠尺死模法。

梁底、门窗阳角等部位，一般采用活模操作。

多线条灰线抹灰，常使用纯石膏掺水胶做罩面灰，其操作方法与纸筋石灰罩面扯制方法相同，但要掌握下列操作要点：

①因石膏凝结很快，操作前应认真做好准备工作。石膏要随拌随用，最好由专人负责，用两个小灰桶轮换拌和使用。

②灰线扯制动作要快，慢了石膏硬化而无法进行。整条灰线一次扯制完，不要留痕迹。阴角、转角等部位的罩面层的镶接仍用接角尺完成。

③灰线成形后，立即拆除靠尺。

9.2 装饰灰线抹灰

9.2.1 概述

装饰灰线一般布置于室外柱顶、柱面、檐口、窗洞口或墙身立面变化处。灰线线角的变化除能增加建筑物外立面的美观、丰富立面的层次外，还能通过灰线的分隔处理，使建筑物各部位比例更为协调匀称。

当装饰灰线有时凸出墙面或柱面很多时，其基体一般需在砌筑墙身时用砖逐皮扯出，砌筑成所需的轮廓，或在结构主体浇筑时，一起浇注出细石混凝土基本线条轮廓，再进行装饰灰线抹灰。

当采用粗骨料如水刷石、干粘石、斩假石等做室外装饰灰线时，为了操作灵活方便，应采用活模。对于室外较宽大的挑檐与墙面交界处的装饰灰线，可用死模扯制。大型灰线角可用相同木模从上面分段扯制，然后再进行分段衔接。

9.2.2 施工实例

(1) 扯抹水刷石圆柱帽

1) 施工准备：

①材料：

水泥：普通硅酸盐水泥，强度等级不低于32.5，复核合格。

砂：中砂，其含泥量不得大于3%。

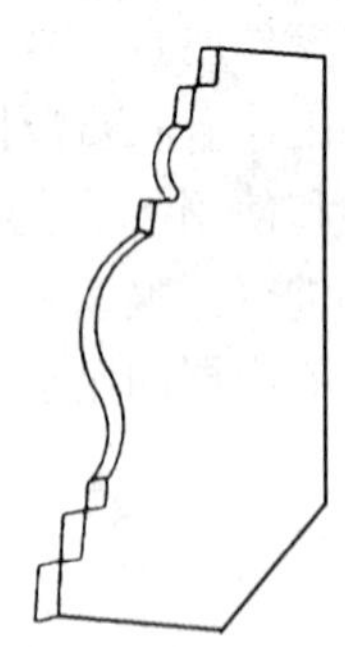

图9-9 柱帽木模

石粒：2 mm的米粒石，品种按设计规定采用；要求一次进料，冲洗干净晾干装袋备用。

②机具与工具：常用抹灰工具、扯灰线用活模、柱帽套板、柱身套板。活模为木制，扯制面包镀锌铁皮，如图9-9所示。

上套板为木制的相当于死模的上靠尺，为活模上口做线角的轨道，是一外圆与圆柱设计尺寸相同的圆形木板。见图9-10 (a)。如柱顶为顶棚时，则套板可做成内圆套板，其作用相同。下套板见图9-10 (b)。其作用是确定活模在柱身的下轨道是否正确。

③作业条件：柱身结构复验合格。柱身底层灰已抹好，标高、尺寸符合要求。

2) 工艺顺序：柱身顶部复核→固定上套板→柱帽基层复核

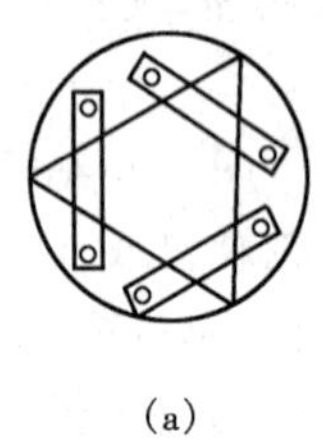

(a)

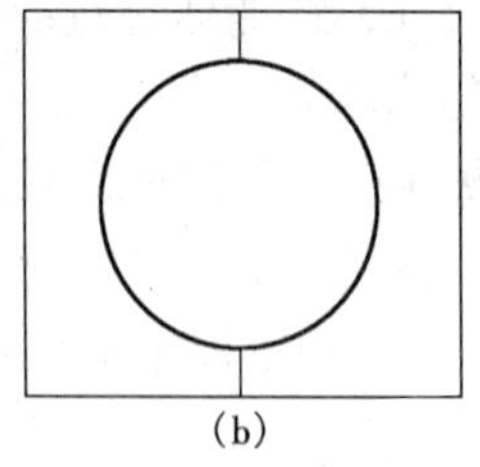

(b)

图9-10 套板

(a) 外圆套板（上套板）；(b) 内圆套板（下套板）

→扯制毛坯灰线→扯制水刷石面层→喷刷→养护。

3）操作要点：

①柱身顶部复核：先用下套板复核柱身顶部的尺寸，并进行修整，该处即为柱帽活模的下轨道。

②固定上套板：根据柱顶中心位置尺寸及柱帽放样宽度将上套板放平固定。

③柱帽基层复核：将垫层活模上部靠在套板上，下部靠在柱身顶部，对基层逐段校核，必须以套模与基层面保持 20 mm 左右的间隙作为抹灰层厚度。基层偏差过大需修凿整理，对孔洞进行填补。

④扯制毛坯灰线：用 1∶2.5 水泥砂浆分层抹在柱帽基层上，并随时用垫层活模上靠套板、下靠柱身来回扯制，直至柱帽垫层毛坯成型并扯毛。扯制时，用力要均匀，并注意保持模身垂直。

⑤扯制水刷石面层：毛坯水泥砂浆终凝后即可抹水刷石石粒浆面层，抹前先浇水湿润，然后刷一层薄薄的水泥素浆，并立即用铁抹子将石粒浆抹压上去。抹完后用面层木模上靠套板、下靠柱身且保持垂直，逐段检查水泥石粒浆的盈亏，高于线角的刮去，低于线角的补上。待水泥石粒浆稍干后，即用面层木模轻击石粒浆面层，要求将石粒尖棱拍入浆内，并再次检查石粒浆线角的盈亏与圆度，随时修补拍平。然后将活模靠在上套板和柱身上轻轻地扯动，此时用力要均匀，扯到石粒浆稍出浆即可。当水泥石粒浆表面无水光感时，先用软刷刷去表面一层的水泥浆，然后用面层木模放在石粒浆面层上，并轻击木模背部，使其击出浆水来，再稍提起木模一边轻轻扯动，将石粒浆线角面层拍密、压实。

⑥喷刷：待石粒浆面层开始初凝，即用手指轻轻按捺软而无指痕时，即可开始刷石粒。刷时应先刷凹线，后刷凸线，使线角露石均匀。先用刷子蘸水刷掉面层水泥浆，然后用毛刷子刷掉表面浆水后即用喷壶或喷雾器冲刷一遍，并按顺序进行冲洗使石粒露出 1/3 后，最后用清水将线角表面冲洗干净。

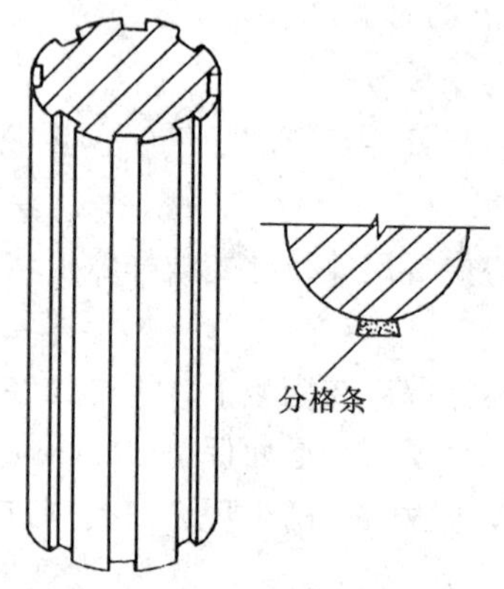

图 9－11 抽筋圆柱及分格条

⑦养护：石粒浆面层冲刷干净 24 h 之后洒水进行养护，一般要求养护期不少于 7 d。

（2）扯制水刷石抽筋圆柱面

抽筋圆柱是在柱面上嵌入凹槽的圆柱，如图 9－11 所示。室外抽筋圆柱面层一般采用水刷石。

1）施工准备：

①材料：与扯抹水刷石圆柱帽相同。

②机具与工具：与扯抹水刷石圆柱帽基本相同。但需要按设计要求尺寸做垫层套板和面层套板各一块。另外还要做一块缺口板和一些分格条。要求分格条用收缩性小的木材制成，其截面为梯形，外面为圆弧形，并与套板的圆弧相符，尺寸应根据设计要求而定。

③作业条件：与扯抹水刷石圆柱帽相同。

2）工艺顺序：找规矩→贴灰饼→基层处理→冲筋→抹底子灰→弹线→粘垫层分格条→抹垫层→起分格条→抹筋内水刷石→抹面层石粒浆→起分格条→喷洗→养护。

3）操作要点：

① 找规矩：将柱子用托线板或缺口板进行挂线，检查其垂直度和平整度，并找出柱子的中心位置；先在楼、地面上弹线定位，然后在柱子的四个方向的立面弹出柱中心位置线。

② 贴灰饼：在上柱面的四个方向各做一个灰饼，其大小为 30 mm，厚度为 10 mm，再利用套板做其他三个方向的灰饼。最后用缺口板线锤检查每组上下两个灰饼垂直度，并以 1.5～2 m 间距做柱中间的灰饼。

③ 基层处理：对柱子各面进行剔凿补平，用套板查圆弧，

用托线板检查垂直度，修整到位为止。

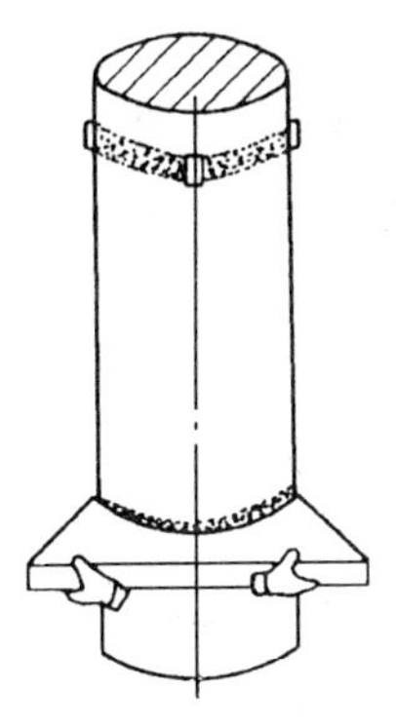
图 9－12　套板刮冲筋

④ 冲筋：在同一水平高度的灰饼间抹水平冲筋，然后用中层套板进行刮平，如图 9－12 所示。

⑤ 抹底子灰：先在柱面上薄薄抹一层水泥素浆，后用 1∶3 水泥砂浆抹底子灰，要求薄而匀，麻面交活。

⑥ 弹线：根据设计要求的间距，在柱面底层上弹出分格线的位置，并用线锤吊直。

⑦ 粘垫层分格条：把用水浸透并沥干的分格条用水泥素浆粘贴在分格线上，要求粘贴平直，接缝严密。

⑧ 抹垫层：在分格条间抹 1∶2.5 水泥砂浆，并用垫层套板刮平分格条面，并将表面划毛。

⑨ 起分格条：垫层抹完，即起出分格条。起分格条时，应先用铁皮嵌入分格条面轻轻摇动，将分格条摇离抹灰层，然后起出，如有损坏随时修补。此时，抽筋圆柱已初步形成。

⑩ 抹筋内水刷石：当垫层凝结后，可抹水泥石粒浆。酌情洒水湿润，先薄刷一层水泥素浆，然后将 1∶2.5 水泥石粒浆（半干硬性）用铁抹子抹在分格条的柱筋内，抹平两边柱面，并立即拍平拍实。如石粒浆太湿，可用干水泥吸湿后刮去，再拍平拍实。最后对筋内石粒面层进行刷洗，刷至石粒露出 1/3 即可。

⑪ 抹面层石粒浆：首先在刚冲洗好的凹条筋内水刷石面层上用水泥素浆粘贴面层分格条，并用线锤挂直。粘贴分格条的水泥素浆要适量，分格条两边的余浆要刮去，以免去掉分格条后筋内两侧无石粒显露。面层分格条粘完后，即可抹 1∶1.25 水泥石粒浆面层。先抹平分格条面，并要抹出圆弧面，并随时用面层套板检查，凹凸处补平、压实，使柱面的圆弧与套板相符为止，当表面已无水光即用抹子溜抹，压出浆水使面层压密，并清理好分

格条。

⑫ 起分格条：面层压密、压实后，即可起分格条。用铁皮嵌入分格条内轻轻摇动，分离了两边石粒面层后起出。如面层有了裂缝，即用抹子压实，以免分格缝棱边掉角。

⑬ 喷洗：石粒浆面层开始凝结，手指按捺软而无痕，就可喷洗石粒浆面层。先用鸡腿刷刷柱筋底面，将嵌分格条的余浆刮掉，使石粒显露后，再刷凹筋内两个侧面，石粒显露后，清水冲洗干净。最后喷洗柱面，先用刷子刷掉面层水泥浆，后用喷雾器冲刷，从上而下，缩短喷洗时间，减少流淌，防止坍塌，待石粒露出 1/3，即用清水从上而下冲洗一遍。

⑭ 养护：喷洗完待 24 h 之后，洒水养护，一般要求养护时间不低于 7 d。

9.2.3 质量通病与预防

装饰灰线抹灰质量通病与预防，见表 9－1。

装饰灰线抹灰质量通病与预防　　表 9－1

质量通病	原　因	预　防
灰层粘结不牢，发生空鼓	基层没有清理干净；没有浇水湿润；每层灰跟得不紧；混凝土柱面太光滑没有处理	处理基层面严格要求，经过检查合格才可开始操作；操作要按要求认真去做，重视每一抹灰层跟进时间和养护措施
柱基烂根	杂物没有清理干净；下边没有操作面，压活困难，灰层压得不密实	柱基操作时，必须将杂物清理干净；并应确保有适宜的操作面
阴角刷石污染，不清晰	做阴角处没有分次做，喷头的角度不对直接影响了另一面，造成污染	分两次做，先做好一个平面后，再做另一个平面。并在靠近阴角处，按罩面厚度在底子灰上弹一条垂直线，作为阴角抹直的依据，做完一面再弹线，作为另一面抹直的依据。并应注意：在刷一面时，要保护另一面不受污染

9.3 花饰制作与安装

9.3.1 花饰制作

（1）概述

花饰的制品主要有：石膏花饰、水刷石花饰、斩假石花饰等品种。

花饰是工艺品，但又必须和建筑物本身和谐为一体，并且成为建筑物一部分安装在建筑物某一高度和部位上。为了有效地观察花饰形式和各部分比例尺寸的协调一致，需要将花饰所在部位的房屋结构做出来。可是花饰的预制往往是与房屋结构施工同时进行。为了满足花饰的制作，需要先做出一个假结构。其制作要求与真结构的形状、尺寸和标高完全相同，其长短、大小、尺寸可按花饰的尺寸灵活确定，一般以能衬托出花饰所具有的背景为目的。

假结构可用木材做骨架和底衬，在其表面抹灰，一般使用石灰砂浆或水泥纸筋砂浆做底层和中层，用纸筋灰罩面。假结构一次用完后稍加修整，可以重复轮换使用。

（2）施工实例

1）施工准备：

①材料：

水泥：普通硅酸盐水泥，其强度等级不小于42.5。

石膏、纸筋、粘土、石粒、钢筋网、明胶、明矾、油脂等。

②机具与工具：装饰抹灰需用工具、塑花板、排笔、刷子、空压机、喷雾器等。

2）工艺顺序：制作阳模→浇制阴模→浇制花饰制品。

3）操作要点：

①制作阳模：一般有三种方法，即：刻花、垛花、泥塑。

A. 刻花：适用于精细、对称、体型小、线条多的花饰图案。常用石膏雕刻制作阳模。其具体操作要点是：以花饰的最高厚度以及最大的长度、宽度（或直径）浇一块石膏板，然后将花饰的图案用复写纸描印在石膏板上。用钢丝锯锯去其不需要和空隙部分，并把它胶合在另一块大小相同的底板上，再修雕成阳模(无底板的花饰只要锯好，修雕即可)。

B. 垛花：通常是直接垛在假结构的所在部位上，经修整后，翻制水刷石花饰。其具体操作要点是：用较稠的纸筋灰按花饰样的轮廓一层一层垛起来（按图放大2%），再用塑花板雕刻而成。主要步骤如下：

描印花饰轮廓：在纸筋灰未干时，将花饰图案覆盖在花饰上，用塑花板按图刻画，将纸上花纹全部刻印在抹灰面上。

捣草坯：用塑花板把纸筋灰（可加点水泥）垛在刻画的花饰表面。逐步加厚，使花饰的基本轮廓呈现出来。

填花：在草坯上用塑花板进行立体加工，用纸筋灰添枝加叶，后加以修饰使花饰逼真，丰满有力。

修光：用各种塑花板进行精细加工，使花饰表面光滑，达到逼真、清晰的效果。

C. 泥塑：适用于大型花饰。使用质粘，柔软、易光滑的灰褐色黏土，利用泥的塑性，边塑边改。其具体操作要点是：先将黏土浸水泡软，捣成一块底板，其厚度应与施工图纸中花饰底板厚度相同（也可不捣底板），后将图纸上的花饰图案刻画在泥底板上（无底板的刻画在垫板上）。根据花饰形状大小，用泥团塑在底板上，其厚可先塑3/5为宜，后用小泥团慢慢加厚加宽，完成花饰的基本轮廓，后用塑花板削添，修饰成符合要求的泥塑的花饰阳模。但应注意保养，防止开裂。

②制作阴模：有软模与硬模之分。

软模：适用于石膏花饰。制作时，其具体操作要点是：当实样干燥硬化后，用木螺丝将其固定在木底板上，将螺丝孔补平修光，再加刷泡立水（虫胶漆）2～3道（泥模为4道），每次应当在前一次干燥后刷第二道。其泡立水干燥后，再抹上掺煤油的黄油调和油料，然后在周围加挡胶板，其高度比阳模最高面高出3 cm,距离与阳模的最近处不宜小于2 cm。并将板缝用石膏或黏土封住，以免漏胶。后在挡胶板上刷油1道后浇制明胶模。明胶选淡黄色透明的为最佳。如花饰数量多，选甲种；花饰数量少，选乙种。明胶加热30 ℃，开始熔化，达到70 ℃时停止加热，并应从加热开始不断搅动，使容器内胶液温度均匀一致。浇模时，应使胶水从阳模边缘慢慢浇入，不可急浇，每平方米的阳模浇模时间控制15 min为好。应使胶水畅流各处。并应注意温度，温度高时热气上升，使明胶发泡；温度低了，胶水则沉滞而发厚，花饰细密处不易渗流密实。

浇模应一次完成，不应留接头，并要使同一模胶水，稠度一致，阴模的厚度比花饰最厚处大5～20 mm。各处厚度均匀一致。不应有残缺、走样、发毛、不平滑等缺陷。

浇制阴模约8～12 h取出实样（即阳模），并用明矾和碱水洗净。并应在每次浇制花饰前，在模子上撒滑石粉或涂无色隔离剂。

硬模：适用于水泥砂浆、水刷石、斩假石花饰。制作时，其具体操作要点是：阳模干燥后，即可浇模。先在表面涂一层稀机油或凡士林，再抹5 mm厚素水泥浆，稍干收水放好配筋，用1:2水泥砂浆浇灌。模子的厚度要考虑硬模刚度，最薄处要比花饰的最高处高出2 cm。阴模浇制后3～5 d倒出实样，并将阴模花纹修整清楚，用机油刷净，刷三道泡立水备用。初次使用硬模，让其吸足油分。每次浇制花饰时，模子先涂掺煤油的稀机油。

③浇制花饰:按所浇制的花饰不同,其具体操作要点分述如下:

石膏花饰:

石膏花饰采用明胶阴模，浇制前需在已做好的阴模内浇一层明胶模，其比例为明胶:水:工业甘油＝8:8:1，浇模宜薄不宜厚。结膜后再在明胶模花饰表面撒一层滑石粉或刷一层无色纯净的隔离剂，涂刷要均匀，不得漏刷和过厚。然后将石膏粉调成石膏浆，石膏浆的配合比一般为石膏:水＝1:0.6～1:0.8（重量比），但可视石膏粉的性能作适当调整。石膏浆应用竹丝帚不停地搅拌，使其无块粒并使稠度均匀。石膏浆拌制好以后，随取之注入模具内 2/3 用量，而后将模具轻轻振动，使石膏浆在花饰各处充注密实，再掺加进麻丝类纤维及骨架锚固件，但石膏制品不宜掺加易锈金属丝，否则会出现氧化锈斑。再继续浇注石膏浆至模口，并用直尺刮平，待其稍结硬后，将其背面划毛。翻模时间一般控制在 5 ~ 10 min，习惯的方法是用手摸时有热感即可翻模。刚翻好的花饰应平放在与花饰底形相同的木底板上，如有麻眼，花纹不整齐现象，须用石膏修补整齐，使花饰清晰、完整、表面光洁为止。

水泥砂浆花饰：

将配好的钢筋放入硬模内，再用 1:2 水泥砂浆（干硬性）或 1:1 的水泥石粒浆倒入硬模内进行捣固，待花饰干硬至用手按稍有指纹但又不觉下陷时，即可脱模。脱模时将花饰底面刮平带毛，翻倒在平整处，脱模后应及时检查花纹并进行修整，再用排笔轻刷，使表面颜色均匀。

水刷石花饰：

先将 1:1.5 水泥石粒浆倒入硬模内，捣至密实，厚度为 10 ~ 15 mm，再将 1:3 的干硬性水泥砂浆作填充料，抹至模口上平为止。待花饰硬至用手下按稍有指纹但不下陷时，便可以脱模。在脱模时，要求将花饰底面刮平带毛，再将其翻倒在平整处，进行检查和修补，然后用软刷子蘸水将表面素水泥浆刷掉，使石子显露出来。

9.3.2 花饰安装

（1）概述

花饰的安装方法一般有三种：粘贴法、木螺丝固定法、螺栓固定法。

粘贴法适用于重量轻的小型花饰安装；

木螺丝固定法适用于重量较大、体型稍大的花饰安装；

螺栓固定法适用于重量大的大型花饰安装。

以上三种安装方法，施工要求如下：

1）粘贴法：

①首先在基层面上刮一道水泥浆，其厚度为2～3 mm。

②将花饰背面稍洒水湿润，然后在花饰背面涂上水泥砂浆，也可用聚合物水泥砂浆，如果是石膏花饰，可在背面涂石膏浆或水泥浆粘贴。

③与基层紧贴后，再用支撑进行临时固定，然后修整接缝和清除周边余浆。

④待水泥砂浆或石膏达到一定强度后，将临时支撑拆除掉。

2）木螺丝固定法：

①与粘贴方法相同，只是在安装时把花饰上的预留孔洞对准预留木砖，然后再拧紧铜丝或镀锌螺丝（不宜过紧）。如果是石膏花饰，在其背面需涂石膏浆粘贴。

②安装后再用1:1水泥砂浆或水泥浆把螺丝孔眼堵严，表面用花饰一样的材料修补平整，不露痕迹（如是石膏花饰就须用石膏浆来修补螺丝孔眼）。

③花饰如果安装在顶棚上时，应将顶棚上预埋铜丝与花饰上的铜丝连拉牢固。其他的同前要求。

3）螺栓固定法：

①将花饰预留孔对准基层预埋螺栓。

②按花饰与基层表面的缝隙尺寸用螺母及垫块固定，并进行临时支撑。当螺栓与预留孔位置对不上时，应采取绑扎钢筋或用焊接的补救办法来解决。

③花饰临时固定后，将花饰与墙面之间的缝隙和底面要用石膏堵严。

④然后用1:2水泥砂浆分层进行灌注，每次灌注高度10 cm左右，并随时用竹片插捣密实，每次水泥砂浆终凝后，才能浇上一层。

⑤待水泥砂浆有足够强度后，拆除临时支撑。

⑥清理周边堵缝的石膏，再用1:1水泥砂浆修补整齐。

(2) 施工实例

传统的花饰多为石膏制品。此处，以石膏装饰线角安装施工为例，简要介绍如下。

1）施工准备：

①材料：石膏装饰线角、石膏粉、木螺丝、石膏粘结剂等。石膏装饰线角示例，如图9－13所示。

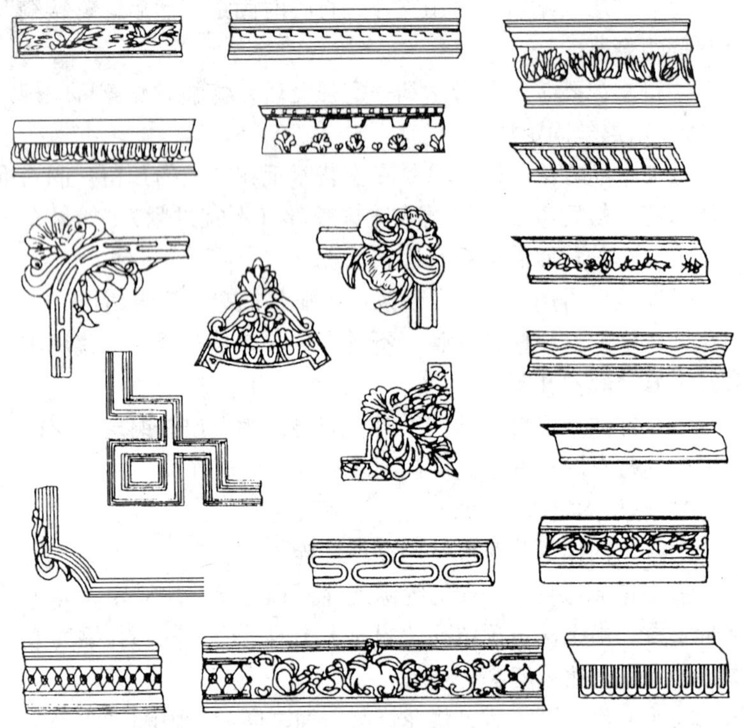

图9－13 石膏装饰线角示例

②机具与工具：冲击钻、手电钻、锤子、凿子、平尺、靠尺、铁抹子、尼龙线、角尺、方尺、小灰桶等。

③作业条件：

·吊顶与墙体饰面已完成；各种湿作业工序已竣工；室内清理已完成；水平基准线已找好。

·对现场的装饰线角数量、质量逐一检查，将有严重损伤的线角拣出，对损伤较轻的进行修补。其方法为：扫去损伤处的浮尘，清水湿润。调石膏粉与水成膏状。用钢片批灰刀（扁状）把石膏浆抹嵌在损伤处。固结后，用零号纱布打磨平齐。如一次不行，等 20 min 再抹一次，后打磨，直到达到质量要求。

2）工艺顺序：定位弹线→固定线角→整理。

3）操作要点：

①定位弹线：对各种顶棚阴角线、艺术花角、直线厚雕线角、浮雕艺术灯圈及独立装饰花饰做精确定位，弹出限位线。

弹限位线的目的有两个，一是保证石膏线板固定在同一水平上（以室内水平基准线为准），二是保证对碰角度一致。具体施工时可以根据石膏线板设计要求的安装角度来定限位线，然后根据安装角度做靠模槽，靠模槽上锯路槽的两个角度要相同。

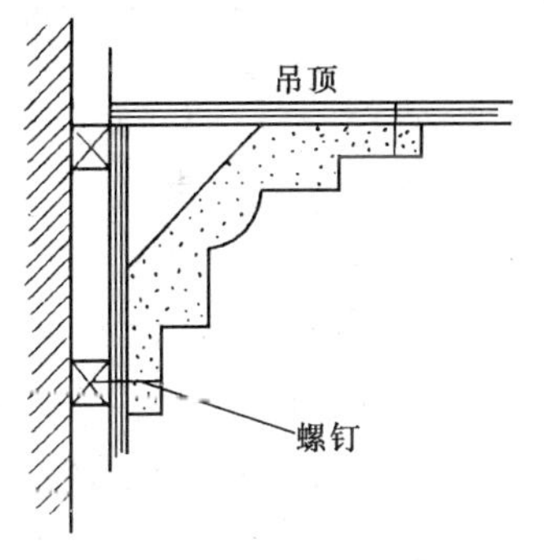

图 9－14　石膏线板的固定

②固定线角：固定方法采用预埋件或打孔塞入木榫，然后将装饰线背面用水湿润并抹上石膏浆，将线脚贴于基层做临时固定，然后在预埋件或木榫的位置处用手电钻打孔用木螺丝拧入固定，随即将花饰线周边挤出的余浆清理干净，如图 9－14 所示。

在做阴角位安装时，两条线板在 90°角处对碰时，要在两条线板对碰端先开出 45°的对碰口。开碰口需用靠模板并把线板正面向上，内靠模槽，再用细齿锯沿靠模板上的锯路槽开出。靠模槽用厚木板钉成，靠模槽的宽根据石膏线板的宽度，靠模槽上的锯路槽有两个 45°，制作时必须注意，否则开出对碰口因角度不对而碰不上口。靠模槽上锯路槽的角度位置，如图 9－15 所示。

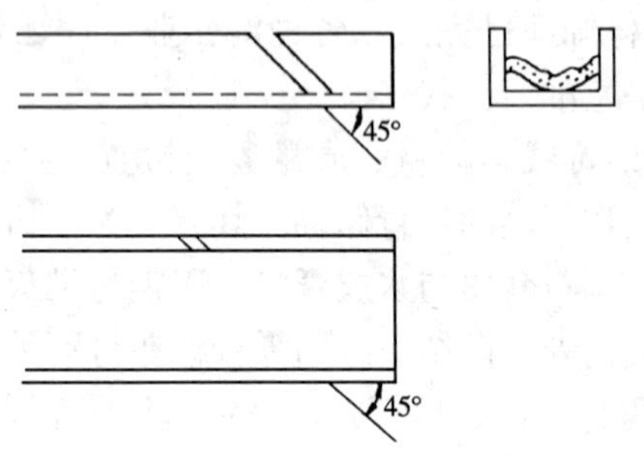

图 9－15　切对接口的靠模

很多石膏线板不以 45°固定安装，通常，把石膏线板的安装角定为 20°、30°和 40°。在这种情况下安装固定，需在安装的角位立面上弹出一条限位线，石膏线板的下沿沿着该限位线固定。如图 9－16、图 9－17 所示。

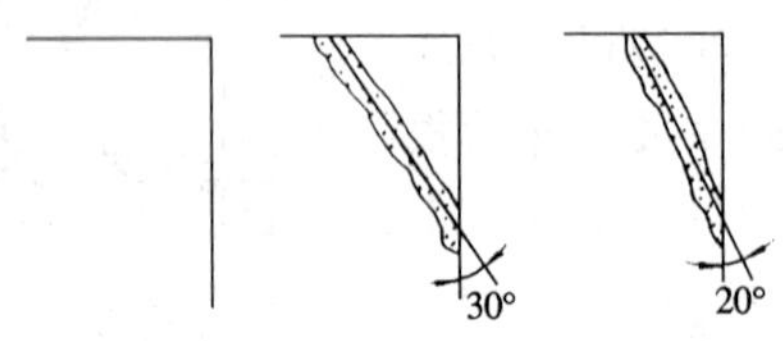

图 9－16　石膏线板不等角安装

当安装的石膏线板上有浮雕花纹时，在两线板对口和对角时应注意花纹的一致性和完整性。

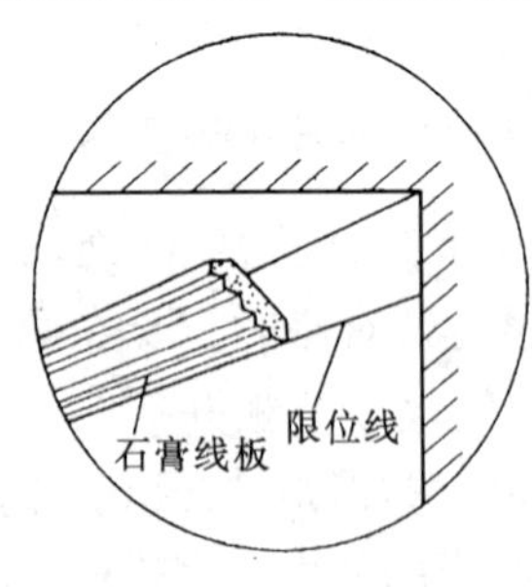

图 9－17　按限位线安装石膏线板

在檐口位的线角安装，石膏柱位的安装、石膏花盘的安装工艺过程均同线角安装。

③整理：石膏装饰件经安装固定后，表面会留下钉眼、碰伤和对接缝等缺陷。对这些缺陷应分别进行处理。一般钉枪的钉眼较小，可不做处理，但对钉眼较集中的局部和用普通铁钉的钉眼就必须修补

处理。

修补处理是用石膏调成较稠的浆液，涂抹在缺陷处，待干后再用零号细砂布打磨平。如浮雕花纹处有明显的损伤，就须用小钢锯片细致地修补，待干后再用零号砂布打磨。

待修补工作完成后，便可进行饰面工作。石膏装饰件的饰面通常采用乳胶漆。刷乳胶漆时，可将乳胶漆加一半的水稀释，再用毛刷涂刷 2～3 遍成活。

9.3.3 质量标准

花饰制作与安装质量标准如下：

（1）主控项目

1）花饰制作与安装所使用材料的材质、规格应符合设计要求。

检验方法：观察；检查产品合格证书和进场验收记录。

2）花饰的造型、尺寸应符合设计要求。

检验方法：观察；尺量检查。

3）花饰的安装位置和固定方法必须符合设计要求，安装必须牢固。

检验方法：观察；尺量检查；手扳检查。

（2）一般项目

1）花饰表面应洁净，接缝应严密吻合，不得有歪斜、裂缝、翘曲及损坏。

检验方法：观察。

2）花饰安装的允许偏差和检验方法应符合表 9－2 的规定。

花饰安装的允许偏差和检验方法　　表 9－2

项次	项　　目		允许偏差/mm		检验方法
			室内	室外	
1	条型花饰的水平度或垂直度	每米	1	2	拉线和用 1m 垂直检测尺检查
		全长	3	6	
2	单独花饰中心位置偏移		10	15	拉线和用钢直尺检查

9.3.4 质量通病与预防

花饰安装质量通病与预防，见表9－3。

花饰安装质量通病与预防 **表9－3**

质量通病	原　因	预　防
安装不牢固	花饰与预埋在结构中的锚固件未连接牢固；基层预埋件或预留孔洞位置不正确、不牢固； 基层处理不好，在抹灰面安装花饰时抹灰层未硬化	花饰应与预埋在结构中的锚固件连接牢固；基层预埋件或预留孔洞位置应正确； 基层应清洁平整、符合要求； 在抹灰面上安装花饰，必须待抹灰面硬化后进行； 拼砌的花格饰件四周，应用锚固件与墙、柱或梁连接牢固，花格饰件相互之间应用钢筋销子系牢
安装位置不正确	基层预埋件或预留孔洞位置不正确；安装前未按设计要求，在基层上弹出花饰位置的中心线； 复杂分块花饰未预先试拼、编号，安装时花式图案吻合不精确	基层预埋件或预留孔洞位置应正确； 安装前应认真按设计位置在基层上弹出花饰位置的中心线； 复杂分块花饰的安装，必须预先试拼、编号，安装时花式图案应精确吻合

9.4 古建筑中有关抹灰工程

9.4.1 概述

我国古代建筑，是中华民族十分珍贵的文化财富，具有悠久的历史。

在古建筑中，涉及抹灰工程的，一般来说，有以下内容：

（1）地面铺砌

古建筑的地面，分室内地面和室外散水、甬路两类，多采用砖墁地，只有宫殿的甬路采用条石铺墁，称为“御路”。地面用的砖料分方砖和条砖两种，地面的砖缝形式有正方、斜方、六角、八角，还有使用条砖的人字纹、十字缝、拐子锦等，如图 9－18所示。

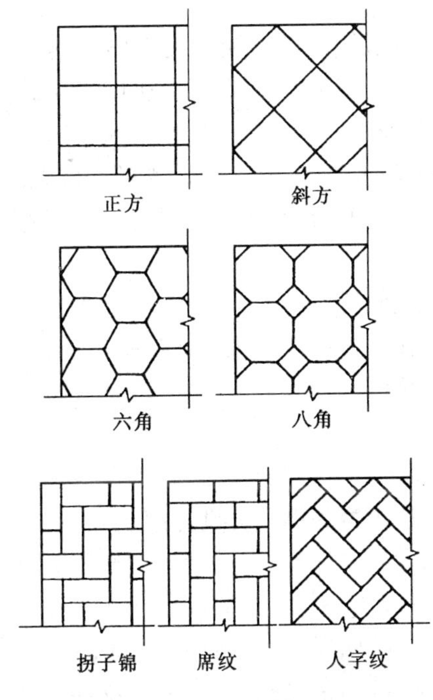

图 9－18　铺地形式

(2) 堆塑

堆塑，是古建筑中常用的装饰手段。是在屋脊、檐口、飞檐和戗角等处，使用纸筋石灰一层一层堆起的立体装饰物，其造型多样，栩栩如生。

(3) 砖雕

砖雕，在古建筑装饰中，占有重要地位。它具有刻画细腻、形象逼真、布局匀称、构造紧凑、贴切自然的艺术效果。

砖雕可以在一块砖进行，也可以由几块砖组合起来进行。一般是预先雕好，再分块安装。

雕刻的手法有平雕、浮雕等。平雕是雕刻的图案完全在一个平面上，通过图案的线条给人以立体感。浮雕又分浅浮雕和高浮雕。浅浮雕是少部分呈立体；高浮雕是大部分呈立体，甚至雕成多层立体。

因此，砖雕视装饰品的透视程度来确定其厚薄。有一层砖、二层砖，甚至三层砖之分，常见的多为1~2层砖。

（4）花饰的修复

古建筑中的花饰种类很多，有堆塑的、砖雕的、石雕的、木雕的及瓦嵌的等。其中堆塑的、砖雕的，一旦损坏后，需进行修复。

（5）墙面抹灰修缮

古建筑墙面抹灰，因年代太久，保护不周，免不了有损毁脱落现象，亦需要修缮。

9.4.2 施工实例

此处，以上述内容为例，分别介绍之。

（1）地面铺砌

1）施工准备：

①材料：一般有四尺方砖（44 cm×44 cm×4.5 cm）、二尺方砖（38 cm×38 cm×4 cm）或一尺方砖（32 cm×32 cm×3.5 cm）。把砖进行干燥，方法是搭棚防雨，架空晾干。然后选择色泽均匀、边角整齐、无砂眼的砖。对需要进行加工的砖（即边角）先用平尺检查平整，然后进行找方或锯角（六角或八角）再磨四边。

②工具：木剑、墩锤、瓦刀、油灰槽、浆壶、刷子等。

③作业条件：垫层应做好，平整度符合要求。检查房间四周交角是否为90°，弹出墙面标高线，打出十字坐标线，使砖缝与房间轴线平行，并计算砖的趟数，并应为单数，使中间一趟居中，破活放里面，门口为整砖。

2）工艺顺序：冲趟→样趟→揭趟→上缝→铲凿缝→刹趟→打点→漫水→攒生。

3）操作要点：

①冲趟：按测量后的标高线在房间长向左右各先墁一趟砖，称为“冲趟”。冲趟后墁地。墁地灰浆厚度不小于5 cm，灰浆比例为白灰∶黄土＝4∶6。冲趟时要按标高线检查上平及用水平尺检查平整度，后先虚铺灰土放砖、拍实。

②样趟：即中间的砖以两端冲趟的砖为准拉线试铺，看砖的平顺，砖缝严密程度，都要找合适为准。

③揭趟：是将试铺的砖再揭下来，并逐块记号，然后在泥灰上泼洒石灰浆作为座浆，并用刷子把砖边肋刷湿。

④上缝：用竹片刀（木剑）在砖的里口抹上油灰。其配合比为面粉∶细白灰粉∶烟子∶桐油＝1∶4∶0.5∶6。后按编号在原位置把砖墁墩好，并用木锤轻拍使浆坐实。

⑤铲凿缝：即用竹片将砖面上多余的油灰铲刮干净，并用磨头（油石）把砖与砖之间的凸起部分磨平。

⑥刹趟：拉水平线为标准，检查砖楞有不平处（凸起），用磨刀磨平。

⑦打点：砖面上有砂眼缺陷处，要用砖药打点（即修）整齐和擦净地面。

⑧漫水：整个地面局部凹凸不平处，用磨头沾水磨平，后将全部地面擦洗干净。

⑨攒生：地面干透后，用生桐油在地面上反复涂抹或浸泡。

（2）堆塑

1）工艺顺序：扎骨架→刮草坯→堆塑细坯→磨光。

2）操作要点：

①扎骨架：用铜丝或镀锌铅丝配合粗细麻，按图样先绑扎成人物（或飞禽走兽）造型的轮廓。主骨架可用8号铅丝或直径6 mm钢筋绑扎在屋脊处，与屋面上事先预埋钢筋连接牢固。

②刮草坯：用纸筋灰一层层堆塑出人物或动物模型。由于纸

筋灰的收缩大，堆塑时可参照图样或实样按2%比例放大。刮草坯使用粗纸筋灰，其配合比为1:2 = 100 kg块灰:200 kg粗纸筋。将纸筋先用瓦刀或铡刀斩碎，泡在水里加入生石灰沤烂，时间约为4～6个月，泡至烂软后捞起与石灰膏拌和均匀带有粘性后就可使用。刮草坯要一层一层堆塑，使用稠一些纸筋灰，每层不要太厚，每层控制在0.5～1 cm，以免干缩过大变形开裂。部分较厚处，可以多堆塑几遍。

③堆塑细坯：用细纸筋灰按图样（或实样）两度堆塑。细纸筋灰的加工和配合比同粗纸筋灰。但是细纸筋捞出后要进行过滤，清除杂质。所用的纸筋灰要掺入青煤，其掺入量以能达到与屋面砖瓦同色为准。青煤要事先化开，加入牛皮胶，拌至均匀后使用。

④磨光：使用铁皮或黄杨木加工的板形及条形溜子，将塑造的装饰品从上到下进行压、刮、磨3～4遍，直到压实磨光为止。第一遍磨压时留下的痕迹，在第二遍磨时将痕迹压平直至发亮为止。并要掌握好压实磨光的关键，花饰愈压实磨光，愈不会渗水，经历的年代愈长。

（3）砖雕

1）工艺顺序：选砖→刨平草坯→凿边兜方→翻样→雕刻→过浆磨光→装贴。

2）操作要点：

①选砖：雕刻用的砖比砌墙、墁地用砖要求严格，要挑选质地均匀、严密的砖，凡有裂缝、砂眼、缺角、掉边者不能选用。如同买瓷器，敲之清脆者好，否则雕刻时易破碎。

②刨平草坯：先确定统一规格尺寸，选薄的一边为标准刨平，接着按刨刀宽度将四周刨平，最后把剩下的中间一块按上法全部刨平。

③凿边兜方：从较好的一边开始，用直尺画线，把一边刨平。然后依次用方尺画线，把其余三边凿齐刨平。要求面大底小成楔形，以便拼缝严密。最后用方尺套方，检查砖的对角线长

度，做到上下整齐严密，整齐吻合。

④翻样：按设计图样计算好用砖块数，将其铺在平地上或工作台上，将砖缝对齐，四周固定挤紧，然后用复写纸将图样描在砖面上。如为双层砖，也照此方法重新做一遍，然后再分层分块进行雕刻。

⑤雕刻：雕刻前，检查砖的干湿度，潮湿的砖必须晒干后，方可进行雕刻。雕刻的要点是：先凿后刻，先直后斜，再铲、剐、刮平。用刀的手要低，凿时要轻，用力均匀，并根据不同部位使用不同工具，从浅到深逐步进行。遇到有砂眼、缺角、掉边情况时，可用砖粉拌以油灰（1:4 桐油石灰）胶牢修补，待干后用砂子磨，直到看不出修补时为止。

⑥过浆磨光：过浆即用瓦片湿磨后澄清的浆涂抹一遍雕好的砖雕，待干后用细砂皮、砂头砖、油石或堆上砂子进行磨光。

⑦装贴：把砖雕在装贴前应浸水到无气泡为止，捞出来晾干。再用油灰（配合比细石灰∶桐油∶水＝10∶2.5∶1），拌和后放在石臼舂 2 h，舂后，再用桐油拌到可用稠度为止。贴时将墙面找平弹线即可用油铲把油灰满铺砖的背面，从下而上，从左到右装贴，砖缝用竹板刀披灰挤紧。双层砖的用元宝榫连接，即从砖的侧面嵌入事先加工的元宝榫。有砖刻花纹镶边的，应按上述次序先贴镶边。

（4）花饰修复

此处，以堆塑的花饰为例，其修复操作要点是：先用麻刀石灰在损坏的部分打底，再用纸筋石灰按照原样堆塑，趁纸筋石灰未干时，在上面洒上砖粉面，并用小压抹子赶出光来即可。

对于比较复杂的花饰，如若损毁，可参照本书“花饰制作与安装”部分有关内容，重新予以制作、安装。

修复好的花饰，应保持原有风格不变。

（5）墙面抹灰修缮

古建筑墙面抹灰的修缮，一定要保持原有的建筑风格和材料使用特点，不同历史时期的建筑风格不可混合，否则就不是修缮。

对于有抹灰层的旧墙体，首先将墙内脱落的旧灰皮铲除干净，墙面用水淋湿，然后按原有抹灰相应的材料、厚度及方法分层抹制，压实即可。

复习思考题

1. 简述一般灰线抹灰的施工准备、工艺顺序及操作要点。
2. 简述装饰灰线抹灰的施工准备、工艺顺序及操作要点。
3. 简述花饰制作与安装的施工准备、工艺顺序及操作要点。
4. 简述花饰制作与安装的质量标准、质量通病与预防措施。
5. 简述古建筑中有关抹灰工程的基本知识与操作技能。

10　抗裂保温抹灰工程

10.1　轻质墙面抗裂砂浆抹灰

10.1.1　概述

随着国家建筑节能政策的贯彻，建筑结构体系和墙体材料的改革不断深入，其轻质墙体的应用，越来越广泛。而轻质墙面抹灰，普遍存在的质量缺陷就是龟裂。

用聚丙烯抗裂砂浆抹面可以防止龟裂。

10.1.2　聚丙烯纤维

（1）抗裂机理

聚丙烯纤维又称杜拉纤维，是一种以聚丙烯为原料，经表面处理的高强纤维。当纤维掺入到混凝土或砂浆中充分拌匀后，初期均匀分布的纤维在混凝土或砂浆中构成一种网状撑托体系，承托骨料，从而减少泌水、分层；硬化过程中混凝土或砂浆微裂缝发展受到纤维抑制，消耗了能量。即当混凝土或砂浆在收缩应力的作用下，要产生微裂缝时，纤维承担了这一应力，避免了裂缝的产生，或者将出现的大裂缝变成微裂缝。

（2）规格

以中国纺织科学研究院、北京中纺纤建科技有限公司研究开发的砂浆/混凝土用凯泰（CTA）改性聚丙烯纤维为例，其规格如下：

纤维类型：束状单丝

当量直径：48μm

长度规格：15 mm、19 mm

抗拉强度：＞400MPa

弹性模量：>3.5GPa

断裂延伸率：15%~35%

熔　　点：约160 ℃

燃　　点：约580 ℃

导热性：极低

抗酸碱性：极高

相对密度：0.91

安全性：无毒、无刺激

抗低温性：经-78 ℃试验检测纤维性能无变化。

(3) 特点

凯泰（CTA）纤维横截面为Y型，是相同当量直径圆形截面的1.25倍，增加了与基体的粘附面积；凯泰（CTA）纤维表面经过处理，与混凝土或砂浆，有很好的粘结性。

(4) 作用

1)提高抗裂能力:经试验在配合比为水泥:砂:水=1:1:0.40,纤维体积掺量为0.1%条件下，加入凯泰（CTA）纤维后，裂纹可减少68.6%。

2）提高抗冻能力：掺入凯泰纤维可以缓解温度变化而引起的混凝土内部应力的作用，提高抗水浸能力，从而提高混凝土抗反复冻融的性能。在混凝土中加入凯泰纤维也可作为抗裂手段。实验证明：0.1%体积掺量的凯泰纤维混凝土比同配比的普通混凝土在200次冻融循环后强度损失明显降低，质量无损失。这一点对于外墙抹灰或贴面砖很重要，普通砂浆正是在年复一年的冻融作用下，逐渐丧失强度而空鼓脱落，掺加凯泰纤维无疑增加了寿命。

(5) 应用于砂浆中的使用说明

1）掺加量：配制聚丙烯纤维抹灰抗裂砂浆，每1m^{3}砂浆，其纤维的掺加量为：0.6~1.8 kg，一般采用0.9 kg。

根据工程地域和部位的不同，掺量应有所不同。对于冻融严重的地域或冲磨严重部位掺量应高些。

2）湿拌：向搅拌机中加入部分水泥、砂子后，加入凯泰纤维，保证纤维较均匀撒落在水泥、砂子中，再加入剩余的水泥、砂子和水，搅拌时间以纤维在砂浆中均匀分散为准。一般比不加纤维时延长 0.5 min。

10.1.3 聚丙烯纤维抹灰抗裂砂浆

聚丙烯纤维抹灰抗裂砂浆分为四种，即：纤维减水剂型抗裂砂浆、纤维微膨胀型抗裂砂浆、合成纤维聚合物水泥抗裂砂浆及增强型纤维聚合物水泥抗裂砂浆等。

各类抗裂砂浆的适宜厚度、特点、适用范围及参考配比，见表10－1。

聚丙烯纤维抹灰抗裂砂浆的类别、性能及适用范围　　表 10－1

类别（适宜厚度）	纤维减水剂型抗裂砂浆（20 mm 厚）	纤维微膨胀型抗裂砂浆（20 mm 厚）	合成纤维聚合物水泥抗裂砂浆（5 mm 厚）	增强型纤维聚合物水泥抗裂砂浆（6 mm 厚）
特点	以纤维、减水剂、普通硅酸盐水泥配置的砂浆 ①可减少砂浆的早期塑性裂缝的产生 ②硬化体具有一定的抗裂性	以纤维、膨胀剂、减水剂配置的砂浆 ①早强 ②优良的抗渗性和一定的抗裂性 ③具有补偿收缩功能	以合成纤维、单组分或双组分聚合物水泥胶粘剂配置的砂浆 ①可减少砂浆的早期塑性裂缝的产生 ②硬化体具有较好的抗裂性 ③优良的抗渗性、抗冻融性	以合成纤维、单组分或双组分聚合物水泥胶粘剂配置的砂浆，用涂塑聚酯纤维网增强 ①可减少砂浆的早期塑性裂缝的产生 ②优良的抗渗性、抗冻融性 ③优良的抗干缩、冷缩性能
适用范围及参考配比	①红砖、空心砖、混凝土墙 ②陶粒砌块、蒸压加气混凝土砌块、粉煤灰等轻质砌块墙 配比： 水泥：减水剂：砂：纤维：保水剂 1：(0.006～0.01)：(2.5～2.7)：0.002 4：0.001	①红砖、空心砖、混凝土墙 ②陶粒砌块、蒸压加气混凝土砌块、粉煤灰等轻质砌块墙 ③具有充分水养护的条件 配比： 水泥：减水剂：膨胀剂：砂：纤维 1：(0.006～0.008)：0.10：(2.5～2.7)：0.024	①空心砖墙 ②混凝土墙、轻质砌块墙 配比： 水泥：防水胶：砂：纤维 1：(0.10～0.20)：(2.5～2.7)：0.002 4	①空心砖墙 ②轻质砌块墙（轻集料混凝土小型空心砌块，蒸压加气混凝土砌块，普通加气混凝土小型空心砌块、粉煤灰砌块等） 配比： 聚合物粉：防水胶：砂：纤维 1：0.20：(2.5～2.7)：0.002 4

10.2 外墙保温体系及做法

10.2.1 概述

为了贯彻建筑节能精神，同时又保证人们工作和生活环境的舒适，轻型墙体得以大力提倡。但轻型外墙的保温问题也摆在了人们面前，亟待解决。

目前外墙保温体系，归纳起来，有以下几种：

(1) 外墙内保温体系

该体系是把保温材料放在建筑物外墙室内一侧。

(2) 外墙外保温体系

该体系是把保温材料放在建筑物外墙室外一侧。

(3) 复合墙体保温体系

该体系是把保温材料放在建筑物外墙和保护墙之间。

10.2.2 外墙内保温体系

(1) 简介

外墙内保温体系，细分又有以下几种：

1) 外墙内贴聚苯乙烯（以下简称聚苯）板，抹保护层。

此做法适用于混凝土墙、混凝土砌块墙、砖墙。

2) 抹保温砂浆：此做法适用于保温能力较好的砖墙、加气混凝土墙、陶粒混凝土墙等。

3) 复合保温板型：复合保温板型有下列几种类型：

①增强石膏聚苯复合板：它是以石膏为基料与适量水泥、珍珠岩、外加剂和水制成浆料，用中碱玻纤网格布增强，与阻燃型聚苯乙烯泡沫塑料板复合浇注而成。适用于砖墙或钢筋混凝土墙内保温做法，不适用于厨房、卫生间等潮湿环境，如图 10－1 所示（图中单位为毫米）。

②增强水泥聚苯复合板：它是以水泥为胶结料和砂子及适量

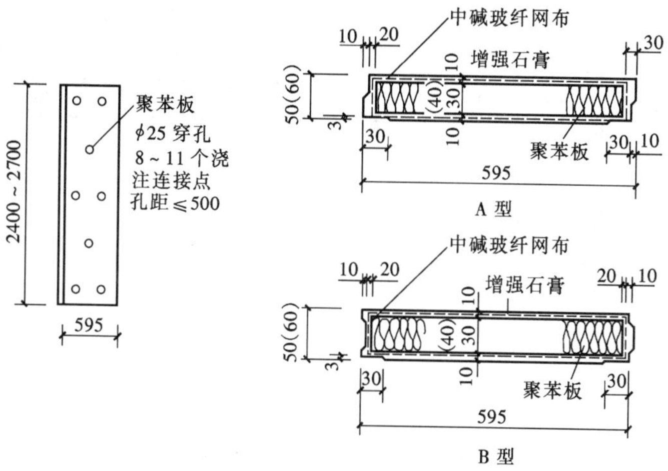

图 10-1　增强石膏聚苯复合板

的珍珠岩加水制成浆料，用耐碱玻纤网格布增强，与阻燃型聚苯乙烯泡沫塑料板复合浇注而成。适用于砖墙或钢筋混凝土外墙内保温，如图 10-2 所示（图中单位为毫米）。

③增强（聚合物）水泥聚苯复合板：它是由聚合物乳液、水泥、砂子配制成砂浆作为面层，用耐碱玻纤网布增强，与阻燃型聚苯乙烯泡沫塑料板复合而成。适用于砖墙或钢筋混凝土外墙的内、外保温，如图 10-3 所示（图中单位为毫米）。

（2）施工实例

1）粉刷石膏与聚苯板外墙内保温：这种施工方法解决了饰面层开裂难题，它是以聚苯乙烯泡沫塑料板为保温材料，以粘接石膏作为胶粘剂，以中碱玻纤网格布增强，用粉刷石膏罩面的一种新型保温体系。该体系广泛适用于各种民用及工业建筑的外墙内保温，同时也适用于楼梯间保温和地下室顶板的保温，它有以下特点：

①从结构上合理地消除了板缝间的冷(热)桥，热工性能好。

②罩面层采用干缩值低的粉刷石膏，双层玻纤网格布增强，

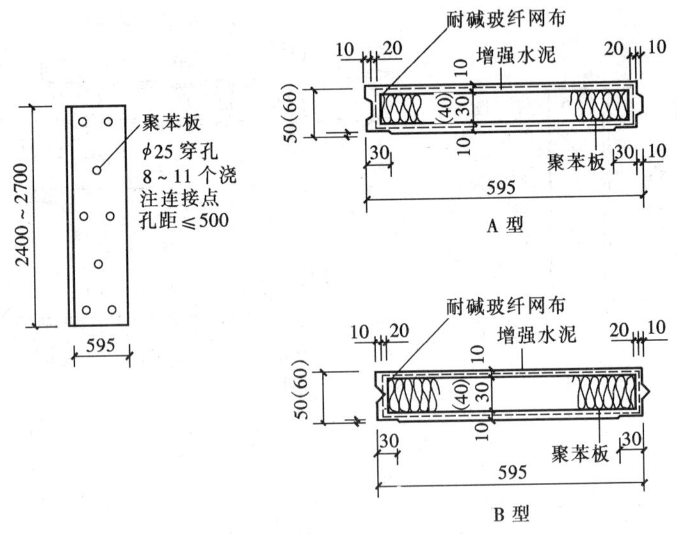

图 10-2 增强水泥聚苯复合板

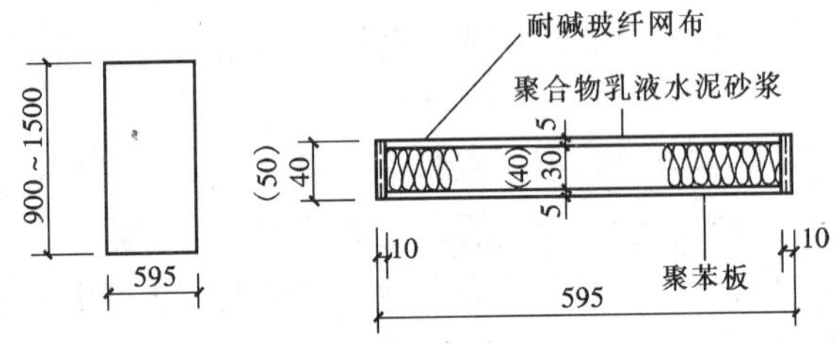

图 10-3 增强(聚合物)水泥聚苯复合板

既保证了保温墙体的强度，又避免了板缝及门、窗等部位的开裂。

③依靠粉刷石膏凝结硬化快的特点，可大大缩短施工工期。

④采用现场施工工艺，省出了工厂预制过程，降低了成本。

该体系的构造：

粉刷石膏与聚苯板外墙内保温体系由下列部分构成，如图

10－4所示。

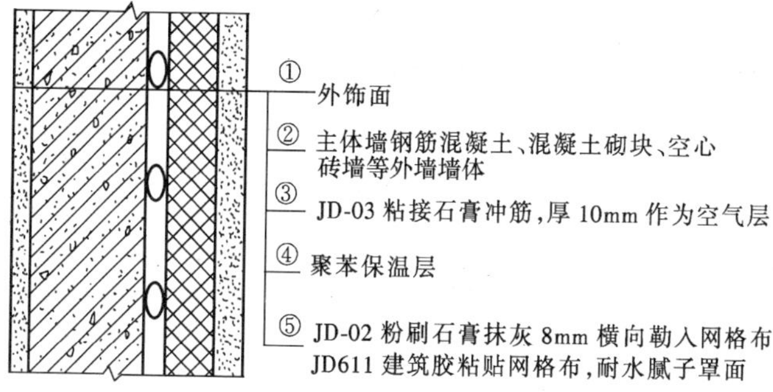

图 10－4　粉刷石膏与聚苯板外墙内保温体系构造

该体系所用材料：

根据北京市地方标准《增强粉刷石膏聚苯板外墙内保温施工技术规程》（DBJ/T 01—58—2001），对材料要求如下：

①自熄型聚苯板：自熄型聚苯板应符合《隔热用聚苯乙烯泡沫塑料》(GB 10801—89)标准中 ZR 阻燃型第一类要求，见表 10－2。

自熄型聚苯板性能要求　　表 10－2

项　目	指　标	项　目	指　标
表观密度 导热系数	18～20 kg/m³ ＜0.041W/（m·K）	厚度偏差 氧指数	±2 mm ≥30%

外墙内保温推荐规格：600 mm×900 mm，具体规格按设计施工要求确定，厚度按节能要求确定。

②粘接石膏：粘接石膏产品性能应符合表 10－3 规定的技术指标。

粘接石膏性能指标　　表 10－3

项　目	指　标
细度（2.5 mm方孔筛筛余）（%）	0
可操作时间/min	≥50
保水率（%）	≥70

续表

项　　目		指　　标
抗裂性		24 h 无裂纹
凝结时间/min	初凝时间	≥60
	终凝时间	≤120
强度/MPa	绝干抗折强度	≥3.0
	绝干抗压强度	≥6.0
	剪切粘接强度	≥0.5
收缩率（%）		≤0.06

③粉刷石膏：粉刷石膏产品性能应符合表 10 – 4 规定的技术指标。

粉刷石膏性能指标　　　　**表 10 – 4**

项　　目		指　　标
可操作时间/min		≥50
凝结时间/min	初凝时间	≥75
	终凝时间	≤240
保水率（%）		≥65
抗裂性		24 h 无裂纹
强度/MPa	绝干抗折强度	≥2.0
	绝干抗压强度	≥4.0
	剪切粘接强度	≥0.4
收缩率（%）		≤0.05

④耐水型粉刷石膏：耐水型粉刷石膏产品性能应符合表 10 – 5规定的技术指标。

耐水型粉刷石膏性能指标　　表 10－5

项　　目		指　　标
可操作时间/min		≥50
凝结时间/min	初凝时间	≥75
	终凝时间	≤240
保水率（%）		≥75
抗裂性		24 h 无裂纹
强度/MPa	绝干抗折强度	≥3.5
	绝干抗压强度	≥7.0
	剪切粘接强度	≥0.4
软化系数		≥0.6
收缩率（%）		≤0.06

⑤中碱网格布：其材料性能规格要求见表 10－6。

中碱网格布性能及规格要求　　表 10－6

项　　目	指　　标	
	A 型玻纤布（被覆用）	B 型玻纤布（粘贴用）
布重/（g/m^2）	≥80	≥45
含胶量（%）	≥10	≥8
抗拉断裂荷载	经向≥600 N/50 mm 纬向≥400 N/50 mm	经向≥300 N/50 mm 纬向≥200 N/50 mm
幅宽/mm	600 或 900	600 或 900
网孔尺寸/mm	5×5 或 6×6	2.5×2.5

⑥砂：应符合《建筑用砂、石》（GB/T 14684）规定的细度模数为 2.3～3.0 的建筑中砂，等级为合格品。

⑦耐水腻子：耐水腻子性能应符合北京市标准《建筑内墙用耐水腻子应用技术规程》（DBJ 01—48—2000），其技术指标见表 10－7。

耐水腻子性能指标 **表 10-7**

项目		技术指标	
		Ⅰ型	Ⅱ型
容器中状态		外观白色状、无结块、均匀	
料浆可使用时间/h		终凝不小于 2	
施工性		刮涂无困难、无起皮、无打卷	
干燥时间/h		≤5	
白度（%）		≥80	
打磨性		手指干擦不掉粉，用砂纸易打磨	
软化系数		不小于 0.70	不小于 0.50
耐碱性/24 h		无异常	无异常
粘接强度/MPa	标准状态	>0.60	>0.50
	浸水以后	>0.35	>0.30
低温贮存稳定性		-5 ℃冷冻 4 h 无变化，刮涂无困难	

⑧瓷砖粘接剂：其技术指标应符合《陶瓷墙地砖胶粘性》（JC/T 547—94）标准规定要求。

⑨建筑用界面剂：其技术指标应符合北京标准《建筑用界面处理剂应用技术规程》（DBJ/T 01—40—98）规定要求。

⑩网格布粘接剂：固定量≥5%，粘度≥40mPa·s。

⑪硅酸盐水泥和普通硅酸盐水泥：符合《硅酸盐水泥、普通硅酸盐水泥》（GB 175—1999）标准要求。

该体系施工工艺顺序：

表面清理→弹线→粘贴踢脚板→粘贴聚苯板→灰饼冲筋→抹罩面灰、表面勒入 A 型网格布→做窗口护角→粘贴 B 型网格布→刮耐水腻子。

该体系施工操作要点：

①清理基层：凡凸出墙面 10 mm 的砂浆、混凝土块都必须清理。

②弹线：根据楼板上的 500 mm 控制线及空气层与聚苯板的

厚度以及墙面平整度，在与外墙内表面相邻的墙面、顶棚和地面上弹出聚苯板粘贴控制线、门窗洞口控制线。

③粘贴聚苯板：粘接石膏与建筑中砂按体积比 4:1 配制成粘接石膏砂浆，用粘接石膏砂浆以梅花形在聚苯板上设置粘接点，沿聚苯板四周设矩形粘接条，同时在矩形条上预留排气孔，将聚苯板粘贴在墙上，留出 10 mm 左右空气层。

④抹灰、挂玻纤布：外墙内保温专用型粉刷石膏（JD —02）与建筑中砂按体积比 2:1 配制粘接石膏砂浆，用粉刷石膏砂浆直接抹灰，根据灰饼厚度控制在 7 ~ 8 mm，待灰饼硬化后，在聚苯板上用粉刷石膏砂浆直接抹灰，根据灰饼厚度用杠尺将粉刷石膏砂浆刮平，用抹子搓毛后，在抹灰层初凝前，横向绷紧被覆 A 型中碱玻纤网布，用抹子拍入到抹灰层内，然后搓平、压光。

⑤门窗洞口护角、厨房、厕所、踢角线做法：护角用水泥砂浆抹灰，其做法为：聚苯板表面先涂刷 JD —601 混凝土界面剂，然后用 1:2.5 水泥砂浆抹灰。压光时应注意把粉刷石膏抹灰层内表面甩出的玻纤布压入水泥砂浆面层内；预制踢脚板采用 JD —503 胶粘剂满贴，见图 10 - 5。厨房、卫生间等湿度较大的房间，用增强粉刷石膏。聚苯板体系作为内保温，但一定要用耐水型粉刷石膏（JD —05）砂浆做面层，粉刷石膏表面可用 JD —503 胶粘剂粘贴瓷砖；或者满刮两遍 I 型耐水腻子。

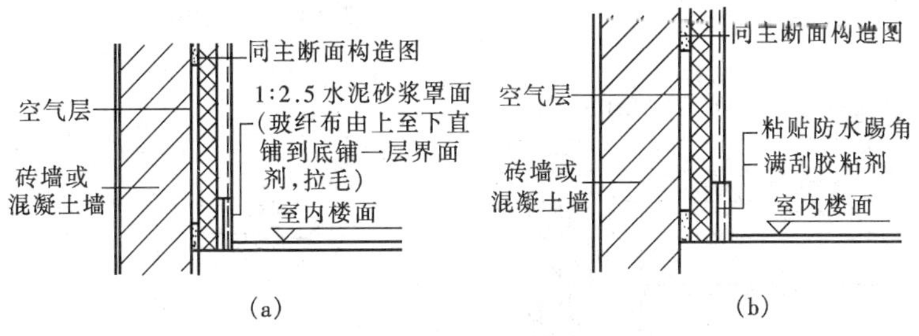

图 10 - 5　粉刷石膏与聚苯板外墙内保温踢脚线做法

（a）水泥踢脚线；（b）预制踢脚线

⑥粘贴玻纤布：待粉刷石膏抹灰层干燥后，用 JD—611 建筑胶在抹灰层表面绷紧粘贴 B 型中碱玻纤网布。

⑦刮耐水腻子：待 JD—611 建筑胶凝固硬化后，即可在网布上满刮两遍耐水腻子。

⑧非采暖楼梯间保温：按保温要求应在隔墙靠楼梯间一侧粘贴按热工设计要求的厚度的聚苯板用粉刷石膏玻纤布增强罩面。为提高保温体系的抗冲击性能，宜采用 JD 型粘接石膏满贴聚苯板做法，其他做法同外墙外保温。

⑨非采暖地下室顶板保温：采用 JD 型粘接石膏满贴按热工设计要求的厚度的聚苯板，用粉刷石膏抹灰 4～5 mm 罩面，其他做法同外墙保温。

⑩其他：其他部位见图 10－6 至图 10－14（图中单位为毫米）。

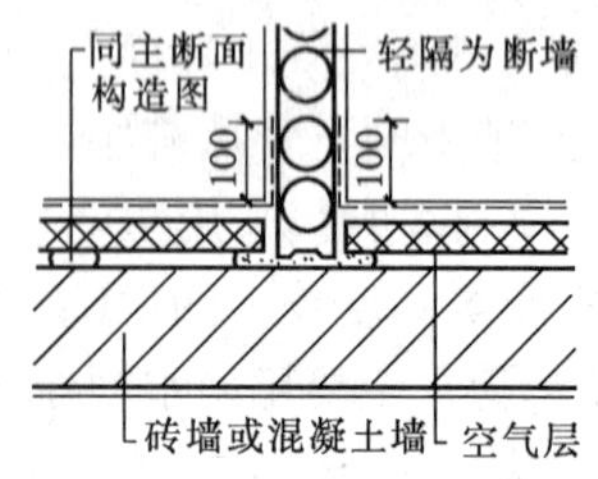

图 10－6　主墙与轻隔断墙交接

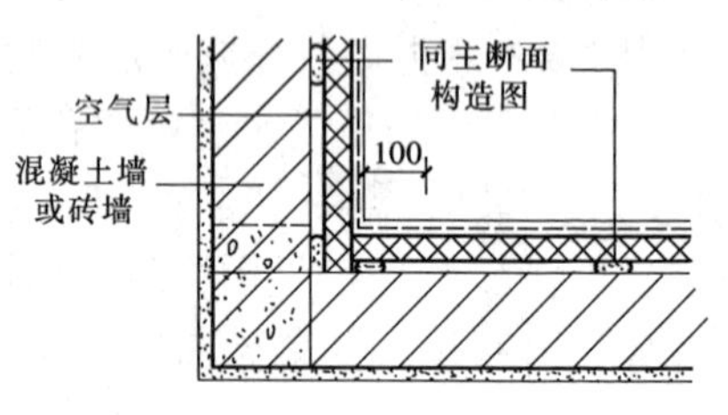

图 10－7　阴角

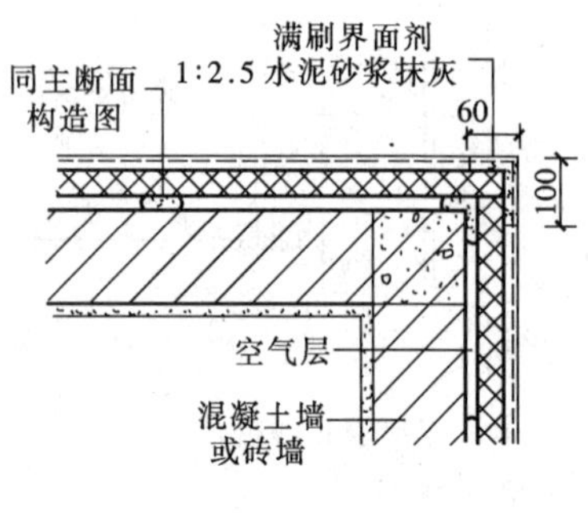

图 10－8　阳角

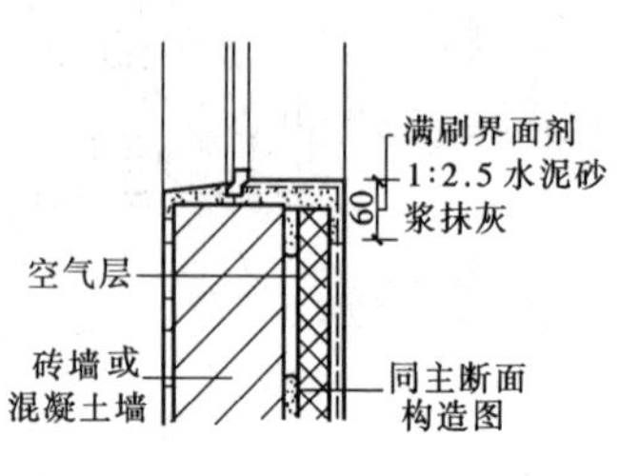

图 10－9　水泥窗台

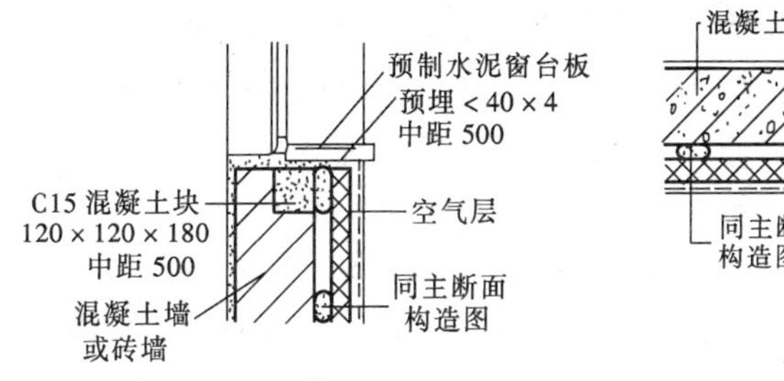

图 10－10　预制窗台板

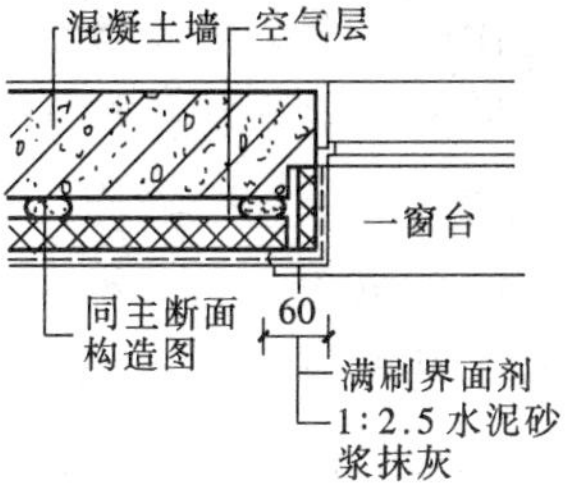

图 10－11　窗侧口

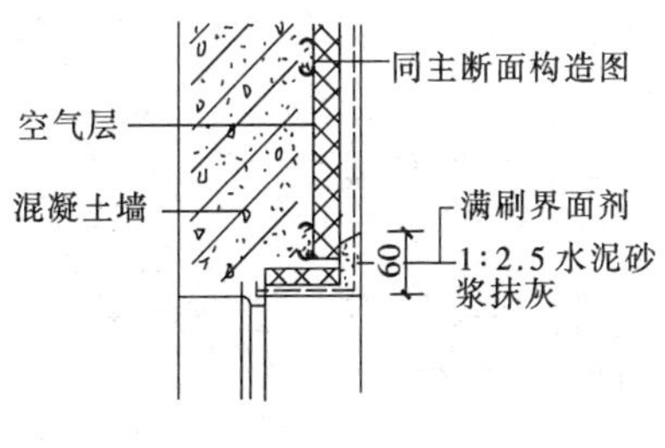

图 10－12　窗上口

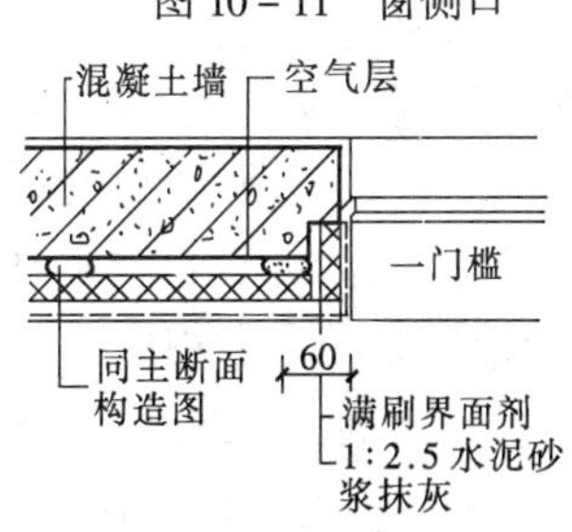

图 10－13　门侧口

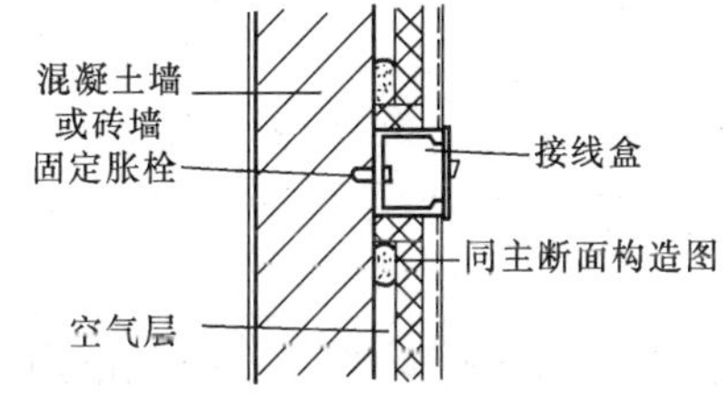

图 10－14　电气接线盒

2）ZL 胶粉聚苯颗粒保温砂浆料外墙内保温：

该施工技术的特点如下：

①ZL 胶粉聚苯颗粒保温浆料外墙内保温施工技术解决了保温浆料在现场抹灰施工中因材料配比不准确，导致保温效果不稳定、热导率波动、浆体材料滑坠、一次抹灰厚度太薄等问题；还解决了目前国内现有保温材料施工出现的“空”、“裂”问题。

②该技术分为保温层和抗裂保护层。保温层采用氢氧化钙及

二氧化硅加入少量硅酸盐水泥作为ZL胶粉主体，同时加入高分子胶粘剂、保水增稠剂等外加剂，在工厂均混配制按袋包装。将回收的非聚苯板粉碎均混按袋包装，1袋ZL胶粉料25 kg加1袋聚苯颗粒200L，使用时加34~36 kg水经搅拌即为一组浆料。一次抹灰厚度可达4~6 cm。粘结力强，不滑坠，干缩小。

抗裂防护层采用多种纤维加入抗裂砂浆内，采用涂塑耐碱网格布压入抗裂砂浆表面，增强表面张力，承受保温层产生的变形应力。采用同种材料做保温层冲筋，保温效果一致：采用ZL胶粉作为胶凝材料，解决石膏耐水差、水泥密度大等问题。该技术施工速度快，质量容易控制，整体性强，基层不用剔补；利用废聚苯板作为保温材料，减少白色污染，保护环境。

该体系中所用材料：

①界面剂：将32.5强度等级水泥、中砂、ZL-J 7005界面剂按1:1:1的配比（体积比）搅拌均匀成浆料。

②保温浆料：先在砂浆搅拌机内倒入34~36 kg水，然后倒入1袋25 kg ZL胶粉料，开机搅拌3 min，再倒入1袋200L聚苯颗粒轻骨料，再搅拌3 min，搅拌均匀倒出待用。

③抗裂砂浆：将32.5强度等级普通硅酸盐水泥、中砂、ZL-M 8009水泥砂浆抗裂剂按1:3:1的配比（体积比），用砂浆搅拌机搅拌均匀。

④柔性耐水腻子：按1份腻子胶、2份腻子粉的比例搅拌均匀成膏料备用。

该体系工艺顺序：

清扫墙面→涂刷界面剂→墙面冲筋→抹底层保温浆料（静置3 d）→抹面层保护浆料（静置3~7 d）→抹抗裂砂浆并将网格布压入其中→刮柔性耐水腻子→刷硅橡胶弹性底漆→做内饰面。

该体系施工操作要点：

①涂刷界面剂：用辊刷将配好的界面剂均匀地涂刷在基层墙面上，不得漏刷，不得刷得过厚。

②墙面冲筋：根据保温层厚度，将同等厚度的预制ZL胶粉

聚苯颗粒保温板用壁纸刀裁成30 mm宽的小条贴在墙上，以控制抹灰厚度，达到冲筋目的。冲筋应按50 cm水平线粘贴，向上每隔1m冲一道水平筋，然后适中地冲一些竖筋，也可以用保温浆料直接冲筋。

③抹保温浆料：保温浆料分两次抹。以厚度为50 mm为例，先抹35 mm，待干燥3天后再抹15 mm，第二遍保温浆料应找平，门窗洞口、阴阳角处应保证方正及垂直度。当保温浆料中含水量偏高时，一次抹保温浆料应控制在15 mm左右。

④网格布压入抗裂砂浆中：将网格布裁好，在保温浆料上抹抗裂砂浆，厚度控制在3 mm左右，用铁抹子将网格布压入抗裂砂浆内，网眼砂浆饱满度要求达到100%，网格布搭接长度大于50 mm，网格布的边缘严禁干搭接，必须嵌在抗裂砂浆中。阴角处网格布要求压茬搭接大于等于50 mm，阳角处则应压茬搭接为200 mm，搭接处网眼的砂浆饱满度要求达到100%。同时要抹平、找直，保持阴阳角方正和饱满度。

⑤刮柔性耐水腻子两遍，砂纸打磨，不露底留茬。

⑥刷硅橡胶弹性底漆，涂刷应均匀，不得漏刷。

该体系施工质量标准：

①抹灰层应达到《建筑工程质量检验评定标准》（GBL 301—88）中的有关要求。

②各构造层之间及界面剂与基层墙体之间必须粘接牢固，无脱层、空鼓、开裂等现象。

③抗裂砂浆表面光滑、洁净、颜色均匀、无抹纹；线角和灰线平直方正，达到初装饰要求。

④孔洞、线槽、线盒、管道等需后处理部位应做到尺寸正确、边缘整齐、光滑、平整。

⑤门窗框与墙体间缝隙填塞密实，表面平整。

⑥保温层允许偏差和抗裂砂浆罩柔性耐水腻子，面层允许偏差应符合表10－8的规定。

保温层和抗裂砂浆面层允许偏差　单位：mm　表 10－8

项　　目	允许偏差		检　验　方　法
	保温层	面层	
立面垂直	5	3	用 2 m 托线板检查
表面平整	4	2	用 2 m 靠尺和楔尺检查
阴阳角垂直	4	2	用 2 m 托线板检查
阴阳角方正	5	2	用 20 cm 方尺和楔尺检查

10.2.3　外墙外保温体系

（1）简介

外墙外保温与外墙内保温相比优点如下：

1）外墙内保温覆盖不了与外墙相交的内墙、楼板等处断面，这些地方形成冷桥；而外墙外保温就没有这个缺点，因此保温性能大大提高。

2）外墙外保温使外墙得到保护。

3）外墙外保温不占室内空间，使室内有效面积增加。

4）外墙内保温在火灾情况下，保温材料产生的毒气会释放到室内；外墙外保温没有这个缺点。

5）将复杂的墙体作业放在室外，不影响室内墙体管线安装等工序，有利于施工作业安排。

外墙外保温体系，细分亦有以下几种：

1）建筑物外墙外贴聚苯板，抹耐候保护层。此做法适用于混凝土墙、混凝土砌块墙、砖墙等。

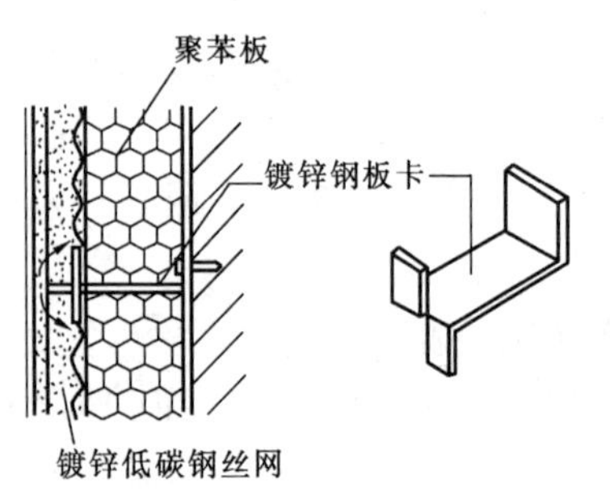

图 10－15　贴聚苯板外保温墙体构造

2）抹硅酸盐聚苯颗粒砂浆。此做法适用范围同上。

3）将保温层和结构层浇注在一起。此做法适用于大型混凝土墙。

4）保温层、保护层、饰面层三合一型。此做法的好处是：使板的生产实现工厂化，易保证质量，能加快施工进度。

(2) 施工实例

1) 贴聚苯板，抹耐候保护层，外墙外保温。

该体系的构造：

如图 10－15 所示。

该体系中所用材料：

根据北京市地方标准《外墙外保温用聚合物砂浆质量检验标准》(DBJ 01—63—2002)，对胶粘剂、抹面砂浆、养护时间要求如下：

①胶粘剂的性能应符合表 10－9 的规定。

胶粘剂的性能指标　　表 10－9

试验项目		性能指标
拉伸粘接强度（与水泥砂浆）/MPa	常温常态	≥0.70
	耐水	≥0.50
	耐冻融	≥0.50
拉伸粘接强度（与聚苯板）/MPa	常温常态	≥0.10 或聚苯板破坏
	耐水	≥0.10 或聚苯板破坏
	耐冻融	≥0.10 或聚苯板破坏
可操作时间/h		≥2

②抹面砂浆性能应符合表 10－10 的规定。

抹面砂浆性能指标　　表 10－10

试验项目		性能指标
拉伸粘接强度（与水泥砂浆）/MPa	常温常态	≥0.70
	耐温	≥0.50
	耐水	≥0.50
	耐冻融	≥0.50
拉伸粘接强度（与聚苯板）/MPa	常温常态	≥0.10 或聚苯板破坏
	耐水	≥0.10 或聚苯板破坏
	耐冻融	≥0.10 或聚苯板破坏
可操作时间/h		≥2
24 h 吸水量①/ (g/m^2)		≤1 000
柔韧性	水泥基：28 天压折比（抗压强度/抗折强度）	≤3.0
	非水泥基：开裂应变/%	≥1.5

续表

试　验　项　目	性　能　指　标
水蒸气透过湿流密度/$g \cdot m^{-2} \cdot s^{-1}$	≥1.00
抗裂性（厚度 5 mm 以下）	无裂纹
透水性（24 h）/mL	≤3.0

①如果 24 h 吸水量≤500g/m²，可不必做耐冻融试验。

该体系施工操作要点：

①墙面根据聚苯板的长、宽尺寸，沿横向（或竖向）接缝处放线，用水泥钉或胀管安装 1.5 mm 厚镀锌钢板卡，中距 600 mm。

②50 mm 厚聚苯板用聚合物砂浆粘贴，紧贴不留缝，粘贴时四周一圈抹砂浆，中间抹花点砂浆（粘贴面积为 30%）。

③用 $\phi1.2$ mm 镀锌低碳钢丝网，方孔或菱形孔，孔径 30 mm×30 mm，用 1.5 mm 厚冷弯镀锌燕尾钢板卡勾牢。

④8 mm 厚抗裂砂浆，留分格缝，缝宽 10 mm，水平缝可设在分层处或窗上皮，垂直缝结合外墙分格线，缝内用弹性嵌缝膏嵌严。

⑤用涂料等做饰面层。

2）抹硅酸盐聚苯颗粒砂浆，外墙外保温。

该体系施工操作要点：

①墙面清理后刷界面处理剂。

②抹 30 mm 厚硅酸盐聚苯颗粒浆料（水∶复合硅酸盐干粉料∶聚苯颗粒＝1∶1∶0.07，质量比），静置 3～7 d。

③弹横竖分格线，下分格条，包阴阳护角。

④抹 30 mm 厚硅酸盐聚苯颗粒浆料（水∶复合硅酸盐干粉料∶聚苯颗粒＝1∶1∶0.07，质量比），静置 3～7 d。

⑤使用 $\phi12$ mm 镀锌低碳钢丝网（方孔或菱形孔，孔径 30 mm×30 mm），用 1.5 mm 厚冷弯镀锌燕尾钢板卡勾牢。

⑥在 8 mm 厚抗裂砂浆（抗裂剂∶水泥∶中砂＝1.5∶1∶6，质量比）表面扫毛或划出纹道。

⑦涂刷养护液。

⑧用 3 mm 厚抗裂砂浆罩面（抗裂剂∶水泥∶中砂 = 1∶1∶3，质量比）。

⑨刮外墙抗裂耐水腻子。

⑩用涂料等作为饰面层。

以上保温层厚度是以北京地区为例，其他地区由热工计算确定。如果厚度超过北京地区数值很多，不宜采用。

3）将保温层和结构层浇注在一起，外墙外保温。

该体系的构造：如图 10－16 所示。

该体系施工操作要点：

①做立墙体钢筋网架。

②在 50 mm 厚的 900 mm×1200 mm聚苯板接缝处穿 12 号镀锌低碳钢丝与墙体钢筋网架绑扎，中距 600 mm，聚苯板接缝处做高低缝搭接。

③把聚苯板固定后，安装大模板（聚苯板在大模板内侧），浇注混凝土，养护、拆模等。

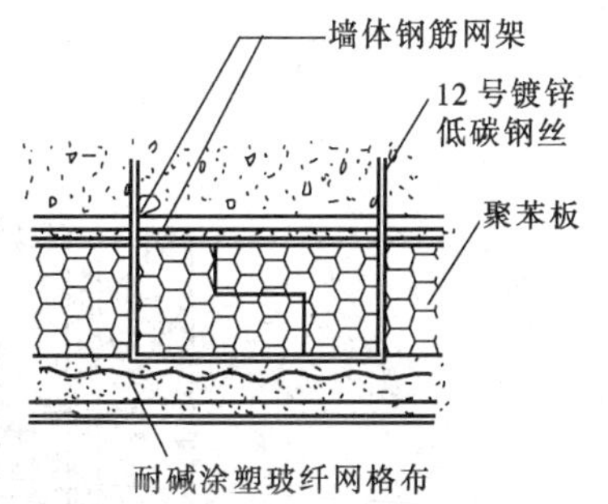

图 10－16　保温层和结构层浇注一起外保温墙体构造

（保温层厚度以北京地区为例）

④抹 8 mm 厚抗裂砂浆，其中压入耐碱涂塑玻纤网格布。

⑤涂料等作为饰面层。

4）保温层、保护层、饰面层三合一型，外墙外保温。

该体系的构造：如图 10－17、图 10－18 所示。

该体系施工工艺顺序：

以北京千束彩装饰服务有限公司为代表，其工艺如下：

在工厂生产出聚苯板保温层、树脂保护层、饰面层三合一的板材→将板材运到工地→在外墙面画线→安装托挂点→墙面、板面涂胶→将板托挂与粘贴，将板的位置调整到位→板缝嵌胶→涂保护膜。

此做法的好处是将板的生产实现工厂化，易保证质量，加快进度。

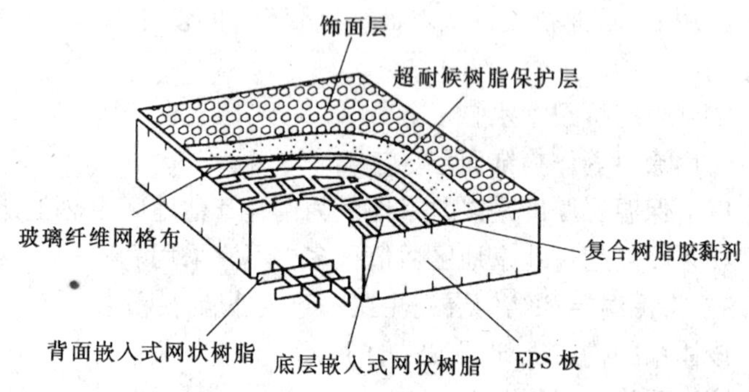

图 10－17　保温层、保护层、饰面层三合一板

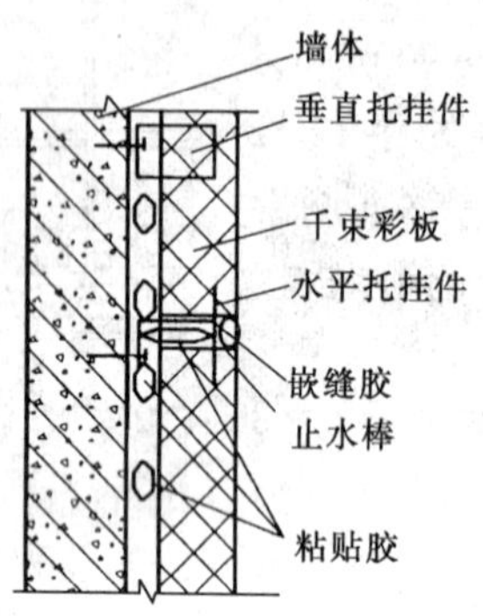

图 10－18　三合一板外
保温墙体构造

复习思考题

1. 简述轻质墙面抗裂砂浆抹灰的基本知识。
2. 简述外墙保温体系及做法。

11 施工组织设计

施工组织设计是用来指导施工过程中各项活动的一个技术、经济、管理等方面的综合性文件。

施工组织设计一般包括选择施工方案、编制进度计划、编制资源计划、施工场布图的设计及编制施工措施等内容。

11.1 选择施工方案

选择合理的施工方案是指导施工活动的核心，它包括施工方法和施工机械的选择、施工段的划分、工程开展的顺序和流水施工的安排等。

（1）熟悉设计资料和施工的条件

通过认真阅读图纸、交底与图纸会审等活动，明确施工任务。

在明确任务的同时，必须充分研究有关的施工条件和其他的有关资料。如施工场地的供水、供电与交通运输情况；施工现场的场地环境情况；劳动力、材料、配件、加工件的供应情况；施工机械的配备条件；现行施工技术规范等。

（2）明确施工展开的顺序

在施工组织设计中，应该根据施工的工程对象的特点、施工条件等，合理确定该项目的施工顺序。

（3）确定施工工序的名称

任何一个装饰工程的施工过程，都是由许多具体的工序来完成和组合的，每一个施工工序只能完成其中的一部分，所以必须确立这些工序相应的名称。

确立施工工序的名称，应根据劳动力投入的多少、操作工种的组合、操作特点综合考虑。一般投入的劳动数量较大，或以某一工种为主，或施工中具有比较明显的阶段性，分别列出并确定名称。对于劳动力投入量少，且为辅助性质的工序，可以不单独列出，合并到相应的工序中去即可。

(4) 确定施工过程的先后顺序

当各工序名称确定后，可以以此为单位，确定施工过程的先后顺序。

施工顺序的确定应该根据以下因素考虑：

1) 施工工序要求：各种施工工序之间，客观存在着工艺顺序关系，在确定顺序时，必须顺从这种关系。

2) 施工方法和施工机械的要求：施工方法的不同、施工机械的采用，都有可能影响一般的施工顺序，即改变施工顺序，或减少或增加一些工序。

3) 业主的要求：有些施工程序，是业主提出的要求，如先底层，后上层进行装饰，以便使底层尽早开业获得收益。

4) 施工质量与安全的要求：为了保证产品的质量，确保安全生产，须科学地决定相应工序的顺序。

(5) 计算工程量

工程量的计算必须与相应套用的定额口径相一致，并与各工序的名称基本一致。

计算工程量时，应根据设计图纸并结合有关资料进行。尽量做到使算出的工程量与实际工程量相一致。

根据工程量计算出相应的人工、材料、配件、机械台班等计划用量。

(6) 选择施工方法和施工机械

施工方法与施工机械的选择，是在技术上解决各施工工序的施工手段和工艺问题。从施工组织的角度，还应考虑到：施工方法的技术先进性与经济合理性的统一；施工机械的适用性与多样性的兼顾，并尽可能充分发挥施工机械的效率；施工单位的技术特点和施工习惯以及现有机械的可能利用情况。

(7) 编制施工方案

完成了上列各项工作后，可以编制施工方案。施工方案的格式一般如下：

1）标题：一般直书项目的名称。

2）分部或分项概况：说明工作内容、质量要求、工程特点、主要工作量以及相关的情况。

3）工艺流程：以各个工序的名称为单位，根据施工区段的划分，用流程图的形式画出其工艺流程。

4）主要工序的操作方案：对于主要的工序施工，编制相应的操作工艺和工艺标准。

5）方案说明：对方案编制具体实施中的要求，可以用文字加以说明。

11.2 编制进度计划

施工进度计划以施工方案为基础，根据规定工期和物资的供应条件，遵循各施工过程中的合理施工工艺程序，综合考虑而进行编制。它的任务是为各施工过程指明一个确定的施工日期，即时间计划。

(1) 时间计划

时间计划又称进度计划，既反映了工程开工与竣工的日期及总工期，又反映每一个工序的开始与结束时间。

进度计划的最终控制目标是工期的长短，所以工期和开、竣工日期，是编制进度计划的出发点和归宿点。

从宏观上看，工期的长短，与产品的质量、产品的成本有着密切的关系，对于每一个项目的施工工期，只能取其合理的科学的工期，才能取得恰当的质量水平，达到合理的成本底数，取得最好的效益。

(2) 流水作业

制定时间计划，与流水作业密切相关。所以在这里把“流水作业”的基本知识介绍如下：

1）提倡流水作业的目的：“流水作业”也称“流水施工”，是一种科学有效的工程项目的施工组织方法之一。它能使施工过程具有连续性和均衡性，充分利用工作时间和操作空间，取得较好的经济效益。

2）组织施工的三种方法：任何分部或分项工程的施工都可以分解成许多施工过程，通常又由一个（或多个）专业或混合施工班组负责进行施工。在每一个施工过程的施工活动中，都包括了劳动力和施工机具的调配、建筑装饰材料和构件的供应等组织问题。其中，最基本的是劳动力的组织安排问题。劳动力组织安排的不同，施工方法也不同。

例如，有 m 幢相同的房屋，要进行相同的装饰。在进行装饰施工时，通常有依次施工、平行施工、流水施工三种施工方法可供选择。

①依次施工：依次施工又称“顺序施工”，是指在第一幢房屋装饰完毕后，再进行第二幢房屋的装饰，第二幢房屋装饰完毕后，再进行第三幢房屋的装饰。即按照一定的先后顺序，一幢一幢地进行装饰施工。

依次施工虽然投入的劳动力和物资资源较少，但是施工专业队的工作具有间歇性，因而工期较长，如图11－1（a)所示。

②平行施工：平行施工是指所有的房屋装饰施工同时开工，同时竣工。

平行施工虽然工期可以大大缩短，但是施工的专业队数目却大大增加，其工作仍然有间歇，劳动力及物资资源量成倍增加，不利于资源供应的组织，增加了施工现场的管理难度，如图11－1（b)所示。

③流水施工：流水施工是将若干幢房屋装饰的施工陆续开工，陆续竣工，也就是进行搭接施工。

流水施工采用的是工业生产的“流水作业”，它既不是将若干幢房屋装饰的施工依次进行，又不是平行进行，而是把装饰施工的各施工过程搭接起来，使其中有若干幢房屋装饰处在同时施工状态，这样就使得各专业队的工作和物资资源的消耗具有连续性和均衡性，如图 11－1（c）所示。从图中可以看出，流水施工方法保留了依次施工和平行施工的优点，避免了它们的缺点。

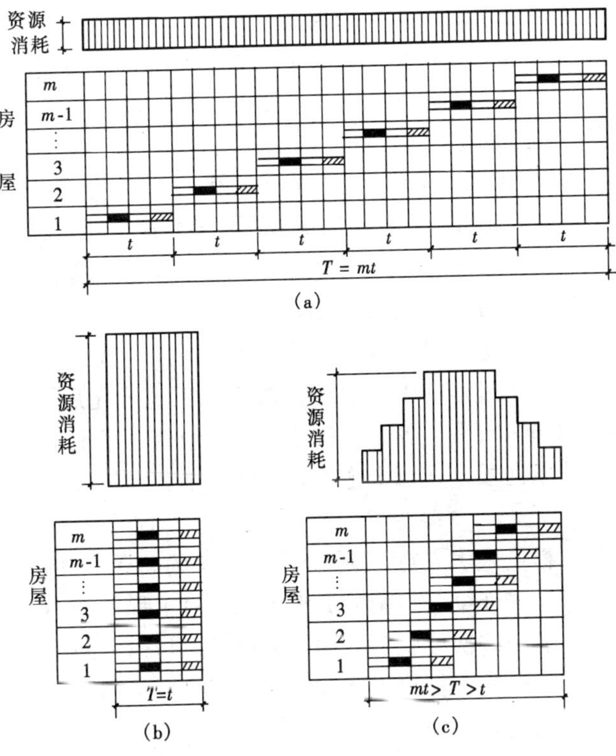

图 11－1　依次、平行和流水施工方法的比较

（a）依次施工；（b）平行施工；（c）流水施工

3）流水施工的优点：流水施工是组织施工的一种科学方法。它的最大优点是施工生产的连续性、均衡性。具体而言，主要表现在以下几个方面：

①由于各施工过程的施工班组生产的连续性、均衡性，以及各班组施工专业化程度高，不仅能提高工人的技术操作水平和熟

练程度，提高劳动生产率，而且也有利于施工质量的不断提高。

②流水施工能充分、合理地利用工作面，减少或避免“窝工”现象，在不增加施工班组的组数和人数的情况下，合理地缩短了工期。

③流水施工既有利于机械设备的充分利用及劳动力的合理安排和使用，又有利于物资资源的平衡供应，使其做到计划化和科学化，从而促进施工技术与管理水平的不断提高。

4）组织流水施工的要点：

①将拟施工任务划分为若干个分项工程；每一个分项工程又根据施工工艺要求、工程量大小、施工班组的组成情况，划分为若干个施工过程，每个施工过程组织独立的施工班组负责完成其施工任务。

②根据不同分项工程的施工要求，在其平面上或结构空间上划分为工程量相等（或相近）的若干施工区段（流水段）。

③每个施工过程的施工班组，按施工工艺的先后顺序要求，配备必要的施工机具，各自依次地、连续地从一个施工区段转移到下一个施工区段，在每个施工区段完成本施工过程相同的施工操作。

④对工程量较大、施工延续时间较长的若干个主要施工过程，必须组织好连续、均衡的流水施工；对工程量较小、施工延续时间较短的一些次要施工过程，可以考虑与相邻的施工过程合并为一个施工过程，如果不能合并，根据缩短工期的要求，可以安排为间断的施工。

⑤按施工的先后顺序要求，每一个施工过程的施工班组，除某些相邻的两个施工班组之间必须保留技术与组织间歇时间之外，在有工作面的条件下，不同的施工班组在不同的施工区段上，应尽可能组织平行搭接施工。

5）流水施工的主要参数：图 11－2（a）、（b）是用来表示施工进度计划的水平图表和垂直图表。图表中水平坐标表示时间，垂直坐标表示施工对象，水平线段或斜线线段表示施工过程的流水开展情况。为了描述流水施工在时间上和空间上的开展情况，特引入一些描述施工进度计划图表特征和各种数量关系的参数，称之为“流水参数”。

根据性质的不同，流水参数一般可分为工艺参数、空间参数和时间参数三种。

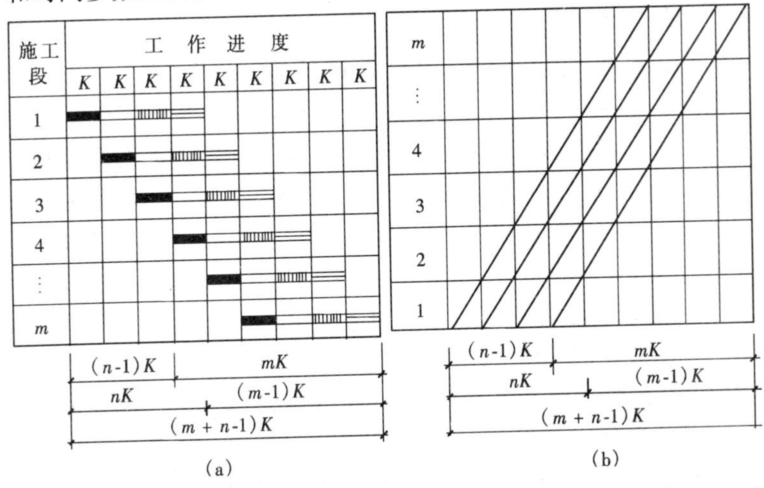

图 11－2　流水施工图表

(a) 水平图表；(b) 垂直图表

①工艺参数：

A. 施工过程数（n）：在组织流水施工时，首先应将施工对象划分成若干个施工过程。施工过程划分的数目多少和粗细程度，一般与下列因素有关：

a. 施工计划：对于长期计划及规模大、工期长的工程施工控制性进度计划，其施工过程划分可以粗一些；对于工期不长的工程施工实施性计划，其施工过程划分可以细一些，一般可划分至分项工程。

b. 施工方案：对于一些相同的施工工艺，应根据施工方案的要求，可以将它们合并为一个施工过程，也可以根据施工的先后分为两个施工过程。

c. 施工习惯与工程量：施工过程的划分与施工习惯有一定

的关系。例如，安装天然大理石地面及踢脚线施工，可以将它们合并为一个施工过程，它的施工班组就作为一个混合班组，也可以将它们分为两个施工过程，这时它们的施工班组为单一工种的施工班组。

同时，施工过程的划分还与工程量的大小有关。对于工程量小的施工过程，当组织流水施工有困难时，可以与其他施工过程相合并。

d. 施工的内容和范围：施工过程的划分与其工作内容和范围有关。例如，直接在施工现场进行的施工过程，可以划入流水施工过程，而厂外的施工内容（如零配件的加工）可以不划入流水施工过程。

B. 流水强度（V）：流水强度是指每一个施工过程在单位时间内所完成的工程量。也称为流水能力或生产能力。根据施工过程的主导因素不同，可以将施工过程分为机械施工过程和手工操作施工过程两种。

对于机械施工过程，其流水强度的计算公式为：

$$V = \sum_{1}^{x} N_i P_i$$

式中：N_i——某种施工机械台数；

P_i——该种施工机械台班生产率；

x——用于同一施工过程的主导施工机械的种数。

对于手工操作施工过程，其流水强度的计算公式为：

$$V = NP$$

式中：N——每一工作队工人人数（N应小于工作面上允许容纳的最多人数）；

P——每一工人的每班产量。

②时间参数：

A. 流水节拍（K）：一个施工过程在一个施工段上的持续时间，称为“流水节拍”。流水节拍的大小，决定着施工的速度和节奏，也是区别流水施工组织方式的特征参数。

流水节拍的确定方法有两种：一种是根据工期的要求来确定；一种是根据能够投入的劳动力、机械台数和材料供应量（即能够投入的各种资源）来确定。

a. 根据工期要求来确定的流水节拍：

$$K = \frac{M}{PN}$$

式中：M——某施工段的工程量；

P——每一工日或台班的计划产量；

N——施工人数或机械台数。

b. 根据能够投入的各种资源来确定的流水节拍：

$$K = \frac{Q}{N}$$

式中：Q——某施工段所需要的劳动量或机械台班数；

N——施工人数或机械台数。

在根据工期要求来确定流水节拍时，可以用上式算出所需要的人数或机械台班数。在这种情况下，必须检查劳动力和机械供应的可能性、材料物资供应能否相适应以及工作面是否足够等。

B. 流水步距（B）：两个相邻的施工过程先后进入流水施工的时间间隔，称为“流水步距”。

流水步距的大小，反映着流水作业的紧凑程度，对工期起着很大的影响。在流水段不变的条件下，流水步距越大，工期越长；流水步距越小，则工期越短。

③空间参数：

A. 施工段数（m）：在组织流水施工时，通常把拟装饰的工程在平面上划分为劳动量相等或大致相等的若干个段，这些段就叫“施工段”，又称“流水段”。每一个施工段在某一段时间内，只能供一个施工过程的工作队使用。

划分施工段的目的，是为了组织流水施工，保证不同的施工班组能在不同的施工段上同时进行施工，从而使各施工班组按照一定的时间间隔从一个施工段转移到另一个施工段进行连续施工。

划分施工段的基本要求如下：

a. 施工段的数目及分界要合理。施工段数目划分过少，会引起劳动力、机械、材料供应的过分集中，有时会造成供应不足的现象；若划分过多，则会增加施工持续总时间，而且工作面不能充分利用。施工段的分界要同施工对象的结构界限相一致。

b. 各施工段上所消耗的劳动量相等或大致相等（相差应在15%以内），以保证各施工班组施工的连续性和均衡性。

c. 划分的施工段必须为后面的施工提供足够的工作面。

d. 当施工对象有层高关系，分段又分层时，第一层的最少施工段数必须大于或等于其施工过程数。为使各施工班组能连续施工，即各施工过程的工作队做完第一层的第一段，能立即转入第二段，做完第一层的最后一段，能立即转入第二层的第一段，因此，每一层的最少施工段数 m_0 必须大于或等于其施工过程数 n。即：

$$m_0 \geqslant n$$

当 $m_0 = n$ 时，工作队连续施工，这时施工段上始终有工作队在工作，即施工段上无停歇，较理想。

当 $m_0 > n$ 时，工作队仍能连续施工，此时虽然会出现停歇的施工段，但不一定有害。

当 $m_0 < n$ 时，工作队就不能连续施工，会出现窝工，因此对一个建筑物的装饰施工组织流水施工是不适宜的。

B. 工作面（A）：工作面又称“工作线”（L），是指在施工对象上可能安置的操作工人或布置施工机械的地段。它是用来反映施工过程（工人操作、机械布置）在空间上布置的可能性的。

在确定一个施工过程必要的工作面时，不但要考虑前一施工过程为这一施工过程可能提供的工作面的大小，还必须要遵守施工规范和安全技术的有关规定。

6）流水施工的组织：流水施工要求必须有一定的节拍，流水施工的节奏是由流水节拍决定的。由于工程的多样性和各分部

（分项）工程的工程量的差异性，要想使所有的流水施工都能形成统一的流水节拍是很困难的。因此，在大多数情况下，各施工过程的流水节拍不一定相等，有的甚至同一个施工过程本身在不同的施工段上的流水节拍也不相等，这样就形成了不同节奏特征的流水施工。

根据流水施工节奏的不同特征，可以把流水施工划分为节奏流水和非节奏流水两大类。此处，仅以节奏流水为例介绍如下：

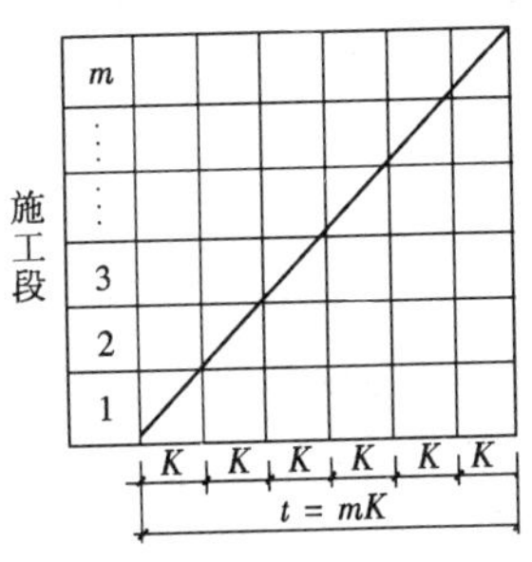

图 11－3　节奏流水

节奏流水又称“节拍流水”，是指同一施工过程在各个施工段上持续的时间（流水节拍）都相等的一种流水施工方式。节奏流水施工过程的施工进度线，在垂直图表上是一条斜率不变的直线，如图 11－3 所示。

任一节奏流水施工过程的总持续时间为：

$$t = mK = \frac{M}{V}$$

式中：t——施工过程的总持续时间；

K——流水节拍；

m——施工段数；

M——施工过程的总工程量；

V——流水强度。

在节奏流水施工过程中，各施工过程之间的流水节拍有的是相等的，有的是互成倍数的。流水节拍相等的施工流水，称为“等节拍流水”；流水节拍互成倍数的流水，称为“成倍节拍流水”。

①等节拍流水：等节拍流水是指同一施工过程在各个施工段上的流水节拍都相等，而且不同的施工过程在各个施工段上的流水节拍也相等的一种流水施工方式，如图 11－2 所示。为了缩短

工期，要求两个相邻的施工过程应当尽可能靠近，但是这种靠近有时要受到必要的工艺上和组织上的间歇和限制。对于无工艺间歇的节奏流水，只需要考虑组织间歇；对于有工艺间歇的节奏流水，除了要考虑组织上的间歇外，还要考虑工艺上的间歇。其施工所持续的时间，分别按下列方法进行计算：

A. 无工艺间歇的节奏流水：如图 11－2 所示，等节拍专业流水的持续时间为：

$$t = (n - 1)K + mK = (m + n - 1)K$$

式中：t——流水持续时间；

n——施工过程数；

m——施工段数；

K——流水节拍。

B. 有工艺间歇的节奏流水：有工艺间歇的节奏流水是指在某些施工过程之间存在着施工技术规范规定的必要的工艺间歇，如图 11－4 所示。

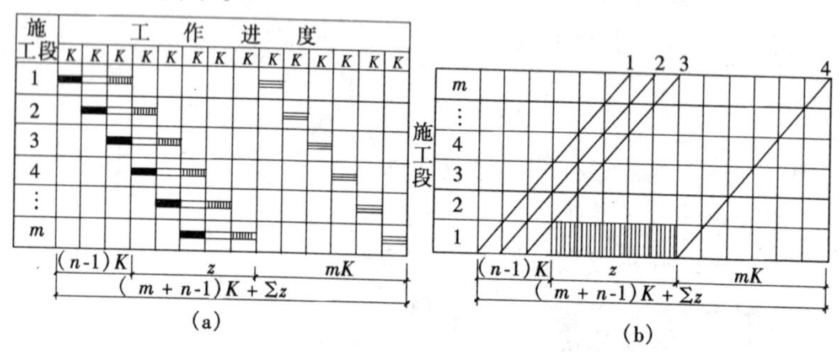

图 11－4　固定节拍专业流水图表（有工艺间歇）

（a）水平图表；（b）垂直图表

由于存在工艺间歇，因此其持续时间为：

$$t = (m + n - 1)K + \Sigma z$$

式中：Σz——工艺间歇的时间总和。

②成倍节拍流水：在组织流水施工时，由于工程量以及技术或组织上的原因，其流水节拍互成倍数，这样的流水称为“成倍

节拍流水”。例如，有六幢完全相同的住宅装饰，每幢住宅装饰施工的主要施工过程划分为室内地坪 1 周，内墙粉刷 3 周，外墙粉刷 2 周，门窗油漆 2 周，其施工进度表，如图 11 – 5 所示。显然，这是一个成倍节拍流水施工。这种流水施工方式，可以根据工期的不同要求，按成倍节拍流水组织施工。

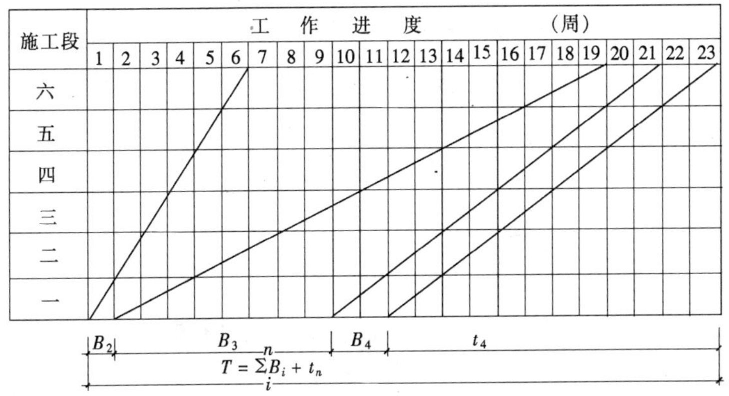

图 11 – 5 成倍节拍流水图表

如果该工期满足业主要求，而且各施工过程在工艺上和组织上都是合理的，那么这张图表就提供了一个可行的施工进度计划。

如果要缩短工期，加快施工进度，充分利用工作面，流水节拍大的施工过程可以相应增加班组数，可用图 11 – 6 表示。每个施工过程所需要的施工班组数，可用下式确定：

$$n_i = \frac{K_i}{K_{\min}}$$

式中：n_i——某施工过程所需班组数；

K_i——某施工过程的流水节拍；

$K_{\min}$——所有流水节拍中的最小流水节拍。

对于成倍节拍流水施工，任何两个相邻施工班组间的流水步距，均等于所有流水节拍中最小流水节拍，即：

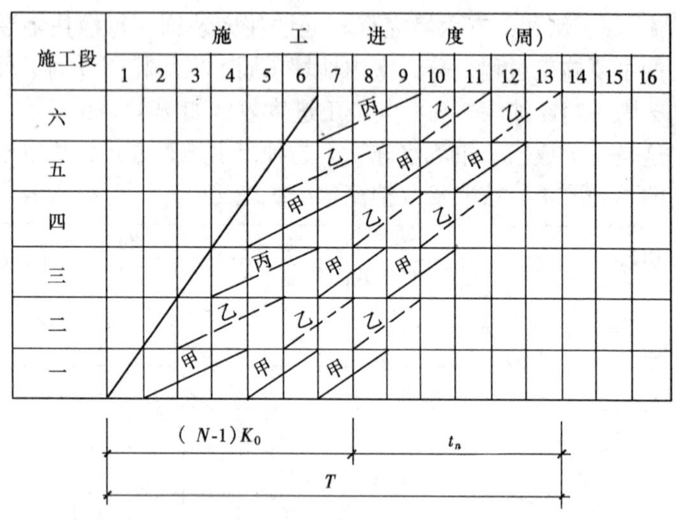

图 11－6　加快成倍节拍专业流水图表

$$B = K_{\min}$$

(3) 网络计划技术

网络计划主要是用来编制生产计划和工程施工的进度计划，并对计划进行优化、调整和控制，以达到缩短工期、提高工效、降低成本、提高经济效益的目的。其基本原理是：首先绘制工程施工网络图，以此来表达计划中各施工过程先后顺序的逻辑关系，通过计算机找出关键的线路及关键工作，选择优化方案，并付诸实施，最后在执行过程中进行有效地监督与控制。

1) 网络图：要完成一个工程或一项计划，需要进行许多施工过程或工作过程。用一个箭线表示一个施工过程，施工过程的名称写在箭线的上方，完成该施工过程所需要的时间（天、周）写在箭线的下方，箭尾表示施工过程的开始，箭头表示施工过程的结束。箭头和箭尾衔接的地方，画上圆圈编上号码，并用箭尾的号码 i 和箭头的号码 j 作为这个施工过程的代号 $i—j$，这种表示方式叫做“双代号表示法”，如图

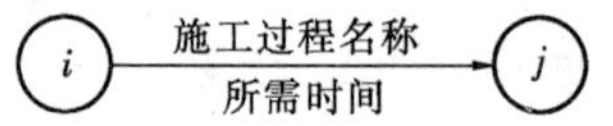

图 11－7　双代号表示法

11－7所示。

将所有施工过程根据施工顺序和相互关系，用“双代号表示法”从左向右绘制成的图形，称为“双代号网络图”，如图11－8所示。

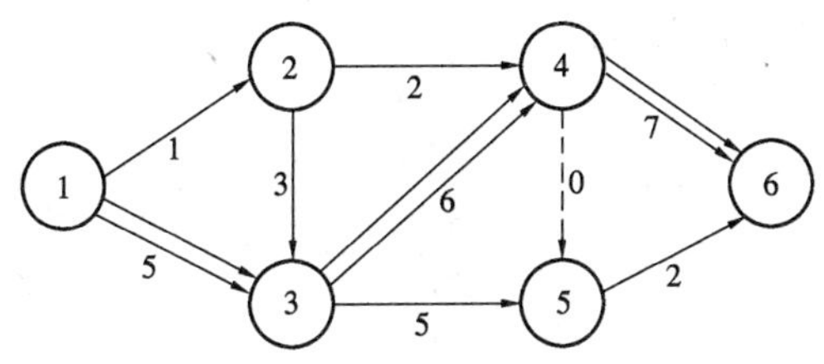

图 11－8　双代号网络图

2）活动（工作）：工作是网络图的组成部分，它既可以是一个简单的操作工序，也可以是一个复杂的施工过程或一项工程任务。

由于技术间歇所引起的“等待”，也可以称作一项工作，但它只消耗时间，不消耗资源。

为了说明某一项工作的开始（如图 11－8 中的工作 5－6）受另外一些工作（如图 11－8 中的工作 2－4 和 3－4）的结束的制约，通常使用虚箭线来反映这种关系，如图 11－8 中的工作 4－5 所示。

在网络图中，表示工作的箭线的长短一般不按比例绘制，它的长度及方向原则上可以是任意的，但在网络图上，它们必须按工作（工程、任务、施工过程）完成的顺序排列。

3）事件（结点）：在网络图中，表示工作的开始、结束或连接关系的圆圈，称为“事件”或“结点”。箭尾的事件，叫做“工作的起点（前面）事件”；箭头指向的事件，叫做“工作的终点（后面）事件”。因此，任何工作可以用前后两个事件的编码来表示。例如，图 11－8 中从事件 5 出发，箭头指向事件 6 的工作，可以用 5－6 来表示。

网络图中的第一个事件，称为“原始事件”，它表示一个工程（或一项计划）的开始；最后一个事件，称为“终点事件”，它表示一个工程（或一项计划）的结束；其余事件，都称为“中间事件”。任何一个中间事件既是其紧前诸工作的终点事件，又是其紧后诸工作的起点事件，如图 11-9 所示。因此，中间事件可以反映施工的形象进度。

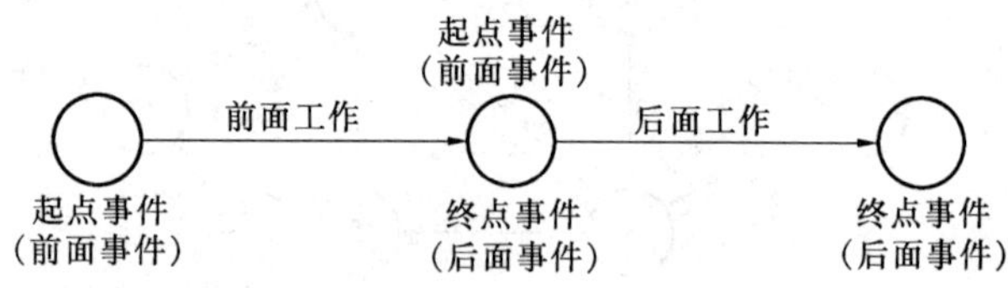

图 11-9　起点事件与终点事件

4）线路：从网络图的开始结点到终点结点，沿着箭线方向顺序，通过一系列箭线与结点的通路，称为“线路”。网络图的线路，可依次用该线路上的结点代号来记述，如图 11-8 中线路 1→2→3→4→6 等。同时，从图 11-8 中，还可以看出，从原始事件 1 到终点事件 6 之间，沿着箭线的方向有很多条线路，通过计算，可以找到工期最长的线路，这种线路就称为“关键线路”（临界线路），如图 11-8 中线路 1→3→4→6 就是关键线路；其余线路，称为“非关键线路”，如图 11-8 中线路 1→2→4→6 就是非关键线路。位于关键线路上的工作，称为“关键工作”。关键工作完成的快慢，直接影响着整个工程（计划）的工期（时间）。关键工作在网络图上通常用黑粗线或双箭线来表示，如图 11-8 所示。

有时在一个网络图上也可能出现几条关键线路，即这几条关键线路的施工持续时间都相等。

关键线路不是一成不变的，在一定条件下关键线路和非关键线路可以互相转化。例如，当关键工作的施工时间缩短，而非关键工作的施工时间拖延时，关键线路就有可能发生转移。

位于非关键线路上的工作，都有若干机动时间，这些机动时间称为“时差”。它意味着工作及事件完成的日期允许适当挪动而不影响工程（计划）的结束日期。

时差的大小具有很大的意义。这是因为，非关键工作可以在时差范围内放慢施工速度，增加工作的持续时间，将部分人力、设备等转移到关键工作上去，以加快关键工作的速度，或者在时差范围内，改变工作的开始和结束时间，以达到均衡施工的目的。

位于关键线路上的工作，在网络图中占的比重往往不大，愈是复杂的网络计划，工作和事件数量愈多，关键工作所占的比例就愈小。这样，就可以集中精力抓关键工作，以确保施工任务的顺利完成。

由此可见，根据工作、事件线路在网络图中的作用和地位，可以把工作、事件和线路称为“双代号网络图的三要素”。

5）横道计划与网络计划的比较：若某分部工程有三个施工过程，每个施工过程划分为三个施工段，其流水节拍分别为 $K_1 = 3$ d、$K_2 = 2$ d、$K_3 = 1$ d。该分部工程用横道图表示的施工进度计划，如图 11－10 所示；用网络图表示的网络计划，如图 11－11所示。

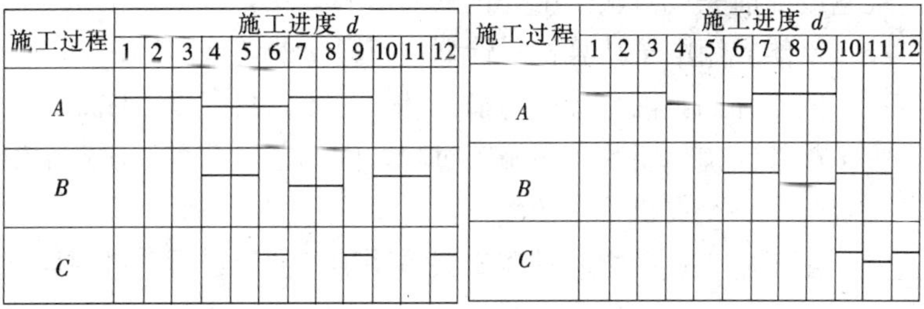

施工过程	施工进度 d											
	1	2	3	4	5	6	7	8	9	10	11	12
A												
B												
C												

（a）

施工过程	施工进度 d											
	1	2	3	4	5	6	7	8	9	10	11	12
A												
B												
C												

（b）

图 11－10　横道计划

（a）部分施工过程间断施工；（b）各施工过程连接施工

从图 11－10、图 11－11 中可以看出，横道计划是结合时间坐标线，用一系列水平线段分别表示各施工过程的施工起止时间及其先后顺序，而网络计划是由一系列箭线和结点所组成的网状

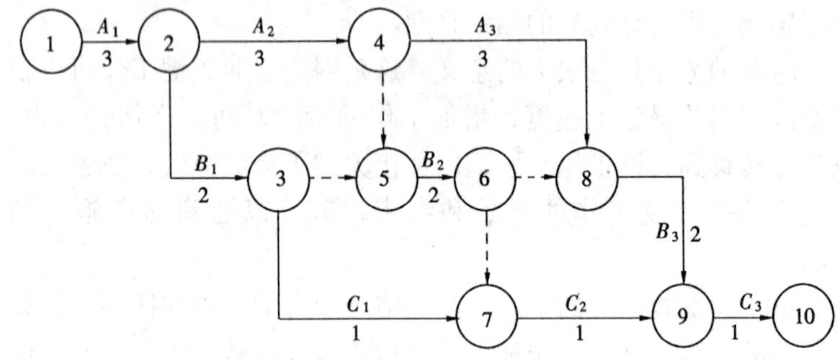

图 11－11　网络计划（双代号网络图）

图形来表示各施工过程先后顺序的逻辑关系。

①横道计划：横道计划编制比较容易，绘图比较简单，形象表达直观，排列整齐有序，有便于对劳动力、材料以及机具的需要量进行统计等优点，但是，它也存在着如下缺点：

• 不能直接反映出各施工过程之间的相互依赖和相互制约的关系。

• 不能反映关键线路和关键工作，不能够明确某一施工过程的推迟或提前完成对整个工程进度的影响程度。

• 不能应用电子计算机对计划进行科学的调整与优化。

②网络计划：网络计划与横道计划相比，具有以下优点：

• 能够明确地反映出各施工过程之间的逻辑关系，使各个施工过程组成一个有机统一的整体。

• 由于施工过程之间的逻辑关系明确，便于进行各种时间参数的计算，有利于进行定量分析。

• 能在错综复杂的计划中找出影响整个工程进度的关键施工过程，便于集中精力抓施工中的主要矛盾，确保按期竣工。

• 可以利用计算得出的某些施工过程的机动时间，更好地利用和调配人力、物力，以达到降低成本的目的。

• 可用电子计算机对复杂的计划进行计算、调整与优化，实现计划管理的科学化。

网络计划虽然具有以上优点，但是也存在着一些缺点。例如，表达计划不直观、不易看懂。

11.3 编制资源计划

项目的施工进度计划确定后，可以据此编制各主要工种劳动力需要量计划以及材料、配件、机械、设备的需要量计划，以利于及时组织劳动力和物资的适时供应，保证施工进度计划的顺利执行。

资源计划一般包括以下内容：

（1）主要劳动力需要量

将各施工过程中所需要的主要劳动力，根据施工进度计划的安排进行确定，进而编制出主要工种劳动力需要量计划。

（2）施工机械需要量

根据施工方案和施工进度确定施工机械的类型、数量、进出场时间。一般把项目工程施工进度表中每一施工过程每天所需的机械类型、数量和施工日期进行汇总，以得出施工机械需要量计划。

（3）主要材料及构件、配件需要量

材料需要量计划，主要为组织备料、确定仓库与场地堆放面积、组织运输等用。其编制方法是将预算中或进度表中各个施工过程所需材料名称、规格、使用时间并考虑到各种材料消耗定额进行计算汇总，即为每天（或每月、每旬）所需的材料数量。

构件、配件等的需要量计划，同样可参照上述材料需要量计划的方法编制。

11.4 施工场布图的设计

施工场地布置图，也简称场布图，指的是施工场地上物、料、机具、水电等设施布置设计图，是文明施工的一个重要方面，是有序管理的一项重要内容。

施工场布图一般用于比较复杂、重要的或较大型的工程项目上，由于项目对象不同，项目所处的环境条件不同，施工队伍的力量、技术特点不同，故每个操作场布图都不是相同的，在此只能叙述一些基本内容。

（1）场布图的设计依据

1）项目的具体内容：具体的项目工作内容，相应的工程量，所需的材料、设备、配件及施工的总工期等，必须有明确的相应定量概念。

2）所处的环境条件：项目场地的环境情况，如交通运输的道路、垂直运输的方法与能力、水电的配备情况，所能提供操作场地的可能条件。

3）施工的工艺方案：根据施工工艺方案，可以了解到采用的施工机具，各道工序的相互安排顺序，及有关对场布方面的直接和间接的要求。

4）有关的规定和规范：如防火要求、防噪声、防污染等方面的规定和规范。

（2）场布图设计的内容

1）运输道路与垂直运输的方式：考虑水平运输的主要方式，安排运输道路的位置，决定道路的具体宽度及相应的构造做法。

组织垂直运输的体系时，决定垂直运输的方式，确定垂直运输的机械类型、规格，并安排具体的布置点。

在考虑运输的体系时，必须尽量依靠原有的运输条件和运输设备，以降低成本。

2）材料、配件的堆放贮藏地：装饰中所用的材料、配件比较多，并且有的配件价格也贵，相应所需堆放贮藏的条件也较高，在场布图设计中，必须认真考虑，应该根据材料、配件的不同要求，选择合理的堆放、贮藏方式和地点。尤其是对于贵重饰件，必须配以专用的房间由专人负责贮藏。

3）各种用房：

①半成品的加工用房：在施工中，可能有半成品制作加工，则应设置专门的半成品加工场。

②工种用房：对于大型的分部工程，可能涉及多工种作业，则应在场布图设计中，安排相应的工具间等用房，以便各工种放置相应工具、施工设备。

③办公用房：在现场，一般应设置相应的办公用房，以便开展日常的施工管理工作。

以上各种用房，一般尽量安排在装饰项目中内部的空闲房间中，以便于管理，并节约相应的设置费用。

4）施工机械的操作运输及安置：在场布图设计中，必须仔细考虑主要的或大型的施工机械安置点，以有利于操作、运输、管理。

5）用电、用水线路：施工现场的用电、用水一般利用原有设施，若不够或没有，必须增设，以确保其供给。用电与用水设计，应该进行用电量和用水量计算，决定电路与管路的规格与规模。

6）其他问题：事实上，场布图随项目的规模变大，其设计的内容很多，例如，用餐、休息、卫浴、安全消防、纠察保卫、环境保护等，都应在场布图上得到应有的反映。

（3）场布图设计的步骤

1）学习阅读有关的文件与图纸：通过阅读有关的图纸、学习有关的文件，了解设计的依据，知道场布图设计中应该考虑的内容。

2）踏勘现场：深入到项目所在地，了解项目的客观条件和周围的环境情况。

3）构思方案：根据项目的要求和现场的环境条件，构思场布图的方案，并进行方案的优化处理。

4）绘制场布图图纸：把优化好的方案画成正式图纸，并编写相应的设计说明。

5）确认：把正式图纸交有关负责人审核签字后，则被确认，成为施工组织设计中的一个重要文件。

11.5 编制施工措施

（1）技术措施

施工组织中除一般的施工方案、施工方法外，若采用新结构、新材料、新工艺等，应单独编制施工技术措施。应掌握以下内容：

1）新结构、新工艺的详细图纸；

2）施工方法的特殊要求及工艺流程；

3）特殊环境下的施工措施；

4）技术要求和质量安全注意事项；

5）材料、构件和施工机具的特点、使用方法及注意事项等。

（2）质量保证措施

根据国家施工质量验收规范，针对工程特点编制保证质量的措施。在审查工程图纸和编制施工方案时，均应考虑保证工程质量的办法。一般来说，质量保证措施的内容主要包括：

1）确保关键工序施工质量的技术措施；

2）确保质量的组织措施，如人员培训、编制操作工艺卡及行之有效的质量检查制度等。

（3）安全措施

安全措施针对性要强。针对不同特点的施工可能给安全带来的危害；针对所采用的施工方法带来的不安全因素；针对选用的各种机械、设备、电气设施给施工人员带来的不安全因素；针对该工程采用的有害施工人员身体健康或有爆炸危险的特殊材料的使用特点；针对施工场地及周围环境给施工人员、周围居民及材料设备运输带来的危害，等等。总之，应在调查研究的基础上，根据以上特点编制安全保证措施，消除隐患，保证安全。

（4）降低成本措施

降低成本措施应结合本工程实际情况编制，计算有关技术经济指标。可按分部分项工程逐项提出相应的节约措施。对各项节约措施，分别列出节约工料数量与金额数字，以便衡量降低成本的效果。

(5) 现场文明措施

主要是指现场场容管理措施。

〔附〕施工组织设计的格式

(1) 名称

例如：××装饰工程施工组织设计。

(2) 工程概况

介绍工程的地址、原结构情况、简述有关结构及构造要求、相应的主要工作量等情况及设计造价。

(3) 施工方案

按各个主要的施工工序编写相应的施工方案。

(4) 场布图

设计场布图，并以文字加以简单说明。

(5) 施工进度计划

以网络图或水平横线表的方式，表达工程的施工进度计划，以显示工期、开工与竣工日期、各道工序的工作时间和日期及相应的工作量。

(6) 劳动力需要量计划表

以表格形式，显示出各工种的劳动力的总量及相应各旬(月、星期、天)的计划用量。

(7) 主要材料需要量计划表

以表格形式，显示出各主要材料、配件的总量及相应周(旬、月)的计划用量。

(8) 施工机械设备进出场计划表

以表格的形式，显示出各种机械、设备的数量与进出场日期计划。

(9) 技术措施

列举各项施工技术措施和具体做法。

(10) 质量保证措施

列出确保质量标准的各项具体措施。

(11) 安全措施

列出确保安全生产的各项措施。

(12) 工地施工体制与岗位人员配备

画出施工现场管理体制与运行机制及各岗位的具体负责人等显示图。

复习思考题

1. 简述选择施工方案的基本步骤及编写施工方案的一般格式。

2. 简述流水施工的优点及组织流水施工的要点。

3. 简述流水施工主要参数的有关基本知识。

4. 简述网络计划的基本知识。

5. 简述施工场布图设计的依据、内容及步骤。

6. 简述施工措施所包括的主要内容。

12 质 量 管 理

抹灰工程，在施工管理中有许多内容，而质量管理，则是其中最关键的内容之一。

质量管理作为现代管理中的一个十分重要的分支科学，始于20世纪20年代，先后经历了质量检验阶段、统计质量管理阶段、全面质量管理阶段。现代质量管理实质上就是全面质量管理。

12.1 全面质量管理

(1) 全面质量管理的概念

全面质量管理（简称TQC或TQM），是指企业为了保证和提高产品质量，运用一整套的质量管理体系、手段和方法所进行的全面的、系统的管理活动。它是一种科学的现代质量管理方法。

(2) 全面质量管理的基本要求

1) 全过程的质量管理：任何产品和服务的质量，都有一个产生、形成和实现的过程。质量产生、形成和实现的整个过程是由多个相互联系、相互影响的环节所组成的，每一个环节都或轻或重地影响着最终的质量状况。为了保证和提高质量就必须把影响质量的所有环节和因素都控制起来。形成一个综合性的质量管理体系。为此，全面质量管理强调必须体现如下思想：

①预防为主，不断改进的思想：产品质量是设计和生产制造出来的，而不是靠事后的检验决定的。全面质量管理要求把管理工作的重点，从“事后把关”转移到“事前预防”上来；从管结果转变为管因素，实行“预防为主”的方针，把不合格产品消灭在它的形成过程之中，做到“防患于未然”。当然，为了保证产品质量，防止不合格产品出厂或流入下道工序，并把发现的问题

及时反馈，防止再出现，加强质量检验在任何情况下都是必不可少的。强调预防为主、不断改进的思想，不仅不排斥质量检验，而且要求其更加完善、更加科学。

②为顾客服务的思想：顾客有内部和外部之分。外部的顾客可以是最终的顾客，也可以是产品的经销商或再加工者；内部的顾客是企业的部门和人员。实行全过程的质量管理要求企业所有各个工作环节都必须树立为顾客服务的思想。内部顾客满意是外部顾客满意的基础。因此，在企业内部要树立“下道工序是顾客”，“努力为下道工序服务”的思想。因此，要求每道工序的质量，都要经得起下道工序，即“顾客”的检验，满足下道工序的要求。

可见，全过程的质量管理就意味着全面质量管理要“始于识别顾客的需要，终于满足顾客的需要”。

2）全员的质量管理：

①产品质量和服务质量是企业各方面、各部门、各环节工作质量的综合反映。产品质量人人有责，人人关心产品质量和服务质量，人人做好本职工作，全员参加质量管理，才能生产出顾客满意的产品。

②要制订各部门、各级各类人员的质量责任制，明确任务和职权，各司其职，密切配合，以形成一个高效、协调、严密的质量管理组织系统。

③要开展多种形式的群众性质量管理活动，充分发挥广大职工的聪明才智和当家作主的进取精神。

3）全企业的质量管理：

①从组织管理的角度看，“全企业质量管理”就是要求企业各管理层都有明确的质量管理活动内容。

②从质量职能角度看，产品质量职能是分散在全企业的各部门中，要保证和提高产品质量，就必须将分散在企业各部门的质量职能充分发挥出来。

建立和健全全企业质量管理体系，是全面质量管理深化的重要标志。

4）多方面的质量管理：

影响产品质量和服务质量的因素越来越复杂：既有物质的因素，又有人的因素；既有技术的因素，又有管理的因素；既有企业内部的因素，又有随着现代科学技术的发展，对产品质量和服务质量提出越来越高要求的企业外部的因素。要把这一系列的因素系统地控制起来，全面管好。

上述“三全一多”，都是围绕着“有效地利用人力、物力、财力、信息等资源，以最经济的手段生产出顾客满意的产品”这一企业目标的，这是我国企业推行全面质量管理的出发点和落脚点，也是全面质量管理的基本要求。

(3) 全面质量管理的任务

建立和健全质量管理体系，通过企业经营管理的各项工作，以最低的成本、合理的工期生产出符合设计要求并使用户满意的产品。

全面质量管理的具体任务，主要有以下几个方面：

1）完善质量管理的基础工作。

2）建立和健全质量保证体系。

3）确定企业的质量目标和质量计划。

4）对生产过程各工序的质量进行全面控制。

5）严格质量检验工作。

6）开展群众性的质量管理活动。

7）建立质量回访制度。

(4) 全面质量管理的方法

全面质量管理的基本方法是PDCA循环工作法。它是由美国质量管理专家戴明博士于20世纪60年代提出的。

1）PDCA循环工作法基本内容：它是把质量管理活动归纳为四个阶段，其中共有八个步骤，即计划阶段（Plan）、实施阶段（Do）、检查阶段（Check）和处理阶段（Action）。

①计划阶段（P）：在计划阶段，首先要确定质量管理的方针和目标，并提出实现它的具体措施和行动计划。计划阶段包括四个具体步骤：

第一步：分析现状，找出存在的质量问题，以便进行调查研究。

第二步：分析影响质量的各种因素，找出薄弱环节。

第三步：在影响质量的诸因素中，找出主要因素，作为质量管理的重点对象。

第四步：制定改进质量的措施，提出行动计划并预计效果。

②实施阶段（D）：在这个阶段中，要按既定的措施下达任务，并按措施去执行。这也是 PDCA 循环工作法的第五个步骤。

③检查阶段（C）：这个阶段的工作是对措施执行的情况进行及时检查，通过检查与原计划进行比较，找出成功的经验和失败的教训。这也是 PDCA 循环工作法的第六个步骤。

④处理阶段（A）：处理阶段就是把检查之后的各种问题加以处理。这个阶段可分两个步骤：

第七步：正确地总结经验，巩固措施，制订标准，形成制度，以便遵照执行。

第八步：尚未解决的问题转入下一个循环，再来研究措施，制定计划，予以解决。

2）PDCA 循环工作法的特点：

①PDCA 循环像一个不断转动着的车轮，重复地不停地循环；管理工作越扎实，循环越有效，如图 12－1 所示。

②PDCA 循环的组成是大环套小环，大小环能不停地转动，但又环环相扣，如图 12－2 所示。

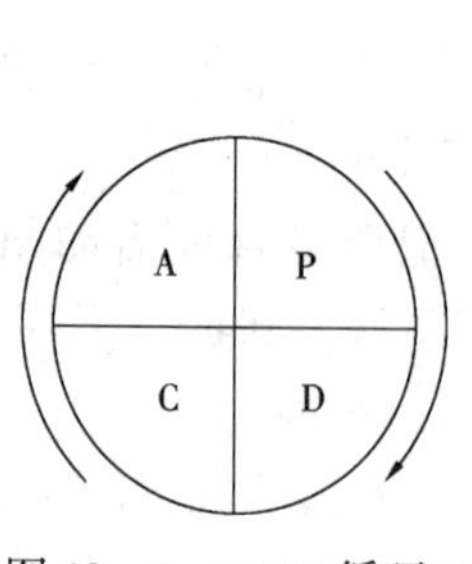

图 12－1　PDCA 循环工作法示意图

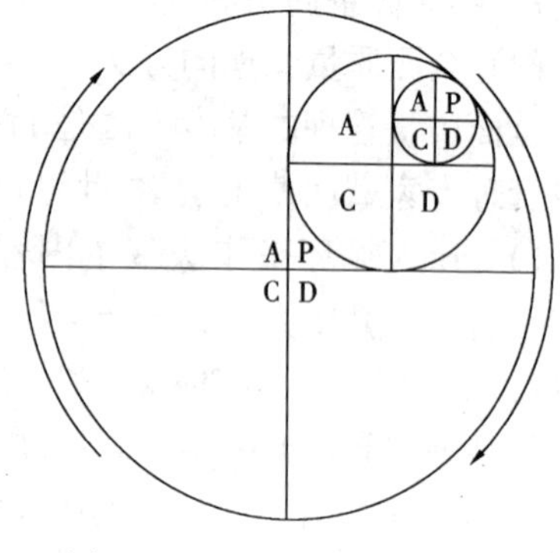

图 12－2　大环套小环示意图

例如，整个公司是一个大的 PDCA 循环，企业各部门又有自己的小 PDCA 循环，依次有更小的 PDCA 循环，小环在大环内转动，因而形象地表示了它们之间的内部关系。

③PDCA 循环每转动一次，质量就提高一步，而不是在原来水平上的转动，每个循环遗留的问题再转入下一个循环继续解决，如图 12－3 所示。

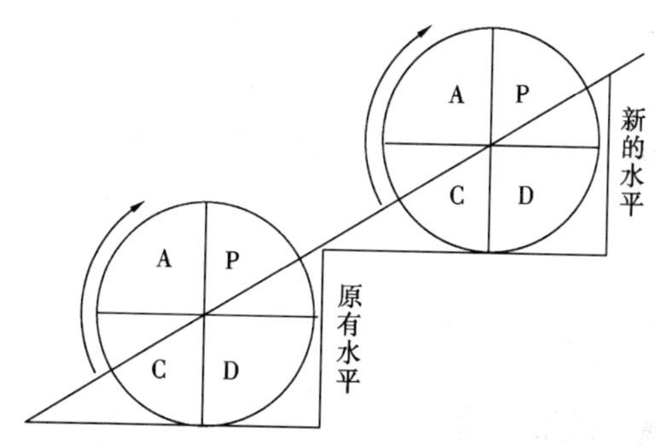

图 12－3　PDCA 工作循环阶梯形上升示意图

④PDCA 循环必须围绕质量标准和要求来转动，并且在循环过程中把行之有效的措施和对策上升为新的标准。

(5) 全面质量管理的基础工作

1）开展质量教育：进行质量教育的目的就是要使企业全体人员树立“质量第一，为用户服务”的观点，建立全面质量管理的观念，掌握进行全面质量管理的工作方法，学会使用质量管理的工具。

2）推行标准化：标准化是现代化大生产的产物。它是指材料、设备、工具、产品品种及规格的系列化，尺寸、质量、性能的统一化。标准化是质量管理的尺度，质量管理是执行标准化的保证。

3）做好计量工作：测试、检验、分析等计量工作是质量管理中的重要基础工作。没有计量工作，就谈不上执行质量标准；计量不准确，就不能判断质量是否符合标准。所以，开展质量管理，必然要做好计量工作。

4）搞好质量信息工作：质量信息工作是指及时收集反映产品质量和工作质量的信息、基本数据、原始记录和产品使用过程中反映出来的质量情况，以及国外同类产品的质量动态，从而为研究、改进质量管理和提高产品质量，提供可靠的依据。

质量信息工作是质量管理的耳目。其基本要求是：保证信息资料的准确性，提供信息资料的及时性。

5）建立质量责任制：就是把质量管理方面的责任和具体要求，落实到每一个部门和每一个工作岗位，组成一个严密的质量管理工作体系。

12.2 质量保证体系

（1）质量保证的概念

质量保证，是指企业向用户保证提供产品在规定的期限内能正常使用。按照全面质量管理的观点，质量保证还包括上道工序提供的半成品保证满足下道工序的要求，即上道工序对下道工序实行质量担保。

质量保证体现了生产者与用户之间、上道工序与下道工序之间的关系。通过质量保证，将产品的生产者和使用者密切地联系在一起，促使企业按照用户的要求组织生产，达到全面提高质量的目的。

用户对产品质量的要求是多方面的，它不仅指交货时的产品质量，还包括在使用期限内，产品的稳定性以及生产者提供的维修服务质量等。

由于质量保证的建立，使企业内部各道工序之间、企业与用户之间有了一条质量纽带，带动了各方面的工作，为不断提高产品质量创造了条件。

（2）质量保证体系的概念

所谓质量保证体系，就是企业为保证提高产品质量，运用系统的理论和方法建立的一个有机的质量工作系统。

质量保证体系是全面质量管理的核心。全面质量管理实质上就是要建立质量保证体系，并使其正常运转。

（3）质量保证体系的内容

1）施工准备过程的质量保证：

①严格审查图纸。避免设计图纸的差错给工程质量带来影响。

②编制好施工组织设计。

③搞好技术交底工作。

④严格材料、构配件和其他半成品的进场复验工作。

⑤做好施工机械设备的检查维修。

2）施工过程的质量保证：

①加强施工工艺管理。严格按照设计图纸、施工组织设计、施工验收规范、施工操作规程施工，坚持质量标准，保证施工质量。

②加强施工质量的检查和验收。坚持质量检查和验收制度，按照质量标准和验收规程，对已完工的分部分项工程，特别是隐蔽工程，及时进行检查和验收。

③掌握工程质量的动态。通过质量统计分析，找出影响质量的主要原因，针对质量波动的规律，采取相应对策，防止质量事故发生。

3）使用过程的质量保证：

①及时回访。工程交付使用后，企业要组织对用户进行调查回访，认真听取用户对施工质量的意见，收集有关资料，并对用户反馈的信息进行分析，从中发现施工质量问题，了解用户的要求，采取措施加以解决并为以后工程施工积累经验。

②保修。对于施工原因造成的质量问题，在保修期内要做好维修，以取得用户的信任。

（4）质量保证体系的运行

质量保证体系在实际工作中是按照 PDCA 循环工作法运行的。

12.3 ISO 9000 基本知识

ISO 9000 国际标准是各国质量管理和质量保证经验的总结，是各国质量管理专家智慧的结晶。2000 年 12 月 28 日，国家正式发布 GB/T 19000—2000、GB/T 19001—2000、GB/T 19004—2000 三个标准。在 2000 版 ISO 19000 标准中提出了质量管理八项原则。这八项原则反映了全面质量管理的基本思想。

(1) 以顾客为关注焦点

顾客是决定企业生存和发展的最重要因素，服务于顾客并满足他们的需要应该成为企业存在的前提和决策的基础。为了赢得顾客，企业必须首先深入了解和掌握顾客当前的和未来的需求，争取更多的潜在顾客。

(2) 领导作用

企业领导必须将自己企业的宗旨、方向和内部环境统一起来，并创造使员工能够充分参与实现企业目标的环境，从而带领全体员工一道去实现目标。

(3) 全员参与

产品和服务的质量是企业中所有部门和人员工作质量的直接或间接的反映。因此，企业的质量管理不仅需要最高管理者的正确领导，更重要的是全员参与。在全员参与过程中，团队合作是一种重要的方式，特别是跨部门的团队合作。

(4) 过程方法

质量管理理论认为：任何活动都是通过“过程”实现的。通过分析过程、控制过程和改进过程，就能够将影响质量的所有活动和所有环节控制住，确保产品和服务的高质量。

(5) 管理的系统方法

开展质量管理要用系统的方法，这种方法应该体现在质量管理工作的方方面面，在建立和实施质量管理体系时尤其如此。

(6) 持续改进

质量管理的目标是顾客满意。顾客的需要是在不断提高的，因此，企业必须要持续改进才能持续获得顾客的支持。

（7）基于事实的决策方法

为了防止决策失误，必须以事实为基础。为此必须广泛收集信息，用科学的方法处理分析数据和信息。坚持以事实为基础进行决策。

（8）与供方互利的关系

在目前的经营环境中，企业与企业已经形成了“共生共荣”的生态系统。企业之间的合作关系不再是短期的、甚至一次性的合作，而是要致力于双方共同发展的长期合作关系。

12.4 质量的检验

（1）开工前检查

负责质量检查人员在开工前，要配合施工人员进行下列检查：

1）设计文件施工图纸是否能满足施工需要。

2）施工放样是否完善、准确。

3）材料是否符合施工规范和设计要求。

4）其他施工准备工作。

（2）施工中检查

公司技术负责人、施工质量检查人员，在施工中要定期进行有关检查，重点工程应邀请设计人员参加检查，发现问题及时采取措施处理。如：

施工操作方法和工程质量是否符合有关施工规范要求；

施工原始记录是否完善，记载是否确实；

工地材料试验是否按规定进行，试验结果是否符合要求等。

（3）隐蔽部位检查

施工中重要的隐蔽部位，必须经过上一级技术负责人或负责质量人员检查合格，填写隐蔽检查证后，方可继续进行下一级工序施工。

(4) 交工检查

工程项目竣工并备齐竣工图纸文件时，应报请主管单位及有关单位派员到场进行初验。初验时，应根据标准的设计文件，对工程项目和安全设施及其他附属设施的质量，认真进行全面检查，并作出记录。

质量检查要坚持“专职检查和群众检查相结合，而以专职检查为主”的方针。在搞好班组自检、互检和交接班检查的同时，专职检查机构和人员必须从施工准备到竣工验收各个环节进行严格的检验，对检验工作负全部责任。

质量检验要采用多种形式，实行定期检查和突击检查相结合。

12.5 质量的评定

(1) 质量评定的标准

质量评定，要严格依据国家颁布的相应验收规范或标准执行。目前国家已颁布的与抹灰工程有关的施工质量验收规范有：

《建筑装饰装修工程质量验收规范》(GB 50210—2001)

《建筑地面工程施工质量验收规范》(GB 50209—2002)

(2) 质量评定的等级

以建筑装饰装修工程为例，质量等级分为“合格”和“优秀”两级。对于经检查为不合格的工程项目必须返工，返工修理后重新评定。

(3) 评定相应等级的条件

随着工程或产品的内容不同，其相应等级的条件，亦不相同；随着地域的不同，其相应等级的条件，亦有所差异。有关具体条件，可到各地相应行业质检部门查询，按相应规定执行便是。

复 习 思 考 题

1. 简述全面质量管理的概念及基本要求。

2. 简述 PDCA 循环工作法的基本内容。

3. 简述全面质量管理基础工作的主要内容。

4. 简述质量保证体系的概念及主要内容。

5. 简述质量管理的八项原则。

6. 简述质量检验和评定的基本知识。

13 工程概预算

13.1 工程概预算概念

抹灰工程属装饰装修工程系列，此处，就其概预算的一些基本知识介绍如下：

一提起“概预算”，人们常直观地只理解为“概算”、“预算”。实际上，根据其编制阶段、编制依据和编制目的不同，可分为项目投资估算、设计概算、施工图预算、招投标价格、施工预算、工程结算、竣工决算等。

(1) 投资估算

投资估算是指在项目建议书和可行性研究阶段，由建设单位或其委托的咨询机构根据项目建议、估算指标和类似工程的有关资料，对拟建工程所需投资预先测算和确定的过程。投资估算是决策、筹资和控制造价的主要依据。

(2) 设计概算

设计概算是设计文件的重要组成部分，是在投资估算的控制下由设计单位根据初步设计图及说明，概算定额（或概算指标）、各项取费标准，设备、材料预算价格等资料编制和确定的建设项目从筹建到交付使用所需全部费用文件，概括起来讲，就是根据设计要求对工程造价的概略计算。设计概算是工程项目投资的最高限额。

概算按编制先后顺序和范围大小可分为单位工程概算、单项工程综合概算和建设项目总概算三种。

(3) 施工图预算

施工图预算又称设计预算，是由设计单位（或中介机构、施工单位）在施工图设计完成后，根据施工图、现行预算定额等而编制的工程造价的技术经济文件，它应控制在设计概算确定的造价之内。

(4) 招投标价格

招投标价格是指在工程招投标阶段，根据工程预算价格和市场竞争情况等，由建设单位或委托相应的造价咨询机构预先测算和确定招标标底，投标单位编制投标报价，再通过评标、定标确定的合同价。

(5) 施工预算

施工预算是指施工企业在工程施工阶段，根据施工图、施工定额及相应施工组织设计，计算和确定完成一个单位工程中的分部分项工程所需的人工、材料、机械台班消耗量及其相应费用的经济文件。

(6) 工程结算

工程结算是指承包商在工程施工过程中，依据承包合同中关于付款条件的规定和已经完成的工程量，并按照规定的程序向建设单位（业主）收取工程价款的一项经济活动。工程结算是该工程的实际价格，是支付工程价款的依据。

(7) 竣工决算

竣工决算是指在工程竣工验收交付使用阶段，由建设单位编制的建设项目从筹建到竣工验收、交付使用全过程中实际支付的全部建设费用。竣工决算是整个建设工程的最终价格，是作为建设单位财务部门汇总固定资产的主要依据。

13.2 工程定额

(1) 工程定额的定义

所谓工程定额，是指在正常生产条件下，完成单位合格产品所必需消耗的人工、材料、机械及其资金的数量标准。

(2) 工程定额的作用

1) 定额是企业计划管理的依据：企业为了组织和管理施工

生产活动，必须编制各种计划。而计划的编制就要依据定额来进行，在编制施工进度计划、下达施工任务单、限额领料单，计算劳动力、各种材料、机械设备等的需用量时，均应以工程定额为编制依据。

2）定额是确定工程造价和进行技术经济评价的依据。

工程造价是根据设计图及有关规定，并依据定额规定的人工、材料、机械台班的消耗数量和单价来计算的，因此，定额是确定工程造价的依据。

3）定额是加强企业科学管理，贯彻按劳分配，搞好经济核算的依据。

为了分析和比较施工生产中的各种消耗，进行工程成本核算时，必须以定额为标准，不断降低各种消耗，降低工程成本，提高企业的经济效益。

4）定额是总结、分析、改进生产方法，提高劳动生产率的重要手段。

定额明确规定了工人和班组完成一定工程内容的人工、材料及机械台班的消耗量，要想超过定额水平，企业就必须带领班组，努力提高技术水平，改进劳动组织，采用先进的生产方法，降低消耗，提高劳动生产率。

（3）工程定额的特性

在社会主义市场经济条件下，定额主要有以下四个方面的特性：

1）科学性：定额的科学性首先表现在用科学的观点和方法制订定额。制订定额要充分考虑客观施工生产技术和管理方面的条件。在分析各种影响工程施工生产消耗因素的基础上，定额的内容、范围、体系和水平既要适应社会生产力发展水平的需要，又要尊重工程建设中的生产消耗。

2）权威性：工程定额均由国家主管部门批准颁发，具有经济法规的性质，凡属于执行范围内的所有单位都必须严格遵照执行，未经定额主管部门许可，不得随意改变定额的内容和水平。

随着投资主体和投资渠道的多元化，企业所有制结构的变化，建设项目竞争报价和建设产品商品化，定额的法令性已有淡化的趋势。但是，应该看到，定额在相当大的范围内和相当长的时间里，仍将具有很大的权威性。

定额的权威性是建立在采用先进科学的制订方法基础上的，定额能正确反映本行业的生产力水平，符合社会主义市场经济的发展规律。

3）群众性：定额的群众性是指定额的制订和执行都必须有广泛的群众基础。

4）稳定性和时效性：任何一种定额都是在一定时期的生产力水平下的反映，因而在一定时期内，定额都表现出稳定性。

但是定额的稳定性是相对的，随着生产力的发展，定额就会逐渐不适应当前的生产力水平，有一个由量变到质变的过程，当定额不能再起到促进生产力发展的作用时，定额就需要重新修订编制了，即定额的时效性。定额的稳定期一般在 5 年左右。

此外，在同一定额内，不同的内容，其稳定性和时效性的强弱也不同，一般来说，工程量计算规则稳定性强一些，而人工、材料和机械台班价格则时效性强一些。

(4）工程定额的分类

1）按生产要素分类：生产要素包括劳动者、劳动手段和劳动对象三部分，与其相对应的定额是劳动定额（又称人工定额）、材料消耗定额和机械台班使用定额。该三种定额被称为三大基本定额。

①劳动定额。劳动定额是指在正常施工条件下，生产单位合格产品所必需消耗的劳动时间，或者是指在单位时间内生产合格产品的数量标准。

②材料消耗定额。材料消耗定额是指在正常施工条件下，生产单位合格产品所必需消耗的一定品种、规格的原材料、半成品、成品或结构构件的数量标准。

③机械台班使用定额。机械台班使用定额是指在正常施工条件下，利用某种施工机械生产单位合格产品所必需消耗的机械工作时间，或者在单位时间内机械完成合格产品的数量标准。

2）按编制程序和用途分类：根据定额的编制程序和用途不同可分为：工序定额、施工定额、预算定额、概算定额和概算指标。

①工序定额。工序定额是以最基本的施工过程为标定对象，表示其产品数量与时间消耗关系的定额。由于工序定额比较细，所以一般不直接用于施工中，主要在制订施工定额时作为原始资料。

②施工定额。施工定额主要用于编制施工预算，是施工企业管理的基础，施工定额由劳动定额、材料消耗定额和机械台班使用定额三部分组成。

③预算定额。预算定额主要用于编制施工图预算，是确定一定计量单位的分项工程或结构构件的人工、材料、机械台班耗用量及其资金消耗的数量标准。

④概算定额。概算定额主要用于编制设计概算，是确定一定计量单位的扩大分项工程或结构构件的人工、材料和机械台班耗用量及其资金消耗的数量标准。

⑤概算指标。概算指标主要用于投资估算或编制设计概算，是以每个建筑物或构筑物为对象，规定人工、材料或机械台班耗用量及其资金消耗的数量标准。

3）按编制单位和执行范围分类：按编制单位和执行范围，分为全国统一定额、主管部定额、地方定额和企业定额。

①全国统一定额。全国统一定额是由国家主管部门或授权单位，综合全国基本建设的施工技术、施工组织管理和生产劳动的一般情况编制并在全国范围内执行的定额。如 2002 年 1 月 1 日开始施行的《全国统一建筑装饰装修工程消耗量定额》(GYD—901—2002)。

②主管部定额。主管部定额充分考虑了由于各专业生产部门的生产技术措施而引起的施工生产和组织管理上的不同，并参照统一定额水平编制的，通常只在本部门和专业性质相同的范围内执行。

③地方定额。地方定额是在考虑地区特点和全国统一定额水平的条件下编制的，并只在规定的地区范围内执行的定额。如各省、直辖市、自治区等编制的定额。

④企业定额。企业定额是指由施工企业具体考虑本企业生产技术和组织管理等具体情况，并参照统一定额或主管部定额、地方定额的水平编制的，只在本企业内部使用的定额。适用于某些施工水平比较高的企业，随着企业建筑施工技术和组织管理水平的发展，外部定额不能满足其需要时而编制的。

13.3　施工定额

施工定额是直接用于施工企业内部施工管理的一种定额。

施工定额是以同一性质的施工过程为对象，确定在正常的施工条件下，完成一定计量单位的某一施工过程所需人工、材料和机械台班消耗的数量标准。

(1) 施工定额的具体作用

1) 施工定额是施工企业编制施工预算，进行工料分析和“两算”对比，加强企业成本管理的基础。

施工预算是根据施工定额和施工图编制的，施工预算反映了在正常施工条件下消耗的社会平均水平，是施工企业内部完成一个产品的计划成本。

“两算”对比，即施工预算与施工图预算的对比。施工图预算反映了消耗的社会平均水平，是完成一个产品的预算成本。显然，“两算”对比是施工企业为完成产品可能得到的收入与计划支出的分析对比。

2）施工定额是编制施工组织设计、施工作业计划的依据。

施工组织设计中有两项很重要的内容：即施工进度计划和施工现场平面布置图。施工进度计划中应包含施工工期的时间安排及人工、材料和机械台班需用量计划，施工现场平面布置时，也需根据其机械台班和各种材料需用量计划，来计算各种机械和材料占地面积的大小，而这些工作均要依据施工定额来完成。

3）施工定额是施工企业向班组签发生产任务单和限额领料单的依据。

通过签发生产任务单，将施工任务落实到班组，生产任务单又是结算时计算工人工资的依据。

通过签发限额领料单，在施工中能够及时有效地控制材料用量，降低材料损耗。

4）施工定额是计取工人劳动报酬，实行按劳分配的依据。

施工定额是计算工人计件工资的基础，通过施工定额，将工人的劳动成果和劳动消耗直接联系起来，按劳分配，多劳多得。

5）施工定额是编制预算定额的基础。

预算定额是在施工定额的基础上，根据施工定额中人工、材料和机械台班的消耗标准，并结合预算定额的水平及其适用范围编制而成的，施工定额是基础性定额。

（2）施工定额的具体组成

施工定额由劳动定额、材料消耗定额和机械台班使用定额三部分组成。

1）劳动定额：劳动定额按其表现形式的不同，分为时间定额和产量定额。

①时间定额：时间定额是指在正常的施工生产条件下，生产单位合格产品所必需消耗的劳动时间。它包括准备与结束时间、基本工作时间、辅助工作时间、不可避免的中断时间及工人所必需的休息时间。

时间定额的单位是工日，每一工日工作时间按 8 h 计算。

$$个人完成单位合格产品的时间定额（工日）=\frac{1}{每工产量}$$

或

$$小组完成单位合格产品的时间定额（工日）=\frac{小组成员工日数总和}{小组每班产量}$$

②产量定额：产量定额是指在正常的施工生产条件下，在单位时间（工日）内完成的合格产品的数量。

$$每工产量定额=\frac{1}{个人完成单位合格产品的时间定额}$$

或

$$小组每班产量定额=\frac{小组成员工日数总和}{小组完成单位合格产品的时间定额}$$

③时间定额与产量定额的关系：从时间定额与产量定额的概念和计算公式可以看出，时间定额与产量定额两者之间互为倒数关系。即

$$时间定额=\frac{1}{产量定额}$$

$$时间定额\times产量定额=1$$

时间定额与产量定额虽然是同一劳动定额的不同表现形式，但其用途却各不相同。时间定额是完成单位合格产品所必须消耗的工日数量，便于计算某工程所需要的工日数，编制施工进度计划，计算工期和核算工资。产量定额是单位时间内完成的产品数量，便于分配施工任务，考核工人劳动生产率和签发生产任务单。

2）材料消耗定额：材料消耗定额是指在正常的施工条件下，生产单位质量合格的产品所必需消耗的一定品种、规格建筑材料的数量标准。

根据材料使用次数的不同，建筑材料分为非周转性材料和周转性材料两类。

①非周转性材料：非周转性材料也称为直接性材料，它是指

在工程施工中，一次性消耗并直接构成工程实体的材料。

非周转性材料的消耗量由材料净用量和损耗量两部分组成，其相互间关系可表示为：

$$材料消耗量 = 净用量 + 损耗量$$

$$损耗率 = \frac{损耗量}{净用量} \times 100\%$$

$$材料消耗量 = 净用量（1 + 损耗率）$$

②周转性材料：周转性材料是指在工程施工中，能多次反复使用的材料，如：模板、脚手架等。这些材料在施工中不是一次消耗的，而是随着使用次数逐渐消耗的，故称为周转性材料。

周转性材料在定额中是按照多次使用，分次摊销的方法计算，一般以摊销量表示。

3）机械台班使用定额：机械台班使用定额以台班为单位，每一台班按 8 h 计算。机械台班使用定额有机械时间定额和机械产量定额两种表现形式。

①机械台班时间定额：机械台班时间定额是指在正常的施工条件下，某种机械生产单位合格产品所必需消耗的台班数量。

$$机械台班时间定额 = \frac{1}{机械台班产量定额}$$

②机械台班产量定额：

机械台班产量定额是指某种机械在正常的施工条件下，单位时间内完成合格产品的数量。

$$机械台班产量定额 = \frac{1}{机械台班时间定额}$$

（3）施工定额手册的内容

施工定额手册主要由目录、总说明、分部工程说明、分项工程定额项目表及附录几部分组成，其主要内容如下：

①总说明。在总说明中，主要阐述了施工定额的适用范围、作用、编制原则和依据、工程质量要求、有关问题的规定及说明等。

②分部工程说明。主要介绍了该分部工程的适用范围、工作内容、质量和安全要求、施工方法、工程量计算规则以及有关规定。

③分项工程定额项目表。定额项目表主要列出该分项工程项目的定额编号、项目名称、计量单位以及完成该分项工程内容所需消耗的人工、材料和机械台班的数量标准。在定额项目表的上方列有完成该项工程的工作内容。在定额表的下方列有附注，以说明各工程项目的适用范围或与其不同时如何调整。

④附录。主要列有：有关配合比及建筑材料的名称、规格及相应的损耗率、工人等级、施工方法、施工规定及示意图等。

13.4 预算定额

(1) 预算定额的具体作用

1) 预算定额是编制施工图预算，确定工程预算造价的依据。

2) 预算定额是在建筑工程招标、投标中确定标底和投标报价，实行招标承包制的重要依据。

3) 预算定额是建设单位和建设银行拨付工程价款、建设资金贷款和编制竣工结（决）算的依据。

4) 预算定额是编制概算定额和概算指标的基础。

(2) 国家现行的装饰装修工程预算定额简介

由建设部组织制定的《全国统一建筑装饰装修工程消耗量定额》(GYD—901—2002) 自 2002 年 1 月 1 日开始执行。

同时，为促进全国统一建筑市场的建立，规范建筑装饰装修工程量清单计价行为，由建设部组织制定的《全国建筑装饰装修工程量清单计价暂行办法》，自 2002 年 1 月 1 日起施行。

1) 《全国统一建筑装饰装修工程消耗量定额》手册的组成内容：

①总说明：总说明列于定额手册最前面，概要地阐明该定额

手册的编制依据、定额的主要作用，定额已经考虑的因素和定额的使用方法等。

②分部分项工程目录：建筑装饰工程预算定额的定额项目，通常根据建筑物的装饰部位划分为分部工程。分部工程是将单位工程中某些性质相似的对象归纳在一起，《全国统一建筑装饰装修工程消耗量定额》按装饰部位划分为：

第一章　楼地面工程

第二章　墙柱面工程

第三章　天棚工程

第四章　门窗工程

第五章　油漆、涂料、裱糊工程

第六章　其他工程

第七章　装饰装修脚手架及项目成品保护费

第八章　垂直运输及超高增加费

附录　材料、半成品、成品损耗率表

③分部工程说明：分部工程说明主要说明分部工程定额中所包括的主要分项工程，以及使用定额的一些基本规定和注意事项，还包括工程量计算规则。

④分项工程定额项目表：分项工程以下又根据工程性质、工程内容、施工方法和使用材料等因素，划分成若干分项工程，《全国统一建筑装饰装修工程消耗量定额》项目表主要规定了分项工程人工、材料和机械台班的消耗量标准。同时，为了便于计算操作，适应工程量清单报价，本定额还编制了人工、材料和机械的代码。

⑤定额附录：定额附录主要有材料、半成品、成品损耗率表；有关配合比及材料价格取定表等。

2）有关分项工程项目定额表实例：以《全国统一建筑装饰装修工程消耗量定额，河北省综合基价》为例，有关定额项目表实例，如表 13 – 1 所示。

实例：人造大理石板工程预算定额 **表 13－1**

工作内容：清理基层、试排弹线、锯板修边、铺贴饰面、清理净面。

项目编号					1－056	1－057
项目名称					人造大理石板地面	
					水泥砂浆（干铺）	黏结剂
综合基价/（元/m²）					213.46	225.53
其中	基价/（元/m²）				206.50	219.62
	其中	人工费/（元/m²）			9.53	8.10
		材料费/（元/m²）			196.63	211.29
		机械费/（元/m²）			0.34	0.23
	综合费用/元				6.96	5.91
名称			单位	单价/元	数量	
人工	10000001	综合用工一类	日工	36.00	0.264 8	0.225 0
材料	ZZPB0011	水泥砂浆 1∶4	m³	—	（0.020 2）	—
	ZZPB0114	素水泥浆	m³	—	（0.001 1）	—
	BB1—0047	水泥 32.5	kg	0.24	7.772 8	—
	BB3—0129	白水泥	kg	0.40	0.103 0	0.103 0
	BC4—0015	中沙	kg	0.02	32.380 6	—
	BF2—0020	人造大理石板 500×500	m²	190.00	1.020 0	1.020 0
	ED1—0012	903 胶	kg	5.50	—	0.400 0
	ED1—0034	大理石胶	kg	40.00	—	0.375 0
	IE2—0022	石料切割锯片	片	20.00	0.003 5	0.003 5
	ZA1—0002	水	m³	2.98	0.032 7	0.026 0
	ZB1—0009	棉纱头	kg	4.70	0.010 0	0.010 0
	ZE1—0601	锯木屑	m³	9.46	0.006 0	0.006 0
机械	00006016	灰浆搅拌机 200L	台班	42.46	0.002 5	—
	00013129	石料切割机	台班	13.93	0.016 8	0.016 8
综合费用	90010001	费用	元	—	5.050 0	4.290 0
	90010002	利润	元	—	1.910 0	1.620 0

13.5 装饰装修工程造价费用组成

装饰装修工程造价费用由下列内容组成。

(1) 工程直接费

工程直接费包括人工费、材料费、施工机械使用费。

(2) 施工措施性成本费

施工措施性成本费包括：施工技术措施费和施工组织措施费。

施工技术措施费包括：脚手架工程、垂直运输工程、超高费等。

施工组织措施费包括：冬雨季施工增加费、临时设施费、夜间施工增加费、检验试验费等。

(3) 现场管理费

现场管理费是指为组织施工生产和管理所需费用。

(4) 企业管理费

企业管理费是指工程承包商为组织施工生产经营活动所发生的管理费用。

(5) 财务费用

财务费用是工程承包商为筹集资金而发生的各种费用。

(6) 职工养老失业保险费

(7) 职工基本医疗保险费

(8) 利润

利润是指工程承包商完成所承包工程应收取的酬金。

(9) 规费

规费是指国家和省级以上政府管理部门规定必须缴纳的费用。

(10) 税金

税金是指国家税法规定的应计入建筑、安装、市政、装饰装修工程造价内的营业税、城市维护建设税及教育费附加。

13.6 装饰装修工程有关造价调整

一般来说，预算定额的使用期限为5年左右，在此期间，各项费用难免与原规定费用之间产生一定的差异。因此，必须对建设工程人工、材料和机械台班的费用实施动态管理方法。

(1) 人工费调整

人工费调整主要有两种方法。

1) 系数调整法：

$$人工费差价=定额直接费\times 人工补差系数$$

$$人工补差系数=\frac{人工费单价差}{定额人工费单价}\times 定额直接费中人工费比例$$

系数调整法，使用简便，但由于不同类型的工程定额直接费中人工费比例不同，会造成苦乐不均的现象，准确性较差。

2) 据实调整法：

$$人工费差价=定额工日数\times 人工费单价差$$

采用据实调整法，工作量不是很大，且准确性很高，是人工费调整的理想方法。

(2) 材料费调整

材料费的调整是指在材料预算价格的基础上，根据市场材料价格的变化，通过定期发布主要材料的市场指令价或指导价、次要材料的价差系数来调整的方法。

主要材料的材料差价调整方法

$$\begin{aligned}主要材料的材料差价 &= \sum 单项调整的材料差价\\ &= \sum(材料的市场价格-材料的定额预算价格)\times 单项材料的定额消耗量\end{aligned}$$

主要材料的调整范围一般由定额管理部门定期发布。

(3) 机械费调整

机械费调整从理论上讲也有系数调整法和据实调整法两种，但由于机械费占定额直接费的比例较小，而且机械型号、规格繁多，因此，一般采用系数调整的方法。

机械费差价 = 机械差价调整系数 × 机械费调价基数

机械费调价基数一般以定额直接费或机械费为基础计算。

13.7 装饰装修工程施工图预算的编制

（1）编制的步骤

1）收集资料。

2）熟悉施工图和施工组织设计。

3）计算工程量。

4）套定额，计算直接费。

分项工程的工程量计算完毕复核无误后，把装饰工程的分项工程项目与其相对应的消耗量定额中的定额编号、计量单位、工程量、定额基价及其相应的人工费、材料费、机械费填入工程预算表中，分别计算出各分项工程的直接费，在此基础上，汇总单位工程直接费。

5）计算其他各项费用：在装饰装修工程中其他费用的计算方法与一般土建工程不同，一般土建工程其他费用等于定额直接费乘以其他费用的费率。而装饰装修工程其他费用等于定额人工费乘以其他费用的费率。

6）进行工料分析：根据计算的分项工程量和消耗量定额，计算出该单位工程的各分部、分项工程的人工、材料用量。

7）计算差价。

8）汇总工程造价。

9）编制说明：在上述计算工作全部完成后，对预算编制的内容进行一次概括性的小结，即编写“预算编制说明”。

10）填写封面，装订成册。

（2）预算书的格式

建筑装饰装修工程施工图预算书，是具体计算建筑装饰装修工程预算造价的经济技术文件。建筑装饰装修工程预算书按其装订顺序一般由下列内容组成：

1）预算书封面：工程预算书的封面形式，一般由各编制单位自行设计，要求以简单明了的形式，来显示出整个预算的精华内容。具体版本没有统一规定，但封面显示要求至少包括以下内容：

①工程名称和建筑面积。

②工程造价和单位造价。

③建设单位和施工单位。

④编制单位、编制人和审核单位、审核人。

⑤编制年月日和审核年月日。

2）预算编制说明：预算编制说明没有统一的格式要求，一般包括以下几个方面：

①编制依据：

• 本工程预算所依据的设计图样全称和设计单位名称。

• 用预算定额、单位估价表、费用标准的名称及发布时间。

• 计算中所依据的其他文件名称和编号。

• 企业的资质等级和工程的取费级别。

②本预算中包括的内容和未包括的内容。

③施工图变更情况：

• 施工图中已列入预算内的变更部位名称。

• 因某种原因没有计算的项目和待处理的意见。

• 涉及施工图会审和现场签证等方面需说明的内容。

④执行定额方面的问题：

• 按定额要求，本预算已考虑和未考虑的有关问题。

• 因定额缺项，本预算所作补充或借用定额情况的说明。

• 甲乙双方协商或协议的有关问题。

3）取费：装饰工程取费按各省、市有关规定执行。

4）材料价差调整：表样如表 13－2 所示。

材料价差调整表　　表 13－2

序号	材料名称	型号	单位	数量	预算价格/元	信息价格/元	单价差/元	合价/元
	合计							

5）主要材料汇总表：表样如表 13－3 所示。

主要材料汇总表　　表 13－3

序　号	材料名称	规格型号	单　位	数　量

6）工程预算表：指各分项工程直接费计算表，表样如表 13－4所示。

工程预算表　　表 13－4

序号	定额编号	分项工程名称	计量单位	工程量	单价/元	其　中			合价/元	其中		
						人工费	材料费	机械费		人工费	材料费	机械费
		分部小计										

7）变更通知单和现场签证单：这是将施工图会审后，由设计单位、建设单位和施工单位均已认可，并已纳入到预算范围内的一切变更单据，一张不漏地集中起来装订在预算书的后面，以便审核和结、决算时查用。

（3）工程总造价的计算

装饰装修工程施工图预算总造价的计算，随着地域的不同，有所差异，以河北省为例，其计算程序如下：

包工包料工程

A. 工程直接费+施工措施性成本费

B. 现场管理费=A中的人工费×14%

C. 企业管理费=A中的人工费×22%

D. 财务费用=A中的人工费×4%

E. 职工养老失业保险费=A中的人工费×10%

F. 职工基本医疗保险费=A中的人工费×3%

G. 利润=A中的人工费×20%

H. 小计：B+C+D+E+F+G

I. 造价调整：按合同确认的方式方法计算

J. 规费=（A+H+I）×0.22%

K. 税金=（A+H+I+J）×a%

L. 总造价=A+H+I+J+K

注1：K中的a分别为：3.43、3.36、3.24，工程所在地：在市区的采用3.43；在县城及镇的，采用3.36；不在市区、县城及镇的，采用3.24。

包工不包料工程

A. 工程直接费中的人工费及施工措施性成本中的人工费

B. 现场管理费=A×7%

C. 企业管理费=A×8%

E. 职工养老失业保险费=A×4%

F. 职工基本医疗保险费=A×1%

G. 利润=A×6%

H. 小计：B+C+E+F+G

I. 造价调整：按合同确认的方式、方法计算

J. 规费=（A+H+I）×0.22%

K. 税金 =（规定的基数）×a%

L. 总造价 = A + H + I + J + K

注 2：J 中规定的基数，按当地造价管理部门规定执行。a 的具体数值及采用规定，同前注 1。

注 3：以上两项计算程序及公式，系以河北省为例而归纳整理的。其他省市随着地域的不同，亦可能有所差异，应依照当地造价管理部门相应规定执行。

13.8 工程结算简介

（1）工程结算的内容

1）按照工程承包合同或协议办理预付工程备料款。

2）按照双方确定的结算方式开列施工作业计划和工程价款预支单，办理工程预付款。

3）月末（或阶段完成）呈报已完工程月（或阶段）报表和工程价款结算单，同时按规定抵扣工程备料款和预付工程款，办理工程款结算。

4）跨年度工程，年终进行已完工程、未完工程盘点和年终结算。

5）单位工程竣工时，办理单位工程竣工结算。

6）单项工程竣工时，办理单项工程竣工结算。

（2）工程结算的方式

根据工程性质、规模、资金来源和施工工期，以及承包内容不同，采用的结算方式也不同。按工程结算的时间和对象，可分为定期结算、分段结算、年终结算、竣工后一次结算和目标结算方式等。

1）定期结算：它是指定期由施工企业提出已完成的工程进度报表，连同工程价款结算账单，经建设单位签证，办理工程价款结算。定期结算一般又分为：

①月初预支，月末结算。在月初（或月中），施工企业按施

工作业计划和施工图预算，编制当月工程价款预支账单，其中包括预计完成的工程名称、数量和预算价款等，经建设单位认定，预支大约50%的当月工程价款，月末按当月施工统计数据，编制已完工程月报表和工程价款结算账单，经建设单位签证，办理月末结算。同时，扣除本月预支款，并办理下月预支款。本期收入额为月终结算的已完工程价款金额。

②月末结算。月初（或月中）不实行预支，月终施工企业按统计的实际完成分部分项工程量，编制已完工程月报表和工程价款结算清单，经建设单位签证，办理结算。

2）分段结算：它是指以单项（或单位）工程为对象，按其施工形象进度划分为若干施工阶段，按阶段进行工程价款结算。分段结算一般又分为：

①阶段预支和结算。根据工程的性质和特点，将其施工过程划分若干施工形象进度阶段，以审定的施工图预算为基础，测算每个阶段的预支款数额。在施工开始时，办理第一阶段的预支款，待该阶段完成后，计算其工程价款，经建设单位签证，办理阶段结算，同时办理下阶段的预支款。

②阶段预支，竣工结算。对于工程规模不大，投资额较小，承包合同价款在50万元以下，或工期较短，一般在6个月以内的工程，将其施工全过程的形象进度大体分几个阶段，施工企业按阶段预支工程价款。在工程竣工验收后，经建设单位签证，办理工程竣工结算。

3）年终结算：年终结算是指单位工程或单项工程不能在本年度竣工，而要转入下年度继续施工。为了正确统计施工企业本年度的经营成果和建设投资完成情况，由施工企业和建设单位对正在施工的工程进行已完成和未完成工程量盘点，结清本年度的工程价款。

4）竣工后一次结算：竣工后一次结算的工程，一般按建设项目工期长短不同可分为：

①建设项目竣工结算。它是指建设工期在一年内的工程，

般以整个建设项目为结算对象，实行竣工后一次结算。

②单项工程竣工结算。它是指当年不能竣工的建设项目，其单项工程在当年开工，当年竣工的，实行单项工程竣工后一次结算。

单项工程当年不能竣工的工程项目，也可以实行分段结算、年终结算，或竣工后总结算的方法。

5）目标结算方式：即在工程合同中，将承包合同的内容分解成不同的控制界面，以业主验收控制界面作为支付工程价款的前提条件。也就是说，将合同中的工程内容分解成不同的验收单元，当承包商完成单元工程内容并经业主（或其委托人）验收后，业主支付构成单元工程内容的工程价款。

（3）工程竣工结算的方法

1）合同标价加签证结算：在编制竣工结算时，以合同标价（即中标价格）为基础，增加的项目应另行经建设单位签证，对签证的项目内容进行详细费用计算，将计算的结果加入到合同标价中，即为该工程总造价。

2）施工图预算加签证结算：这种方法把经过审定的施工图预算作为结算的依据。凡是在施工过程中发生而施工图预算又未包括的工程项目和费用，经建设单位签证后可在竣工结算中调整，即工程总造价为在施工图预算造价的基础上加上经过签证的费用。

3）施工图预算加系数包干结算：这种结算方法是先由双方共同商定包干范围，编制施工图预算时乘上一个不可预见费的包干系数。如果发生包干范围以外的增加项目，如增加建筑面积、提高原设计标准或改变工程结构等，必须由双方协商同意后方可变更，并随时填写工程变更结算单，经双方签证作为结算工程价款的依据。

4）每平方米造价包干结算：住宅工程较适合每平方米造价包干的竣工结算。它是双方根据一定的工程资料，事先协商好每平方米造价指标和按建筑面积计算出总造价，即

工程总造价 = 总建筑面积 × 每平方米(m^2)造价

在合同中应明确每平方米造价指标，在工程竣工结算时不再办理增减调整。

复 习 思 考 题

1. 简述工程概预算的有关基本知识。
2. 简述工程定额的有关基本知识。
3. 简述施工定额的有关基本知识。
4. 简述预算定额的有关基本知识。
5. 简述装饰装修工程施工图预算编制的基本知识。
6. 简述工程结算的基本知识。

14 施工及培训管理

14.1 施工管理

在抹灰工程项目施工中，通过科学管理，促使施工在确保安全、质量、进度以及低消耗的情况下，有序进行，以获得最佳经济效益和社会效益。

管理是一门专门学科。因篇幅有限，此处，只能简略介绍如下。

（1）管理的内容

1）进度管理：首先要有合理的进度计划，然后按进度计划完成各道工序操作作业，确保竣工日期。

2）质量管理：建立良好的质量意识和严密的质量保证体系，从各个方面抓好影响质量的因素，控制质量标准，确保施工质量优良。

3）成本管理：在生产活动全过程中要有经济观点，把成本落实到每个员工，在不降低质量标准的情况下，减少开支，降低成本，以获得较好的利润。

4）安全管理：切实做好安全预防工作，避免发生安全事故，确保良好的生产环境。

5）工后服务管理：一个项目竣工验收后，仍需坚持做好质量回访及保修工作，以取信于用户。

（2）管理的对象

1）人员管理：人是决定性的因素，所有的一切都是通过人的运作来实现的。所以，首先要加强人员的管理，使人员素质形成最佳的配置；使人际关系最和谐；使每个人员认同企业文化、有明确的岗位责任制，做到人尽其才。

2）材料管理：这里所说的材料，包括相应的原材料、半成品、构件、配件等。材料是组成产品的物质基础，必须抓好材料的采购、检验、堆放、运输、使用各个环节，切实有效地控制价格、质量、数量。

3）机具设备的管理：机具设备直接影响着施工进度、成本和质量。所以，必须配置合理，提高利用率，延长使用寿命。

4）工艺技术的管理：工艺技术是指采用的操作加工方法、工艺手段、技术措施等。

工艺技术水平，对产品的成本、质量等产生直接影响，应该大力推进采用新技术、新工艺、新方法，以不断提高工艺技术水平，提高项目的整体质量层次，降低成本，减小工人的操作强度。

（3）管理的手段

管理的手段大致有以下几种：

1）体制与运行机制：好的体制，是实施科学管理的组织保证。应该针对企业的情况，结合项目的特点，建立一定的施工组织体制，为整个施工创造合理的条件。

好的运行机制，能反应迅速、决策果断、运转灵活。在建立体制的同时，必须明确运行的方法、途径和要求。

2）法规制度：必须采用相应的法规和制度，制定必要的规章制度，使各种行为都受到法规制度的控制，使人员进入有序的生产活动状态。

3）教育与培训：通过适时的教育与培训，统一人员的思想、明确相应的职责与要求、掌握相应的行为规范和操作技能，提高人员的素质水平。

4）检查：通过检查，了解施工管理的运行现状，及时发现问题和解决问题，并可对整个管理体系作相应的调整，不断提高管理的整体水平。

5）奖惩：奖惩是一种激励手段。奖励先进，起到引导的作用。对失职者给予一定惩处，并做好相应工作，使受惩者心服口服，努力改正错误。

6）分配制度：认真落实按劳取酬的分配制度，实行责、权、利高度统一。

(4）管理文件的编写

为了加强相应施工管理，根据有关规定，结合具体情况，编制相应的管理文件，是完全必要的。

所编管理文件的内容可以涉及各个方面，并以不同的名称出现，如守则、制度、要求、实施办法与措施、规定、细则、条例等。这些不同的名称，称为相应的文种。

1）编写的准备工作：在编写之前，一般应做好以下准备工作：

①收集和学习相应的资料：要认真收集和学习相应资料，如国家、地方政府有关文件、规定、规范等政策性资料，本单位过去的相应条例文本，兄弟单位类似的文本等。

通过学习，掌握上级与政府部门的要求与具体规定，分析过去相应文本的优点和缺陷，吸取兄弟单位文本的长处。

②了解领导的要求：了解本单位领导的要求，认真听取他们的意见，把他们的要求、意见作为编写的主要思路。

③调查本单位情况：通过访问，开座谈会了解本单位的客观情况，明确所要解决的问题及解决问题的较好方法与手段。

④积极思考，拟写提纲。

⑤进行事件的界定：管理文件的主体内容，往往是对各种相应的事件进行假设，并界定它的划分标准及处理方式。

只有对事件的准确界定，编成后使用时才会明确、不含糊。为了界定明确，可以采用具体的量化数字式，例如矿工 3 天、误差 ± 3 mm 等。

2）所编写管理文件的结构与内容：所编写管理文件的结构一般分为标题、正文和署名三部分。

①标题：标题一般由制定者、编制事和文种三部分组成。例

如，“××××公司关于经济分配制度的若干规定”，其中“××××公司”是制定者，“关于经济分配制度”是编制事，“若干规定”是一种文种。对于有试用性的条例，可以在文前写上“暂行”、“试行”等用词。标题也可以由编制事和文种两部分组成。例如，“施工现场安全防火要求”，“施工现场安全防火”是编制事，“要求”是文种。还可以由制定者和文种两部分组成。例如，“××爱好者协会章程”，即“××爱好者协会”是制定者，“章程”是文种。

②正文：正文是管理文件的主体，常用条目式写法，层次分明、结构严谨。根据内容的多少和复杂程度，分有繁式与简式两种方式。

对于内容多且较复杂，则应采用繁式，繁式的结构格式大致分为三部分，每一部分分为若干章，每一章分为若干条，有的每一条还分若干款，用序数表示。为了便于使用中引用，章与条的序数从起始编写，即后续章节的条目续前面章节的条目连续编号，而不是重新从头开始。

繁式的三部分是：

• 总则

总则是文章的开始部分。一般第一章用小标题说明“总则”，简要地说明制定本文件的依据、理由、意义、目的、适用对象和总的要求。

• 分则

中间各章叫做分则，小标题不写明“分则”。这是文件的中心内容，写明文件的具体事项和内容，并必须把相应事件按性质、逻辑关系、组织好相应的顺序，准确界定各事件的范围、性质、内涵。分则各章应设小标题，使之眉目清楚。

• 附则

附则是中心内容的补充和说明，放在最后一章。小标题写明“附则”。附则中主要写明该文件的实施、解释权限、修订办法、文件用词定义、使用对象、实施范围、实施日期以及有关事项的说明等。

有些比较简单的文件，可以采用简式，即可以不设章仅设条，根据具体情况，在第一条中说明制定的缘由、目的和要求等，然后逐条陈述具体内容；或是直接分条陈述具体内容即可。

③署名：必须写明制定单位和文件通过或颁布的日期，可放在文尾，也可放在大标题之下、正文之前。若标题中已有单位名称，则只需写明文件通过或颁布的日期即可。

3）在编写中应注意的事项：

①所编的文件，必须和国家、地方政府及上级单位相应的法规、政策相一致，否则互相矛盾、抵触部分为无效。

②所编写的较重要的管理文件，编写后必须经有关组织或部门批准，并报上级备案后方可生效。

③文件必须有针对性，针对解决实际问题而编制。

④文件中的用词必须严密，不可含糊，明确各种界限。

⑤文件中除了明确应做什么、不应做什么，如何做合适之外，还应尽量指出不执行者的法规责任，以便实行中对违规者进行相应的处理。

14.2 培训管理

对抹灰工种相关人员进行培训，目的是：与时俱进，不断提高其政治素质和业务素质，更好地做好本职工作，以适应时代发展的要求。

（1）培训的内容

培训的内容相当多，而且同一内容的深度和广度也有较大的差别。我们应该根据职业技能标准和不同培训对象的不同要求，认真选择相应的内容。

一般来说，其培训内容可以分为以下几类：

1）职业道德：职业道德是一般社会道德在社会职业生活中的具体体现，它是指从事一定职业活动中应该遵循的道德规范的总和。详细内容，前面已述，此处从略。

2）质量与安全：质量是产品的生命，安全是生产产品的保证。

质量的技术指标，随施工项目不同，档次的高低，而有所不同。在培训中可以结合具体的施工项目，介绍质量指标的要求与测定方法。

质量指标、质量措施、质量保证体系，这三个不同的层次，有不同的学习要求，应该根据教学对象按相应的层次进行培训。

同样，安全的观念、安全的自我保护意识、安全措施、安全保证体系，也应根据教学对象按相应的层次进行培训。

3）基本理论、基本知识、基本操作：基本理论指的是一般文化理论与专业基础理论；基本知识指的是专业基础知识与工艺基本知识；基本操作是基本功的训练。这是业务水平的基础，必须多讲、多练、多做，打好坚实的基础，对于上岗培训、初级工培训，更应侧重这三个“基本”的教学与训练。

4）操作技巧：操作技巧又叫“绝招”、“窍门”、“特技”，是经过日常操作而磨炼出来的。操作技巧具有比较鲜明的个性和针对性，是经验中的精华，通过培训，把这些技巧收集起来，进行整理和提高，在征得技巧发明者的同意之后，予以推广，以免失传。

5）艺术修养：随着抹灰工程施工档次的提高，对艺术方面的要求也越来越高。艺术修养水平的高低，是决定其操作技能水平、鉴赏水平、评论水平、创造水平的条件之一。所以，必须按等级层次的不同，被教育者的条件不同，适时适当地进行有关艺术修养方面的培训。

6）经营管理知识：抹灰工程项目施工，与其他行业一样，也正在向企业化与市场化方面转变。所以施工管理与经营管理，无疑将提到重要的议事日程。为此，加强这方面知识的培训，是十分必要的。

7）“四新”知识：新材料、新设备、新技术、新工艺，常被人们称为“四新”。新材料，是新产品发展的物质基础；新设备，是保证产品质量、提高生产率、降低成本、减轻劳动强度的重要条件；新技术，是改进产品生产方法、产品结构、提升与调整产品性能的重要途径；新工艺，是适应新材料、新设备、新技术的使用，随之而产生的工艺方法，或对原有的工艺进行改进而得来的工艺。

为此，对抹灰工种相关人员，根据实际工作的需要，及时进行知识更新，开展“四新”知识的培训，是相应企业保持生命力的重要举措。

8）获得知识的方法：知识的量是无限的，在培训期获得的知识是有限的。所以，在培训中不但要使被教育者获得尽可能多的知识，还应教会他们如何获得知识的方法和途径，使被教育者应用这些方法，从各个途径，吸收更多的知识量，具有更强的才干。

（2）培训的对象

参与培训的对象，按抹灰工技能等级来分，有初级、中级、高级及技师等；按所处岗位来分，有操作层和管理层等。在操作层中，按具体工种不同，又可分为若干系列；在管理层中，按所管理的内容不同，又可分为众多方面。总之，要根据工作需要，确定培训对象，随之明确相应培训目标、培训内容和培训方法，做到有的放矢，务求实效。

（3）培训的手段

在培训中，根据对象的特点和培训内容的具体情况，所采用的施教手段，应该多种多样，除了口头讲授外，还可以采用参观、访问、观看影视片、模型演示、试验及实习操作等。尤其是进行基本操作和操作技巧培训时，一定要坚持理论联系实际，把课堂移到车间或施工现场，加强实际操作训练。与此同时，考试方式方法，也作相应调整，不要以书面闭卷考试为主，而主要是考核其实际操作技能，使教学考核与实际工作相接轨。

（4）培训教材的编写

1）编写的依据：

①培训大纲：培训大纲是编写培训教材的最重要依据。通过大纲，知道培训目的和内容、了解培训重点，同时掌握住培训的顺序安排及课时数要求等。

②有关部门的要求：有关部门对培训目的的要求；对培训教材内容的要求；对培训时间的规定等，都应作为编写培训教材的依据之一。

③使用对象：使用对象主要指学员而言。培训教材应该考虑到受教育者原有的基础、知识水平、学习条件、地区特点，根据被教育者的客观情况而编写。

2）编写的步骤：在编写培训教材时，一般按下列步骤进行：

①进一步调查研究，掌握充分的编写依据材料，明确培训目的、目标，确立教材编写的方向。

②收集资料，进行分析归纳，找出有用的材料。资料的类别比较丰富，有相近的教材、实例的介绍、有关讲座的记录稿、有价值的论文等，这些都应收集。在收集资料时，要注重解决教材中的重点和知识的更新两个方面。

③根据培训目标与要求，根据现有的资料，结合编写者的经验，进行积极的思考，写出编写大纲。大纲应按顺序列出章、节的相应标题，在节的条目之下写出相应的主要内容题目。

④编写教材的正文，绘制相应的插图和表格。教材正文的编写是最重要、花时间最多的工作，按照编写大纲的规定，逐章逐节编写，编写中务必力求文字通畅，说事清楚，论理恰当。若有几个人分写，则必须由一个人专门统稿，进行协调内容、统一用语、做好综合平衡的工作，以求文稿的统一性和规范化。

⑤修改调整。一般重要的教材，应请相应的专家审稿，进行修改与调整，最终形成正式的文稿。

⑥付印或出版。文稿经修改调整后，可以交付印刷或出版。

3）对培训教材编写的要求：

①具有明显的专业工种与专业岗位特点，反映工种或岗位中

的知识和技能的相应内容，学习之后能解决工作中的实际问题。

②语言通俗易懂，条目清楚，一般对理论问题不进行深入的讨论，以实际操作内容为主。

③尽力做到图文并茂，重点突出，文字简明。

（5）培训教学文件的编写

培训教学文件一般由培训计划、培训大纲、考试大纲等文件所组成。

1）培训计划：

①编写要求：培训计划是办班进行教学的总体文件。

职业培训的内容很广，学员的来源与基础也很不一致，要明确办班的目的和培养目标才能决定培训的内容及相应的培训时间。

编写计划时，必须从实际出发，根据培养对象的现有水平、教学设备的现有配置、教学人员的现有力量，在满足培养目标的前提下，编写切实可行的计划。只有这样，这个计划才有可能实现，获得预期的效果。

②培训计划的结构与内容：培训计划的编制一般按以下结构组成编写：

• 标题

标题中直书办班名称，例如，技师考评教学计划、中级抹灰工考级培训教学计划、班组质量管理培训教学计划等，使人一看标题就知道办班的性质。

• 办班目的

说明为什么要开这个班或这个专业。

• 学制与生源条件

说明学习的总时间，如半年、三个月等；说明学习的时间安排，如全脱产学习，或半脱产学习；说明参加学习的学员现有条件，如文化要求、年龄要求、原有技术等级要求、现职岗位要求及其他相应的条件。

• 考核发证

说明考核的方式与结业发证的类型或结业后的职业安排。

• 课程设置与要求

一般按各课程的开设程序，分别说明各课程教学的主要内容及相应要求。

• 操作项目

对于职业教学培训，应有相应的项目操作、实习。在培训计划中，应分别列出相应项目的名称及要求。

• 培训进度计划

以表格的方式，列出各课程、各项目的所用学时（天），表明教学进度计划，明确各课程开始与结束日期及相应的总教学课时数。

• 师资配备与教材选用

列表指明各课程及项目操作实习相应的教师名单，并写出相应的教师素质水平，说明选用教材的名称、版本。

2）培训大纲：培训大纲是进行培训教学的文件，是根据培训计划的要求而编制的，它指导某门课程在办班过程中的教学程序、内容及要求。

培训大纲的结构与内容如下：

①教学内容：一般直接选用培训计划中的相应内容，并加以适当的解释。

②教学要求：对培训的内容提出相应要求。对于理论知识方面，常用知道、懂得、理解、掌握等程度词。对于技能方面常用会、能够、掌握、熟练等词。

③课时安排：以表格的形式分别列出各章节的计划教学用课时数，其总课时数应与计划中的课时数相一致。

④教材：分别写出教学用书、教师用书、参考书等名称与版本，一般仅指出教材名称，若选取其中的部分内容，则应说明所用的章节标题名称。

⑤说明：说明大纲使用的注意点或相应的要求。

大纲编写好后，必须经有关人员审核后才可使用。

3）培训考试大纲：培训考试大纲是用于指导考试的文件。它是根据培养目标、等级标准、鉴定标准，参照培训计划、培训大纲而编制的。其内容、难度及方式，均受培养目标所控制和限约。

通常说的考试，一般分为考核与考试两种。

①考核：说明考核的目的、内容及形式。

②考试：说明考试的目的、范围及要求。

③样卷：根据上面的要求编制样卷。样卷中答案另列出，便于阅卷者掌握统一标准。

（6）授课教师的聘任及管理

1）授课教师的聘任条件：能否按培训计划，出色完成相应的培训工作，聘任称职的授课教师，尤为重要。所以对授课教师，必须坚持一定的聘任条件。

聘任条件基本内容如下：

①热爱职业培训工作，有良好的职业道德。

②对所授的课程，有深厚的理论功底和丰富的实践经验。

③在授课中，表达能力强，能采用先进的教学手段和方法。

④身心健康，能正常履行教师职责。

2）对授课教师行为的规范化管理：聘任称职的授课教师，只是工作的开始，但如何保证达到理想的培训效果？最好的办法是：充分相信和关心授课教师，并对其教学行为进行规范化管理。

具体管理内容大致如下：

①尊重知识、尊重人才、尊重教师的人格和劳动。聘任教师授课，要提供必要的教学条件，并支付一定的劳酬，劳酬不能太低，要充分体现教师的劳动价值。

②要求教师认真学习培训计划和培训大纲，仔细研究教材的内容，把握教学全局，做到胸中有数。根据大纲的要求，结合教学对象的情况，进行认真备课，并仔细写出教案，做好一切上课

的准备工作。

③要求教师在讲课时，条理清晰、讲法通俗易懂，语言生动有趣。在讲授中，侧重引导学生对基本知识、基本技能的掌握，培养学生解决实际问题的能力。

④要求教师在教学全过程中，坚持为人师表、教书育人、尽职尽责。

在授课教师履行职责过程中，培训管理者应经常深入课堂，进行听课；深入学员当中，征听对授课教师的意见，并采用适当的方式，及时与授课教师沟通。对于不称职的授课教师，有权采取措施，予以辞退。

（7）培训中的教学改革

为了出色完成培训任务，必须坚持教学改革的探讨与研究。实践证明，只有坚持改革，才能使培训工作充满生机。

如何改？笔者认为有以下几点，必须做到：

1）坚持全面贯彻党的教育方针：在培训的全过程中，不能忽视对学生的德育教育。要用学生喜闻乐见的形式，把德育教育贯彻始终，促进学生德、智、体全面发展。

2）坚持全心全意为企业服务：目前在职业培训中，有少数培训机构不是坚持为企业服务，而是背道而驰，或是用行政手段强迫企业派人参加培训；或是不按企业实际需要，而闭门造车，流于形式；或是随意降低培训质量，不择手段向企业骗取钱财等。这些不正之风，必然损害企业的利益，同时也毁坏培训机构自身的形象和信誉。要保证培训工作健康发展，以上种种不正确的做法，必须坚决克服之。培训机构，只有坚持全心全意为企业服务，主动周到地为企业服务，才能与企业共发展。

3）坚持理论与实际相结合：开展职业培训，应该充分体现自身特点。坚持理论与实际相结合，其教材内容及深度，必须符合实际需要，适应培训对象的基本情况；其施教重点，不以钻研纯理论为主，而以培养提高学生的实际工作能力为主；其施教方法，应坚持适当讲授、加重实习操作训练。通过短期培训，使学生迅速掌握所需的本领，或重返原工作岗位，或重新择业，走上新的工作岗位，获得学以致用的良好效果。

4）坚持与时俱进：要把培训机构变成学习型和创新型的培训机构。

要掌握国内外同行业，最科学的管理体制及最先进的生产技术，并拥有相应的一流的教学条件及师资队伍。从而使其充满生机和活力。

5）坚持以人为本：在培训活动中，也有一个坚持以人为本的问题，这里特别强调的是，在尊重教师人格的同时，也要尊重学生的人格。在教学活动中，要充分调动学员的积极性，要在政治上、生活上，全面关心每一个学员。要建立互相信任、互相尊重的良好的师生关系和人际关系。既要坚持必要的制度建设，又要充分体现人性化管理。努力创造一种既有民主，又有集中。既有纪律，又有自由的、生动活泼的、和谐的育人环境和氛围。

以上几点想法，不尽全面。有志在职业培训方面辛勤耕耘者，可尽情探索，其收获和欢乐，必在奋斗之中。

复习思考题

1. 简述施工管理的基本知识。
2. 简述编写管理文件的基本知识。
3. 简述培训管理的基本知识。
4. 简述培训教材及培训教学文件编写的基本知识。
5. 简述在培训中，对授课教师聘任及管理的基本知识。
6. 简述在培训中，进行教学改革的基本思路。

15　建设行业相关的法制建设

15.1　相关法制建设进程

建筑行业相关的法制建设是社会主义法制建设的重要内容，它与我国其他法制建设一样，经历了从无到有，从初步建立到逐步健全、发展、完善的过程。

计划经济时期，建筑业作为国家计划经济调控的重要产业，施工生产按照国家下达的计划任务由施工单位来完成。20世纪70年代以前，受我国整体经济体制环境的影响，各部门的文件是这一时期工程建设的政策依据。

十一届三中全会以后，随着经济体制改革的不断深化和对外开放的不断扩大，社会主义法制建设进入发展时期。在此背景下，相关法制建设围绕经济体制改革的基本精神和具体要求随之发展。尤其是进入20世纪80年代，1983年国务院发布了《建筑安装工程承包合同管理条例》、《建设工程勘察设计合同条例》。1986年经国务院批准，国家计委、对外经济贸易部发布了《中外合作设计工程项目暂行规定》。1989年建设部发布了《施工企业资质管理规定》(建设部令第2号)。这些法规标志着建筑业的发展迈入了法制规范调整阶段。

20世纪90年代以后，建筑业的各项改革取得了初步成果，建设工程招标投标制度、建设监理制度、工程建设合同制度、企业资质管理制度及个人执业资格制度等相继建立，工程建设法制建设得到迅速发展，规范建筑活动的部门规章相继出台。如《建筑安全生产监督管理规定》、《工程建设监理单位资质管理试行办法》、《工程建设施工招标投标管理办法》、《建筑装饰装修管理规定》、《建筑业企业资质管理规定》、《在中国境内承包工程的外国企业资质管理暂行办法》等。但由于立法依据不足，这一时期的法制建设仍具有一定的局限性，表现在：法规效力层次低，部门规章和大量部门文件并存；行政处罚设定不规范，对违法行为的处罚没有统一的设定标准。但建筑业的发展已经迈入了依法治理的轨道，各级政府依法规范建筑市场的观念已经形成。

1997 年 11 月，《建筑法》的颁布实施，标志着建筑行业的法制建设进入了一个新的发展阶段，以《建筑法》为主线的工程建设法规框架开始形成并且日趋完善。这一时期的法制建设主要进行了两方面的工作：

（1）配合《建筑法》的出台制定了相关的配套法规和规章。使《建筑法》的实施更具可操作性。国务院出台了《建筑工程质量管理条例》、《建设工程勘察设计管理条例》等，建设部也发布了《建设工程勘察设计市场管理规定》、《建筑工程施工许可管理办法》、《房屋建筑工程和市政基础设施工程竣工验收备案管理暂行办法》、《房屋建筑工程质量保修办法》、《建筑业企业资质管理规定》、《建设工程勘察设计企业资质管理规定》、《工程监理企业资质管理规定》等一系列配套的部门规章。

（2）对已有法规进行清理、修订。一是在《行政处罚法》出台后，重点清理现行法规中在行政处罚的设置上与《行政处罚法》不相符的内容，废止一些与《行政处罚法》规定不符并且已经过时的法规或法规中的部分条款；二是针对我国加入 WTO 的要求，清理修订与我国加入 WTO 承诺以及与 WTO 规则不符的法规，使建筑业法制建设更加符合 WTO 的透明度原则、公平贸易原则以及非歧视原则。

15.2 相关法规体系简介

建筑行业法规是指由国家权力机关或者其授权的行政机关制定的，由国家强制力保证实施的，调整国家及其有关机构、企事业单位、社会团体、公民之间在工程建设活动中发生的各种社会关系的法律规范的总称。根据《立法法》的规定，工程建设法规包括：法律、行政法规、部门规章、地方性法规、自治条例、单行条例和地方政府规章。目前以《建筑法》为龙头，由相关法律、行政法规、部门规章和地方性法规、自治条例、单行条例、地方政府规章组成的工程建设法规框架已基本形成。整体框架可以从工程建设法规的效力层次和规范内容两方面来掌握。

(1) 相关法规的效力层次

工程建设法律，是指由全国人民代表大会及其常委会审议通过的规范工程建设活动的法律规范，由国家主席签署主席令予以公布。如《建筑法》、《招标投标法》等。

工程建设行政法规，是指由国务院根据宪法和法律制定的规范工程建设活动方面的各项法规，由国务院总理签署国务院令予以公布。如《建筑工程质量管理条例》、《建设工程勘察设计管理条例》等。

工程建设部门规章，是指建设部按照国务院规定的职责范围，独立或同国务院有关部门联合，根据法律和国务院的行政法规、决定、命令，制定并颁布的规范工程建设活动的规章，由部长签署部长令予以公布。

工程建设地方性法规，是指省、自治区、直辖市的人民代表大会及其常务委员会，根据本行政区域的具体情况和实际需要，在与宪法、法律、行政法规不相抵触的前提下，制定的有关规范工程建设活动的法规，或者由省、自治区人民政府所在地的市和经济特区的市、经国务院批准的较大的市人民代表大会及其常委会批准的规范工程建设活动方面的法规。

民族自治地方的人民代表大会依照当地的政治、经济和文化特点，制定的有关规范工程建设活动的自治条例和单行条例也是工程建设法规的内容。

工程建设地方政府规章，是指省、自治区、直辖市以及省、自治区人民政府所在地的城市和经济特区所在的市、经国务院批准的较大的市的人民政府，根据法律、行政法规和本省、自治区、直辖市的地方性法规，制定并发布的规范工程建设活动的规章。

上述法规，从立法主体的角度，可以大致分为中央立法和地方立法两个层次。法律、行政法规、部门规章属于中央立法；地方性法规、自治条例、单行条例和地方政府规章属于地方立法。法律的效力高于行政法规、地方性法规、规章；行政法规的效力高于地方性法规、规章；地方性法规的效力高于本级和下级地方政府规章。

(2) 相关法规的内容

相关法规内容主要包括以下几个方面：

一是规范建筑市场准入的法规。主要体现在对建筑市场各方活动主体的资质管理，包括勘察设计企业、建筑施工企业、建设监理企业、招标投标代理机构等的资质管理。

二是有关工程建设政府监管程序的法规。包括招标投标管理法规、建设工程施工许可管理法规、建设工程竣工验收备案等。在该类法规中，还包括了工程建设现场管理的法规，例如，建设工程施工现场管理规定、建筑安全生产监督管理规定等。

三是规范建筑市场各方主体行为的法规。该类法规侧重于对建筑市场活动行为人行为的制约和管理。例如，装饰装修市场管理等。

15.3 相关法规有关内容具体介绍

(1)《建设工程施工现场管理规定》

该规定，1991年11月5日建设部令第15号发布。

在该规定的第三章中，对现场“文明施工管理”，做了如下规定：

1) 施工单位应当贯彻文明施工的要求，推行现代管理办法，科学组织施工，做好施工现场的各项管理工作。

2）施工单位应当按照施工总平面布置图设置各项临时设施。堆放大宗材料、成品、半成品和机具设备，不得侵占场内道路及安全防护等设施。

建设工程实行总包和分包的，分包单位确需进行改变施工总平面布置图活动的，应当先向总包单位提出申请，经总包单位同意后方可实施。

3）施工现场必须设置明显的标牌，标明工程项目名称，建设单位，设计单位，施工单位，项目经理和施工现场总代表人的姓名，开、竣工日期，施工许可证批准文号等。施工单位负责施工现场标牌的保护工作。

施工现场的主要管理人员在施工现场应当佩戴证明其身份的证卡。

4）施工现场的用电线路、用电设施的安装和使用必须符合安装规范和安全操作规程，并按照施工组织设计进行架设，严禁任意拉线接电。施工现场必须设有保证施工安全要求的夜间照明；危险潮湿场所的照明以及手持照明灯具，必须采用符合安全要求的电压。

5）施工机械应当按照施工总平面布置图规定的位置和线路设置，不得任意侵占场内道路。施工机械进场，须经过安全检查，经检查合格的方能使用。施工机械操作人员必须建立机组责任制，并依照有关规定持证上岗，禁止无证人员操作。

6）施工单位应该保证施工现场道路通畅，排水系统处于良好的使用状态；保持场容场貌的整洁，随时清理建筑垃圾。在车辆、行人通行的地方施工，应当设置沟井坎穴覆盖物和施工标志。

7）施工单位必须执行国家有关安全生产和劳动保护的法规，建立安全生产责任制，加强规范化管理，进行安全交底、安全教育和安全宣传，严格执行安全技术方案。施工现场的各种安全设施和劳动保护器具，必须定期进行检查和维护，及时消除隐患，保证其安全有效。

8）施工现场应当设置各类必要的职工生活设施，并符合卫生、通风、照明等要求。职工的膳食、饮水供应等应当符合卫生要求。

9）建设单位或者施工单位应当做好施工现场安全保卫工作，采取必要的防盗措施，在现场周边设立维护设施，施工现场在市区的，周围应当设置遮挡围栏，临街的脚手架也应当设置相应的维护设施。非施工人员不得擅自进入施工现场。

10）非建设行政主管部门对建设工程施工现场实施监督检查时，应当通过或者会同当地人民政府建设行政主管部门进行。

11）施工单位应当严格按照《中华人民共和国消防条例》的规定，在施工现场建立和执行防火管理制度，设置符合消防要求的消防设施，并保持完好的备用状态。在容易发生火灾的地区施工或者储存、使用易燃易爆器材时，施工单位应当采取特殊的消防安全措施。

12）施工现场发生的工程建设重大事故处理，依照《工程建设大事故报告和调查程序规定》执行。

在该规定的第四章中，对现场“环境管理”做了如下规定：

1）施工单位应当遵守国家有关环境保护的法律规定，采取措施控制施工现场的各种粉尘、废气、废水、固体废弃物以及噪声、振动对环境的污染和危害。

2）施工单位应当采取下列防止环境污染的措施：

①妥善处理泥浆水，未经处理不得直接排入城市排水设施和河流；

②除设有符合规定的装置外，不得在施工现场熔融沥青或者焚烧油毡、油漆以及其他会产生有毒有害烟尘和恶臭气体的物质；

③使用密封式的圈筒或者采取其他措施处理高空废弃物；

④采取有效措施控制施工过程的扬尘；

⑤禁止将有毒有害废弃物用作土方回填；

⑥对产生噪声、振动的施工机械，应采取有效控制措施，减

轻噪声扰民。

3）建设工程施工由于受技术、经济条件限制，对环境的污染不能控制在规定的范围内，建设单位应当会同施工单位事先报请当地人民政府建设行政主管部门和环境行政主管部门批准。

该规定的第五章，为“罚则”，其具体规定如下：

1）违反本规定，有下列行为之一的，由县级以上地方人民政府建设行政主管部门根据情节轻重，给予警告、通报批评、责令限期改正、责令停止施工整顿、吊销施工许可证，并可处以罚款：

①未取得施工许可证而擅自开工的；

②施工现场的安全设施不符合规定或者管理不善的；

③施工现场的生活设施不符合卫生要求的；

④施工现场管理混乱，不符合保卫、场容等管理要求的；

⑤其他违反本规定的行为。

2）违反本规定，构成治安管理处罚的，由公安机关依照《中华人民共和国治安管理条例》处罚；构成犯罪的，由司法机关依法追究其刑事责任。

3）当事人对行政处罚决定不服的，可以在接到处罚通知之后起 15 日内，向作出处罚决定机关的上一级机关申请复议，对复议决定不服的，可以在接到复议决定之日起向人民法院起诉；也可以直接向人民法院起诉。逾期不申请复议，也不向人民法院起诉，又不履行处罚决定的，由作出处罚决定的机关申请人民法院强制执行。

对治安管理处罚不服的，依照《中华人民共和国治安管理处罚条例》的规定处理。

(2)《住宅室内装饰装修管理办法》

该办法于 2002 年 3 月 5 日以建设部令第 110 号发布。

在该办法的第二章中，对住宅室内装饰装修活动，做了如下规定：

1）住宅室内装饰装修活动，禁止下列行为：

①未经原设计单位或者具有相应资质等级的设计单位提出设计方案，变动建筑主体和承重结构；

②将没有防水要求的房间或者阳台改为卫生间、厨房间；

③扩大承重墙上原有的门窗尺寸，拆除连接阳台的砖、混凝土墙体；

④损坏房屋原有节能设施，降低节能效果；

⑤其他影响建筑结构和使用安全的行为。

本办法所称建筑主体，是指建筑实体的结构构造，包括屋盖、楼盖、梁、柱、支撑、墙体、连接节点和基础等。

本办法所称承重结构，是指直接将本身自重与各种外加作用力系统地传递给基础地基的主要结构构件和其连接接点，包括承重墙体、立杆、柱、框架柱、支墩、楼板、梁、屋架、悬索等。

2）装修人从事住宅室内装饰装修活动，未经批准，不得有下列行为：

①搭建建筑物、构筑物；

②改变住宅外立面，在非承重外墙上开门、窗；

③拆改供暖管道和设施；

④拆改燃气管道和设施；

3）住宅室内装饰装修超过设计标准或者规范增加楼面荷载的，应当经原设计单位或者具有相应资质等级的设计单位提出设计方案。

4）改动卫生间、厨房间防水层的，应当按照防水标准制订施工方案，并做闭水试验。

5）装修人经原设计单位或者具有相应资质等级的设计单位提出设计方案变动建筑主体和承重结构的，或者装修活动涉及本办法第二章第2）条、第3）条、第4）条内容的，必须委托具有相应资质的装饰装修企业承担。

6）装饰装修企业必须按照工程建设强制性标准和其他技术标准施工，不得偷工减料，确保装饰装修工程质量。

7）装饰装修企业从事住宅室内装饰装修活动，应当遵守施工安全操作规程，按照规定采取必要的安全防护和消防措施，不得擅自动用明火和进行焊接作业，保证作业人员和周围住房及财产的安全。

8）装修人和装饰装修企业从事住宅室内装饰装修活动，不得侵占公共空间，不得损害公共部位和设施。

在该办法第五章中，对“室内环境质量”做了如下规定：

1）装饰装修企业从事住宅室内装饰装修活动，应当严格遵守规定的装饰装修施工时间，降低施工噪音，减少环境污染。

2）住宅室内装饰装修过程中所形成的各种固体、可燃液体等废物，应当按照规定的位置、方式和时间堆放和清运。严禁违反规定将各种固体、可燃液体等废物堆放于住宅垃圾道、楼道或者其他地方。

3）住宅室内装饰装修工程使用的材料和设备必须符合国家标准，有质量检验合格证明和有中文标识的产品名称、规格、型号、生产厂厂名、厂址等。禁止使用国家明令淘汰的建筑装饰装修材料和设备。

4）装修人委托企业对住宅室内进行装饰装修的，装饰装修工程竣工后，空气质量应当符合国家有关标准。装修人可以委托有资格的检测单位对空气质量进行检测。检测不合格的，装饰装修企业应当返工，并由责任人承担相应损失。

在该办法第六章中，就“竣工验收与保修”问题，做了如下规定：

1）住宅室内装饰装修工程竣工后，装饰人应当按照工程设计合同约定和相应的质量标准进行验收。验收合格后，装饰装修企业应当出具住宅室内装饰装修质量保修书。

物业管理单位应当按照装饰装修管理服务协议进行现场检查，对违反法律、法规和装饰装修管理服务协议的，应当要求装修人和装饰装修企业纠正，并将检查记录存档。

2）住宅室内装饰装修工程竣工后，装饰装修企业负责采购装饰装修材料及设备的，应当向业主提交说明书、保修单和环保说明书。

3）在正常使用条件下，住宅室内装饰装修工程的最低保修期限为2年，有防水要求的厨房、卫生间和外墙面的防渗漏为5年。保修期自住宅室内装饰装修工程竣工验收合格之日起计算。

在该办法第七章中，就“法律责任”做了如下规定：

1）因住宅室内装饰装修活动造成相邻住宅的管道堵塞、渗漏水、停水停电、物品损坏等，装修人应当负责修复和赔偿；属于装饰装修企业责任的，装修人可以向装饰装修企业追偿。

装修人擅自拆改供暖、燃气管道和设施造成损失的，由装修人负责赔偿。

2）装修人因住宅室内装饰装修活动侵占公共空间，对公共部位和设施造成损害的，由城市房地产行政主管部门责令改正，造成损失的，依法承担赔偿责任。

3）装修人未申报登记进行住宅室内装饰装修活动的，由城市房地产行政主管部门责令改正，处500元以上1 000元以下的罚款。

4）装修人违反本办法规定，将住宅室内装饰装修工程委托给不具有相应资质等级企业的，由城市房地产行政主管部门责令改正，处500元以上1 000元以下的罚款。

5）装饰装修企业自行采购或者向装修人推荐使用不符合国家标准的装饰装修材料，造成空气污染超标的，由城市房地产行政主管部门责令改正，造成损失的，依法承担赔偿责任。

6）住宅室内装饰装修活动有下列行为之一的，由城市房地产行政主管部门责令改正，并处罚款：

①将没有防水要求的房间或者阳台改为卫生间、厨房间的，或者拆除连接阳台的砖、混凝土墙体的，对装修人处500元以上1 000元以下的罚款，对装饰装修企业处1 000元以上1万元以下的罚款；

②损坏房屋原有节能设施或者降低节能效果的，对装饰装修

企业处 1 000 元以上 5 000 元以下的罚款；

③擅自拆改供暖、燃气管道和设施的，对装修人处 500 元以上 1 000 元以下的罚款；

④未经原设计单位或者具有相应资质等级的设计单位提出设计方案，擅自超过设计标准或者规范增加楼面荷载的，对装修人处 500 元以上 1 000 元以下的罚款，对装饰装修企业处 1 000 元以上 1 万元以下的罚款。

7）未经城市规划行政主管部门批准，在住宅室内装饰装修活动中搭建建筑物、构筑物的，或者擅自改变住宅外立面、在非承重外墙上开门、窗的，由城市规划主管部门按照《城市规划法》及相关法规的规定处罚。

8）装修人或者装饰装修企业违反《建设工程质量管理条例》的，由建设行政主管部门按照有关规定处罚。

9）装饰装修企业违反国家有关安全生产规定和安全生产技术规程，不按照规定采取必要的安全防护和消防措施，擅自动用明火作业和进行焊接作业的，或者对建筑安全事故隐患不采取措施予以消除的，由建设行政主管部门责令改正，并处 1 000 元以上 1 万元以下的罚款；情节严重的，责令停业整顿，并处 1 万元以上 3 万元以下的罚款；造成重大安全事故的，降低资质等级或者吊销资质证书。

10）物业管理单位发现装修人或者装饰装修企业有违反本法规定的行为不及时向有关部门报告的，由房地产行政主管部门给予警告，可处装饰装修管理服务协议约定的装饰装修管理服务费 2～3 倍的罚款。

11）有关部门的工作人员接到物业管理单位对装修人或者装饰装修企业违法行为的报告后，未及时处理，玩忽职守的，依法给予行政处分。

(3)《中华人民共和国环境噪声污染防治法》

该法于 1996 年 10 月 29 日第八届全国人民代表大会常务委员会第二十二次会议通过。

该法全文分八章，共64条。

该法第四章为“建筑施工噪声污染防治”，其具体规定如下：

1）本法所称建筑施工噪声，是指在建筑施工过程中产生的干扰周围生活环境的声音。

2）在城市市区范围内向周围环境排放建筑施工噪声的，应当符合国家规定的建筑施工场界环境噪声排放标准。

3）在城市市区范围内，建筑施工过程中使用机械设备，可能产生环境噪声污染的，施工单位必须在工程开工15日以前向工程所在地县级以上地方人民政府环境保护行政主管部门申报该工程的项目名称、施工场所和期限、可能产生的环境噪声值以及所采取的环境噪声污染防治措施的情况。

4）在城市市区噪声敏感建筑物集中区域内，禁止夜间进行产生环境噪声污染的建筑施工作业，但抢修、抢险作业和因生产工艺上要求或者特殊需要必须连续作业的除外。

因特殊需要必须连续作业的，必须有县级以上人民政府或者其有关主管部门的证明。

前款规定的夜间作业，必须公告附近居民。

在该法第七章“法律责任”中，具体规定如下：

在城市市区噪声敏感建筑物集中区域内，夜间进行禁止进行的产生环境噪声污染的建筑施工作业的，由工程所在地县级以上地方人民政府环境保护行政主管部门责令改正，可以并处罚款。

(4)《中华人民共和国建筑法》

该法于1997年11月1日第八届全国人民代表大会常务委员会第二十八次会议通过，1997年11月1日中华人民共和国主席令第91号公布。

该法，共八章，共85条。

该法第五章：“建筑安全生产管理”，本章就“建筑安全生产管理”问题，做了16条规定。

该法第六章：“建筑工程质量管理”，本章就“建筑工程质量管理”问题，做了12条规定。

该法第七章："法律责任"，本章做了 17 条规定。具体内容如下：

1）违反本法规定，未取得施工许可证或者开工报告未经批准擅自施工的，责令改正，对不符合开工条件的责令停止施工，可以处以罚款。

2）发包单位将工程发包给不具有相应资质条件的承包单位的，或者违反本法规定将建筑工程肢解发包的，责令改正，处以罚款。

超越本单位资质等级承揽工程的，责令停止违法行为，处以罚款，可以责令停业整顿，降低资质等级；情节严重的，吊销资质证书；有违法所得的，予以没收。

未取得资质证书承揽工程的，予以取缔，并处罚款；有违法所得的，予以没收。

以欺骗手段取得资质证书的，吊销资质证书，处以罚款；构成犯罪的，依法追究刑事责任。

3）建筑施工企业转让、出借资质证书或者以其他方式允许他人以本企业的名义承揽工程的，责令改正，没收违法所得，并处罚款，可以责令停业整顿，降低资质等级；情节严重的，吊销资质证书。对因该项承揽工程不符合规定的质量标准造成的损失，建筑施工企业与使用本企业名义的单位或者个人承担连带赔偿责任。

4）承包单位将承包的工程转包的，或者违反本法规定进行分包的，责令改正，没收违法所得，并处罚款，可以责令停业整顿，降低资质等级；情节严重的，吊销资质证书。

承包单位有前款规定的违法行为的，对因转包工程或者违法分包的工程不符合规定的质量标准造成的损失，与接受转包或者分包的单位承担连带赔偿责任。

5）在工程发包与承包中索贿、受贿、行贿，构成犯罪的，依法追究刑事责任；不构成犯罪的，分别处以罚款，没收贿赂的财物，对直接负责的主管人员和其他直接责任人员给予处分。

对在工程承包中行贿的承包单位，除依照前款规定处罚外，可以责令停业整顿，降低资质等级或者吊销资质证书。

6）工程监理单位与建设单位或者建筑施工企业串通，弄虚作假，降低工程质量的，责令改正，处以罚款，降低资质等级或者吊销资质证书；有违法所得的，予以没收；造成损失的，承担连带赔偿责任；构成犯罪的，依法追究刑事责任。

工程监理单位转让监理业务的，责令改正，没收违法所得，可以责令停业整顿，降低资质等级；情节严重的，吊销资质证书。

7）违反本法规定，涉及建筑主体或者承重结构变动的装修工程擅自施工的，责令改正，处以罚款；造成损失的，承担赔偿责任；构成犯罪的，依法追究刑事责任。

8）建筑施工企业违反本法规定，对建筑安全事故隐患不采取措施予以消除的，责令改正，可以处以罚款；情节严重的，责令停业整顿，降低资质等级或者吊销资质证书；构成犯罪的，依法追究刑事责任。

建筑施工企业的管理人员违章指挥、强令职工冒险作业，因而发生重大伤亡事故或者造成其他严重后果的，依法追究刑事责任。

9）建设单位违反本法规定，要求建筑设计单位或者建筑施工企业违反建筑工程质量、安全标准，降低工程质量的，责令改正，可以处以罚款；构成犯罪的，依法追究刑事责任。

10）建筑设计单位不按照建筑工程质量、安全标准进行设计的，责令改正，处以罚款；造成工程质量事故的，责令停业整顿，降低资质等级或者吊销资质证书，没收违法所得，并处以罚款；造成损失的，承担赔偿责任；构成犯罪的，依法追究刑事责任。

11）建筑施工企业在施工中偷工减料的，使用不合格的建筑材料、建筑构配件和设备的，或者有其他不按照工程设计图纸或者施工技术标准施工的行为的，责令改正，处以罚款；情节严重的，责令停业整顿，降低资质等级或者吊销资质证书；造成建筑工程质量不符合规定的质量标准，负责返工、修理，并赔偿因此造成的损失；构成犯罪的，依法追究刑事责任。

12）建筑施工企业违反本法规定，不履行保修义务或者拖延履行保修义务的，责令改正，可以处以罚款，并对在保修期内因屋顶、墙面渗漏、开裂等质量缺陷造成的损失，承担赔偿责任。

13）本法规定的责令停业整顿、降低资质等级和吊销资质证书的行政处罚，由颁发资质证书的机关决定；其他行政处罚，由建设行政主管部门或者有关部门依照法律和国务院规定的职权范围决定。

依照本法规定被吊销资质证书的，由工商行政管理部门吊销其营业执照。

14）违反本法规定，对不具备相应资质等级条件的单位颁发该等级资质证书的，由其上级机关责令收回所发的资质证书，对直接负责的主管人员和其他直接责任人员给予行政处分；构成犯罪的，依法追究刑事责任。

15）政府及其所属部门的工作人员违反本法规定，限定发包单位将招标发包的工程发包给指定的承包单位的，由上级机关责令改正；构成犯罪的，依法追究刑事责任。

16）负责颁发建筑工程施工许可证的部门及其工作人员对不符合施工条件的建筑工程颁发施工许可证的，负责工程质量监督检查或者竣工验收的部门及其工作人员对不合格的建筑工程出具质量合格文件或者按合格工程验收的，由上级机关责令改正，对责任人员给予行政处分；构成犯罪的，依法追究刑事责任；造成损失的，由该部门承担相应的赔偿责任。

17）在建筑物的合理使用寿命内，因建筑工程质量不合格受到损害的，有权向责任者要求赔偿。

(5)《中华人民共和国劳动法》

该法于 1994 年 7 月 5 日第八届全国人民代表大会常务委员会第八次会议通过，1994 年 7 月 5 日中华人民共和国主席令第

28号公布，自1995年1月1日起施行。

该法，共13章，共107条。

该法总目录如下：

第一章　　总则

第二章　　促进就业

第三章　　劳动合同和集体合同

第四章　　工作时间和休息休假

第五章　　工资

第六章　　劳动安全卫生

第七章　　女职工和未成年工特殊保护

第八章　　职业培训

第九章　　社会保险和福利

第十章　　劳动争议

第十一章　监督检查

第十二章　法律责任

第十三章　附则

在第十二章：“法律责任”中，做了17条规定，具体内容如下：

1）用人单位制定的劳动规章制度违反法律、法规规定的，由劳动行政部门给予警告，责令改正；对劳动者造成损害的，应当承担赔偿责任。

2）用人单位违反本法规定，延长劳动者工作时间的，由劳动行政部门给予警告，责令改正，并可以处以罚款。

3）用人单位有下列侵害劳动者合法权益情形之一的，由劳动行政部门责令支付劳动者的工资报酬、经济补偿，并可以责令支付赔偿金：

①克扣或者无故拖欠劳动者工资的；

②拒不支付劳动者延长工作时间工资报酬的；

③低于当地最低工资标准支付劳动者工资的；

④解除劳动合同后，未依照本法规定给予劳动者经济补

偿的。

4）用人单位的劳动安全设施和劳动卫生条件不符合国家规定或者未向劳动者提供必要的劳动防护用品和劳动保护设施的，由劳动行政部门或者有关部门责令改正，可以处以罚款；情节严重的，提请县级以上人民政府决定责令停产整顿；对事故隐患不采取措施，致使发生重大事故，造成劳动者生命和财产损失的，对责任人员比照《刑法》第187条的规定追究刑事责任。

5）用人单位强令劳动者违章冒险作业，发生重大伤亡事故，造成严重后果的，对责任人员依法追究刑事责任。

6）用人单位非法招用未满16周岁的未成年人的，由劳动行政部门责令改正，处以罚款；情节严重的，由工商行政管理部门吊销营业执照。

7）用人单位违反本法对女职工和未成年工的保护规定，侵害其合法权益的，由劳动行政部门责令改正，处以罚款；对女职工或者未成年工造成损害的，应当承担赔偿责任。

8）用人单位有下列行为之一的，由公安机关对责任人员处以15日以下的拘留、罚款或者警告；构成犯罪的，对责任人员依法追究刑事责任：

①以暴力、威胁或者非法限制人身自由的手段强迫劳动的；

②侮辱、体罚、殴打、非法搜查和拘禁劳动者的。

9）由于用人单位的原因订立的无效合同，对劳动者造成损害的，应当承担赔偿责任。

10）用人单位违反本法规定的条件解除劳动合同或者故意拖延不订立劳动合同的，由劳动行政部门责令改正；对劳动者造成损害的，应当承担赔偿责任。

11）用人单位招用尚未解除劳动合同的劳动者，对原用人单位造成经济损失的，该用人单位应当依法承担连带赔偿责任。

12）用人单位无故不缴纳社会保险费的，由劳动行政部门责令其限期缴纳；逾期不缴的，可以加收滞纳金。

13）用人单位无理阻挠劳动行政部门、有关部门及其工作人员行使监督检查权，打击报复举报人员的，由劳动行政部门或者有关部门处以罚款；构成犯罪的，对责任人员依法追究刑事责任。

14）劳动者违反本法规定的条件解除劳动合同或者违反劳动合同中约定的保密事项，对用人单位造成经济损失的，应当依法承担赔偿责任。

15）劳动行政部门或者有关部门的工作人员滥用职权、玩忽职守、徇私舞弊，构成犯罪的，依法追究刑事责任；不构成犯罪的，给予行政处分。

16）国家工作人员和社会保险基金经办机构的工作人员挪用社会保险基金，构成犯罪的，依法追究刑事责任。

17）违反本法规定侵害劳动者合法权益，其他法律、行政法规已规定处罚的，依照该法律、行政法规的规定处罚。

15.4 相关法制建设的深远意义

（1）通过法制建设，进一步规范建筑市场运作行为。

在市场竞争日趋激烈的情况下，如何谋求生存与发展？一是靠“情”；二是靠“法治”；所谓“情”，就是尊重本企业的员工；尊重与本企业相关的所有客户，全心全意为本企业员工和相关客户服务。从这个意义讲，可以说：相关客户是第一“上帝”；本企业的员工是第二“上帝”。只有用真情感动了“上帝”，企业才能在市场上占有一席之地，才能生存并发展。

重“情”，是市场运作的基础，但没有必要的法制作保证，是不行的。企业必须按法规规定的内容，认认真真地去做。上述相关法规，从法律的角度，严肃认真地做到了这点，也就是说，从法律角度，郑重地规范了建筑行业相应行为，规范了企业必须这样做，而不能那样做。法规所规定的内容，反映了市场经济的客观规律，代表了人民的根本利益，当然也包括了企业家的根本利益。所以相关“法规”，是保证企业走正道、走健康发展之道的“紧箍咒”。

永远不忘“紧箍咒”，老老实实按法规规定的去做，企业将兴旺发达，否则，企业将自趋衰亡。

（2）通过法制建设，进一步强制建筑企业家必须按法规规定的去做。

上述各法规在结尾处，几乎都附有“法律责任”或“罚则”重要内容。这就是说，如果你不能按法规规定的去做，就要追究你的法律责任。

（3）通过法制建设，如制定《劳动法》等，对劳动者的合法权益给予了充分的肯定；劳动者如何用法律的武器保护自己，给予了明确的回答。在法律面前，人人平等。

以上种种法规，均体现了对劳动者，对依法经营的企业家的保护。从这一点讲，以上“法规”实际上是所有劳动者和依法经营的企业家的保护神。

（4）通过法制建设，使我们的建筑企业逐渐与国际市场接轨。

真正有远见的建筑企业家，一定要瞄准国际市场。进入国际市场靠什么？靠遵守共同的法则。这就要求我们的企业家，不但要学习研究本国的法规，而且要学习研究国际有关法规。只有这样，我们才能真正做到与国际市场接轨，适应其变化。

（5）通过法制建设，不断促进文明建设。

一个高度文明的国家一定是一个法制建设高度完善的国家。建筑行业的从业人员要自觉学法、知法、用法、护法，全面提高本行业的法律素质，促进本行业物质文明建设和精神文明建设协调发展。

复习思考题

1. 简述建设行业法制建设进程及相关法制体系。

2. 简述《建设工程施工现场管理规定》中“文明施工管理”及“环境管理”的有关规定。

3. 简述《住宅室内装饰装修管理办法》中对住宅室内装饰装修活动及“室内环境质量”的有关规定。

4. 简述《中华人民共和国环境噪声污染防治法》中“建筑施工噪声污染防治”的有关规定。

5. 简述《建筑工程施工现场管理规定》中“罚则”的有关规定。

6. 简述《住宅室内装饰装修管理办法》中“法律责任”的有关规定。

7. 简述《中华人民共和国环境噪声污染防治法》、《中华人民共和国建筑法》、《中华人民共和国劳动法》中“法律责任”的有关规定。

8. 简述法制建设的深远意义。

附　　录

1. 技能鉴定习题集

1.1　理论知识部分

(1) 是非题（对的画“√”，错的画“×”，答案写在每题后面的括号内）

1）职业道德是人们在从事正当的社会职业，履行其职责过程中，在思想和行为方面应该遵循的道德规范和准则。（√）

2）职业道德是社会道德的重要组成部分，反映社会道德的要求和水准。（√）

3）建筑石膏在抹灰工程中，可用于室外抹灰。（×）

4）水泥是吸湿性强的粉状材料，遇水受潮后，会凝结成块，强度降低，所以在储运中，要注意防水反潮。（√）

5）水泥混合砂浆，由水泥、砂、石灰膏和水，按一定配比拌和而成。（√）

6）具有防水、防潮功能要求的抹灰层可用石灰砂浆。（×）

7）底层抹灰的主要作用是使抹灰层与基层黏结牢固。（√）

8）不同材料基体交接处表面的抹灰，应采取防止开裂的加强措施，当采用加强网时，加强网与各基体的搭接宽度不应小于 50 mm。（×）

9）基体为砖墙，则须在抹灰前将尘土、污垢及油渍清扫干净、堵好脚手眼、浇水湿润。（√）

10）装饰抹灰工程所用材料的品种和性能应符合设计要求。水泥的凝结时间和安定性应复验合格。砂浆的配合比应符合设计要求。（√）

11）重晶石砂浆搅拌时，要严格控制配合比和稠度，搅拌砂浆的水要加热到 50 ℃，按比例先将重晶石粉（钡粉）与水泥拌和均匀，然后加入砂和重晶石砂（钡砂）拌和至均匀后，再加水搅拌均匀。每次拌料要在 3 h 内用完。（×）

12）水泥钢（铁）屑面层抹完 12 h 后，用锯末或其他覆盖材料护盖，洒水养护，14 d 后方可使用。（√）

13）饰面砖表面应平整、洁净、色泽一致、无裂痕和缺损。（√）

14）饰面板嵌缝应密实、平直，宽度和深度应符合设计要求，嵌填材料色泽应一致。（√）

15）锦砖擦缝后 24 h，应铺锯末或其他覆盖材料洒水养护，常温下养护时间不少于 3 d。（×）

16）大理石、花岗石板材铺设，5 h 后进行灌浆擦缝。擦缝结束，面层应加覆盖材料进行养护，养护期不少于 2 d。（×）

17）简单灰线，也称出口线角，一般多在方、圆柱的上端，与平顶或梁的交接处抹出灰线，以增加线角美观。（√）

18）古建筑墙面抹灰的修缮，一定要保持原有的建筑风格和材料使用特点。（√）

19）外墙内保温体系是把保温材料放在建筑物外墙室外一侧；外墙外保温体系是把保温材料放在建筑物外墙室内一侧。（×）

20）外墙内保温覆盖不了与外墙相交的内墙、楼板等处断面，这些地方形成冷桥；而外墙外保温就没有这个缺点，因此保温性能大大提高。（√）

21）对于招标条件优越，同时本单位做过类似的工程，而且在企业任务不饱满的情况下，为了争取中标，可采取薄利保本策略，按较低的报价水平报价。（√）

22）如投标单位接到中标通知后，不在规定时间内与招标单位签订合同，除负责赔偿损失外，还有可能被取消中标资格，招标单位可另行招标。（√）

23）施工组织设计是用来指导施工过程中各项活动的一个技术、经济、管理等方面的综合性文件。（√）

24）进度计划的最终控制目标是工期的长短，所以工期和开、竣工日期，是编制进度计划的出发点和归宿点。（√）

25）质量保证体系，就是企业为保证提高产品质量，运用系统的理论和方法建立的一个有机的质量工作系统。（√）

26）以建筑装饰装修工程为例，质量等级分为“优”、“良”、“合格”三级。对于经检查为不合格工程项目必须返工，返工修理后重新评定。（×）

27）施工图预算又称设计预算，是由设计单位（或中介机构、施工单位）在施工图设计完成后，根据施工图、现行预算定额等而编制的工程造价的技术经济文件。（√）

28）任何一种定额都是一定时期在一定生产力水平下的反映，因而在一定时期内，定额都表现出不稳定性。（×）

29）在施工管理中，所编写的文件，必须和国家、地方政府及上级单位相应的法规、政策相一致，否则互相矛盾、抵触部分为无效。（√）

30）编写培训计划时，必须从实际出发，根据培养对象的现有水平、教学设备的现有配置、教学人员的现有力量，在满足培养目标的前提下，编写切实可行的计划。（√）

（2）单项选择题（答案写在每题的横线上）

1）硅酸盐水泥初凝不得早于__C__min。

A.20　　B.30　　C.45

2）码放水泥要垫高垛底，垛底距地面应在__B__cm以上。

A.10　　B.30　　C.50

3）中砂平均粒径为__B__mm。

A.0.25～0.35　　B.0.35～0.5

4）石渣中小八厘的粒径为__B__mm。

A.2　　B.4　　C.6

5）天然大理石普型板材优等品，厚度≤15 mm时，其允许偏差为__A__mm。

A. ±0.5　　B. ±0.8　　C. ±1.0

6）天然花岗石板材一等品，厚度≤15 mm时，其允许偏差为__B__mm。

A. ±0.5　　B. ±1.0

7）天然花岗石镜面板材优等品，长度≤400 mm时，其平面度允许极限公差为__B__mm。

A.0.1　　B.0.2　　C.0.4

8）釉面砖，当长度和宽度尺寸≤152 mm时，其允许偏差为__B__mm。

A. ±0.4　　B. ±0.5　　C. ±0.8

9）常用抹灰砂浆稠度为__C__mm。

A.20～30　　B.40～60　　C.60～100

10）在墙面、柱面和门洞口的阳角处，用1:2水泥砂浆做护角，护角高度不应低于2m，护角每侧宽度不应小于 B mm。

A.30　　B.50　　C.100

11）滴水槽的深度和宽度均不应小于 C mm。

A.3　　B.5　　C.10

12）罩面用的磨细石灰的熟化期不应小于 B d。

A.2　　B.3　　C.5

13）普通抹灰，表面平整度允许偏差为 C mm。

A.2　　B.3　　C.4

14）高级抹灰，立面垂直度允许偏差为 B mm。

A.2　　B.3　　C.5

15）水刷石抹灰，表面平整度允许偏差为 B mm。

A.1　　B.3　　C.4

16）干粘石抹灰，立面垂直度允许偏差为 C mm。

A.2　　B.3　　C.5

17）重晶石砂浆抹灰，养护期一般不少于 C d。

A.5　　B.10　　C.14

18）水泥钢（铁）屑面层，表面平整度允许偏差为 C mm。

A.1　　B.3　　C.4

19）不发火（防爆）面层，表面平整度允许偏差为 C mm。

A.3　　B.4　　C.5

20）室内墙面粘贴釉面砖时，其室内温度应在 A 以上。

A.5 ℃　　B.10 ℃

21）粘贴外墙面砖，立面垂直度允许偏差为 B mm。

A.2　　B.3　　C.4

22）粘贴外墙面砖，表面平整度允许偏差为 C mm。

A.2　　B.3　　C.4

23）粘贴外墙面砖，接缝直线度允许偏差为 B mm。

A.2　　B.3　　C.4

24）粘贴内墙面砖，立面垂直度允许偏差为 B mm。

A.1　　B.2　　C.4

25）粘贴内墙面砖，表面平直度允许偏差为 B mm。

A.2　　B.3　　C.4

26）粘贴内墙面砖，接缝高低差允许偏差为 B mm。

A.0.2　　B.0.5　　C.1.0

27）安装光面石材饰面板，立面垂直度允许偏差为__B__mm。

A.1　　B.2　　C.3

28）安装光面石材饰面板，表面平整度允许偏差为__B__mm。

A.0.5　　B.2　　C.2.5

29）安装光面石材饰面板，接缝直线度允许偏差为__C__mm。

A.0.2　　B.1.0　　C.2

30）安装室内花饰时，单独花饰中心位置偏移，其允许偏差为__C__mm。

A.3　　B.8　　C.10

（3）多项选择题（每题至少有两个以上答案是正确的，答案写在每题横线上）

1）因为建筑石膏的凝结硬化速度很快，为便于操作，一般可掺入__A、B、C__等。

A. 石灰浆　　B. 水胶　　C. 硼砂　　D. 水泥

2）膨胀珍珠岩，主要用于__B、C、D__墙面的抹灰。

A. 防潮　　B. 保温　　C. 隔热　　D. 吸声

3）天然大理石板材，分为__A、B、D__三个等级。

A. 优等品　　B. 一等品　　C. 二等品　　D. 合格品

4）天然大理石板材，在储运中应__A、B、C__。

A. 防湿　　B. 严禁滚摔　　C. 碰撞

5）墙地砖具有__A、B、C、D、E、F__等特性。

A. 质地致密　　B. 强度高　　C. 吸水率小

D. 热稳定性好　　E. 耐磨性好　　F. 抗冻性好

G. 保温性好

6）石灰砂浆由__B、C、D__按一定配比拌和而成。

A. 水泥　　B. 石灰膏　　C. 砂　　D. 水

7）纸筋石灰浆由__A、C、D__按一定配比拌和而成。

A. 纸筋　　B. 熟石膏　　C. 石灰膏　　D. 水

8）抹灰层，一般由__A、B、D__等部分组成。

A. 底层　　B. 中层　　C. 防潮层　　D. 面层

9）普通抹灰表面应__A、B、C、D__。

A. 光滑　　B. 洁净　　C. 接槎平整

D. 分格缝应清晰　　E. 无空鼓

10）各抹灰层之间及抹灰层与基体之间必须 A、B、C、D 。

A. 粘结牢固　　B. 无脱层　　C. 无空鼓

D. 无裂缝　　E. 色泽一致

11）水刷石表面应 A、B、C、D、E、F 。

A. 石粒清晰　　B. 分布均匀　　C. 紧密平整

D. 色泽一致　　E. 无掉粒　　F. 无接槎痕迹

G. 无起砂

12）干粘石表面应 A、B、C、D、E、F 。

A. 色泽一致　　B. 不露浆　　C. 不漏粘

D. 石粒粘结牢固　　E. 分布均匀　　F. 阳角处无明显黑色

G. 沟纹清晰

13）耐酸胶泥，由 B、C、D ，按一定配比，拌和而成 。

A. 水泥　　B. 耐酸粉　　C. 氟硅酸钠　　D. 水玻璃

14）耐酸砂浆，由 A、C、D、E ，按一定配比，拌和而成 。

A. 耐酸粉　　B. 水泥　　C. 耐酸砂

D. 氟硅酸钠　　E. 水玻璃

15）水泥钢（铁）屑砂浆，由 A、B、C、E 按一定配比，拌和而成 。

A. 水泥　　B. 砂　　C. 钢（铁）屑

D. 石渣　　E. 水

16）水泥钢（铁）屑砂浆面层，具有 A、B、C、D 等特点。

A. 强度高　　B. 硬度大　　C. 耐冲击

D. 耐摩擦　　E. 防水

17）不发火（防爆）砂浆，由 A、C、D 按一定配比，拌和而成 。

A. 水泥　　B. 石灰膏　　C. 不发火骨料　　D. 水

18）水泥钢（铁）屑砂浆面层表面，不应有 A、B、C 等缺陷。

A. 裂纹　　B. 脱皮

C. 麻面　　D. 色泽不一致

19）饰面板表面应 A、B、C、D、E 。

A. 平整　　B. 洁净　　C. 色泽一致

D. 无裂痕　　E. 无缺损

20）水磨石表面应 A、B、C、D、E、F 。

A. 光滑　　B. 无明显裂缝

C. 无砂眼和磨纹　　D. 石粒密实、显露均匀

E．颜色图案一致,不混色　F. 分格条牢固、顺直和清晰

21）花饰安装方法，一般有 A、B、C 。

A. 粘贴法　B. 木螺丝固定法

C. 螺栓固定法　D. 挂贴法

22）花饰表面应 A、B、C 。

A. 洁净　B. 接缝严密吻合

C. 不得有歪斜、裂缝、翘曲及损坏

D. 不得有空鼓

23）堆塑的工序有 B、C、D、E 。

A. 冲趟　B. 扎骨架　C. 刮草坯

D. 堆塑细坯　E. 磨光　F. 攒生

24）PDCA 循环工作法，把质量管理活动，归纳为以下几个阶段： B、C、D、E 。

A. 调查阶段　B. 计划阶段　C. 实施阶段

D. 检查阶段　E. 处理阶段

25）全面质量管理的基础工作，主要包括 A、B、C、D、E 。

A. 开展质量教育　B. 推行标准化

C. 做好计量工作　D. 搞好质量信息工作

E. 建立质量责任制　F. 建立安全责任制

26）工程定额，具有以下特性： A、B、C、D、E 。

A. 科学性　B. 权威性　C. 群众性

D. 稳定性　E. 时效性　F. 实用性

27）编写管理文件，其结构一般分 A、B、C 等部分。

A. 标题　B. 正文　C. 署名　D. 结束语

28）管理文件的标题，一般由 A、B、C 等部分组成。

A. 制定者　B. 编制事　C. 文种　D. 制定时间

29）培训教学文件，一般由 A、B、C 等部分文件组成。

A. 培训计划　B. 培训大纲　C. 考试大纲　D. 教材

30）培训大纲，是进行课程教学的文件，它指导各门课程，在办班过程中，应落实 A、B、C 。

A. 教学内容　B. 教学要求　C. 教学课时　D. 教学手段

（4）简答题

1）建筑工人职业道德守则有哪些主要内容？

答：主要有下列内容：

① 爱岗敬业、忠于职守；

② 遵章守纪、安全生产；

③ 尊师爱徒、团结互助；

④ 关心企业、勤俭节约；

⑤ 钻研技术、勇于创新。

2）为什么要在纯石灰浆中掺入骨料、纤维料？

答：因为纯石灰浆在硬化时收缩较大，易产生收缩裂缝，为此，浆料中须掺入骨料、纤维料，以防止硬化后收缩干裂，并节约石灰；同时，还能形成孔隙，使内部水分易于蒸发，二氧化碳易于透入，有利于硬化过程的进行。

3）在建筑工程中应用较多的水泥有哪几种？

答：应用较多的水泥有：硅酸盐水泥、普通硅酸盐水泥（简称普通水泥）、矿渣硅酸盐水泥（简称矿渣水泥）、火山灰质硅酸盐水泥（简称火山灰水泥）、粉煤灰硅酸盐水泥（简称粉煤灰水泥）5 种。

4）抹灰工程多用何种水泥？其强度等级不应小于多少？

答：多用硅酸盐水泥、普通硅酸盐水泥，其强度等级不应小于 32.5。

5）天然砂子按粒径大小分为几种？相应平均粒径分别为多少？抹灰工程常用哪种砂子？

答：砂子常用作骨料，按平均粒径大小分为粗砂（平均粒径大于 0.5 mm）、中砂（平均粒径为 0.35 ~ 0.5 mm）、细砂（平均粒径为 0.25 ~ 0.35 mm）和特细砂（平均粒径为 0.25 mm）。抹灰工程中常用中砂。

6）简述天然大理石的特性？使用中应注意什么？

答：天然大理石是一种变质岩，常呈层状结构，属于中硬石材。它是石灰岩与白云岩在高温、高压作用下变质而成。

天然大理石表观密度为 2 600 ~ 2 700 kg/m^3，抗压强度 100 ~ 150MPa，吸水率 < 0.75%，耐磨性好，耐久性好。一般为白色，因含矿物种类不同而具有灰色、绿色、黑色、玫瑰色等多种色彩和花纹，磨光后非常美观。多数大理石的主要化学成分为碳酸钙或碳酸镁等碱性物质，易被酸侵蚀，故除个别品种（汉白玉、艾叶青等）外，一般不宜用作室外装修。

7）简述天然花岗石的特性？使用中应注意什么？

答：天然花岗石是一种分布最广的火成岩，属于硬质石材。

天然花岗石的表观密度为 2 600 ~ 2 800 kg/m^3；抗压强度很大，为

120～250MPa；孔隙率和吸水率很小，吸水率常在1%以下；膨胀系数为（5.6－7.34）$\times 10^{-8}$/℃；抗冻性高达100～200次；耐风化，细粒天然花岗石使用年限可达500年以上，粗粒天然花岗石可达100～200年；耐酸性很强；磨光天然花岗石板材表面平整光滑、色彩斑斓、质感坚实、华丽庄重、装饰性好；因所含石英在573 ℃和870 ℃的高温下会发生晶态转变，产生体积膨胀，故天然花岗石不抗火。

8）采用砂浆搅拌机搅拌水泥混合砂浆、水泥砂浆时，应注意哪些事项？

答：采用砂浆搅拌机搅拌抹灰砂浆时，每次搅拌时间为1.5～2 min。搅拌水泥混合砂浆，应先将水泥与砂子干拌均匀后，再加石灰膏和水搅拌至均匀为止。搅拌水泥砂浆，应先将水泥与砂子干拌均匀后，再加水搅拌至均匀为止。

9）简述抹灰面层的作用？对面层有何要求？

答：面层主要的作用是装饰。对面层的要求是：平整、无裂痕、颜色均匀，并应与其他抹灰层之间粘结牢固。

10）简述抹灰面层分层厚度？

答：抹水泥砂浆每遍厚度宜为5～7 mm；抹石灰砂浆和水泥混合砂浆每遍厚度宜为7～9 mm；面层麻刀石灰厚度不得大于3 mm；面层纸筋石灰、石灰膏厚度不得大于2 mm。

11）简述室内砖墙抹水泥混合砂浆的做法？

答：当总厚度为18 mm时，其做法是：

底层灰：13 mm厚1∶0.3∶3水泥石灰砂浆；

面层灰：5 mm厚1∶0.3∶2.5水泥石灰砂浆。

12）简述室内混凝土墙抹石灰砂浆的做法？

答：当总厚度为21 mm时，其做法是：

底层灰：11 mm厚1∶3∶9水泥石灰砂浆；

中层灰：8 mm厚1∶3石灰砂浆；

面层灰：2 mm厚纸筋灰或麻刀灰。

13）简述室外砖墙抹水泥混合砂浆的做法？

答：当总厚度为18 mm时，其做法是：

底层灰：12 mm厚1∶1∶6水泥石灰砂浆；

面层灰：6 mm厚1∶1∶4水泥石灰砂浆。

14）简述室外混凝土墙抹水泥砂浆的做法？

答：当总厚度为16 mm时，其做法是：

底层灰：10 mm厚1:3水泥砂浆；

面层灰：6 mm厚1:2.5水泥砂浆。

15）简述室内顶棚抹灰的工艺顺序？

答：基层处理→弹线、找规矩→抹底子灰→抹罩面灰。

16）简述斩假石抹灰的工艺顺序及基层处理操作要点？

答：工艺顺序：基层处理→找规矩、抹灰饼→抹底层砂浆→抹面层石粒浆→剁石。

基层处理操作要点：砖墙除要清理干净外，把脚手眼要堵好，并浇水湿润。对混凝土墙板应进行“凿毛”或“毛化”处理。

17）简述耐酸砂浆抹面的工艺顺序？

答：工艺顺序：基层处理→抹耐酸胶泥→抹耐酸砂浆→养护→酸洗。

18）耐酸胶泥、耐酸砂浆有何参考配合比？

答：如果设计无要求时，可参考下述配合比：

耐酸胶泥配合比：耐酸粉:氟硅酸钠:水玻璃＝100:（5～6）:40；

耐酸砂浆配合比：耐酸粉:耐酸砂:氟硅酸钠:水玻璃＝100:250:11:74。

19）室内墙面粘贴釉面砖，其基层应如何处理？

答：砖砌体：应清除表面杂物、尘土，抹灰前应洒水湿润；

混凝土：表面应凿毛或在表面洒水湿润后进行“毛化”处理（加适量胶粘剂）；

加气混凝土：应在湿润后边刷界面剂，边抹强度不大于M5的水泥混合砂浆。

20）简述室内外墙面粘贴陶瓷锦砖的工艺顺序？

答：基层处理→吊垂直、找规矩→抹找平层→分格弹线→粘贴锦砖→揭纸→调缝→擦缝。

21）分别简述在室内外墙面、柱面安装饰面石材时，粘贴法、挂贴法及干挂法的适用性？

答：一般来说，薄型小规格大理石、花岗石板材，其厚度在10 mm以下；边长小于40 cm；且安装高度在1m以下时，均采用粘贴法施工。

规格较大的大理石、花岗石板材，常采用挂贴法施工。

对于大规格的大理石、花岗石板材安装，多采用干挂法施工。

22）简述干挂法的操作要点及特点？

答：干挂施工工艺改变了传统的板材安装的一贯做法，采用在混凝土外墙面上打膨胀螺栓，再通过钢扣件连接板材。每块板材的自重由钢件传递给膨胀螺栓支承，板与板之间用不锈钢销钉固定，板面防水处理用密封硅胶嵌缝。用扣件固定板材，在板材与混凝土墙面之间形成空腔，无须用砂浆等填充，因此，对结构的平整度要求降低，墙体处饰面受热胀冷缩的影响较小，缩短了工期、减轻了自重，提高了抗震性能和装饰效果，也带来了较好的经济效益。

23）简述陶瓷地砖面层的施工工艺顺序？

答：基层处理→找标高→弹线→挑砖→地砖处理→铺抹结合层砂浆→铺砖→擦缝或勾缝→养护→贴踢脚板→检查验收。

24）外墙内保温体系分哪几种？适用性如何？

答：有以下几种：

①外墙内贴聚苯乙烯（以下简称聚苯）板，抹保护层。

此做法适用于混凝土墙、混凝土砌块墙、砖墙。

②抹保温砂浆。

此做法适用于保温能力较好的砖墙、加气混凝土墙、陶粒混凝土墙等。

③复合保温板型。

复合保温板型有下列几种类型：

A. 增强石膏聚苯复合板：

它是以石膏为基料与适量水泥、珍珠岩、外加剂和水制成浆料，用中碱玻纤网格布增强，与阻燃型聚苯乙烯泡沫塑料板复合浇注而成。适用于砖墙或钢筋混凝土墙内保温做法，不适用于厨房、卫生间等潮湿环境。

B. 增强水泥聚苯复合板：

它是以水泥为胶结料和砂子及适量的珍珠岩加水制成浆料，用耐碱玻纤网格布增强，与阻燃型聚苯乙烯泡沫塑料板复合浇注而成。适用于砖墙或钢筋混凝土外墙内保温。

C. 增强（聚合物）水泥聚苯复合板：

它是由聚合物乳液、水泥、砂子配制成砂浆作为面层，用耐碱玻纤网布增强，与阻燃型聚苯乙烯泡沫塑料板复合浇注而成。适用于砖墙或钢筋混凝土外墙的内、外保温。

25）组织施工有几种方法？

答：有三种方法：

① 依次施工；②平行施工；③流水施工。

26）流水施工有哪些优点？

答：有以下优点：

① 使施工连续、均衡进行，能提高劳动生产率，保证施工质量；

② 能充分合理利用工作面，减少“窝工”，缩短工期；

③ 有利于机械设备的充分利用和劳动力的合理安排及使用。

27）何谓施工场布图？

答：施工场地布置图，也简称场布图。是施工场地上物、料、机具、水电等设施的布置图。

28）施工措施一般包括哪些内容？

答：一般包括下列内容：

①技术措施；②质量保证措施；③安全保证措施；④降低成本措施；⑤现场文明措施。

29）在全面质量管理中，常说的“三全一多”，其内容是什么？为什么强调以预防为主？

答：“三全”指全过程的质量管理；全员的质量管理；全企业的质量管理。“一多”指多方面的质量管理。

优良的产品质量是设计和生产制造出来的，而不是靠事后检验决定的。事后检验面对的是已经既成事实的产品质量。根据这一基本原理，全面质量管理要求把管理工作的重点，从“事后把关”转移到“事前预防”上来；从管结果转变到管因素，实行“预防为主”的方针，把不合格的产品消灭在它的形成过程之中，做到“防患于未然”。

30）何谓劳动定额？材料消耗定额？机械台班使用定额？

答：劳动定额：劳动定额是指在正常施工条件下，生产单位合格产品所必需消耗的劳动时间，或者是在单位时间内生产合格产品的数量标准。

材料消耗定额：材料消耗定额是指在正常施工条件下，生产单位合格产品所必需消耗的一定品种、规格的原材料、半成品、成品或结构构件的数量标准。

机械台班使用定额：机械台班使用定额是指在正常施工条件下，利用某种施工机械生产单位合格产品所必需消耗的台班数量，或者在单位时间内机械完成合格产品的数量标准。

1.2　技能操作部分

（1）由培训考核单位从当地找一家与抹灰工种有关的技能鉴定基地，该基地能提供已砌好的内砖墙面若干面，层高 2.4 ~ 2.8m，建筑面积相当一般住宅的一间卫生间的面积，地面已做好，内墙面底层灰已抹好，且内墙面局部有阴阳角等形状。

若该操作间内墙面，从地面至顶面全部用瓷砖粘贴装饰，请在规定的时间内，独立完成该项施工任务。

考核项目及评分标准

序号	项目	评分标准	标准分	实际得分
1	立面垂直度	允许偏差 2 mm	10	
2	表面平整度	允许偏差 3 mm	10	
3	阴阳角方正	允许偏差 3 mm	10	
4	接缝直线度	允许偏差 2 mm	10	
5	接缝高低差	允许偏差 0.5 mm	10	
6	接缝宽度	允许偏差 1 mm	10	
7	粘结强度	牢固、无空鼓	10	
8	外观	洁净、色泽一致、 无裂痕和缺陷、边缘整齐	10	
9	文明施工	工完场清	5	
10	安全	无安全事故	5	
11	完成情况	在规定的时间内独立完成	10	
合计			100	

附注：

1）所用瓷砖，其品种、规格、颜色及数量，由培训考核单位提供。

2）所用机具和工具，由学员自备。

3）所粘贴的内墙面范围以及独立完成的时间，由培训考核单位，根据当地实际情况酌定。

4）粘贴瓷砖所用砂浆，不按实际施工考虑，而改用石灰砂浆，其配合比为石灰膏:中砂 = 1:2.5（体积比）。

以上材料及在施工中所用脚手设施，亦由培训考核单位提供。

5）粘贴完工后，及时组织考核评定。评定结束，由培训考核单位，负责另外组织有关人员，及时将粘贴的瓷砖刮下，回收，经处理后，重复利用，以节约材料。

6）扣分，按距评分标准差距程度，酌情掌握。

(2) 由培训考核单位按本题要求从当地找一张住宅楼标准层单元大样，并附相应门窗表。

假设该住宅楼：标准层层高均为 2.8m；一梯两户，每户建筑面积均为 120m² 左右；每户均为三室两厅（三间卧室、一间客厅、一间餐厅）；室内有关部位装饰装修工程做法如下：

顶棚：

按现浇钢筋混凝土楼板考虑，由上至下，各层做法：

1）钢筋混凝土板底刷素水泥浆一道（内掺水重 3% ~ 5%的 107 胶）；

2）2 mm 厚 1:0.5:1 水泥混合砂浆打底；

3）6 mm 厚 1:3:9 水泥混合砂浆；

4）2 mm 厚纸筋灰浆罩面；

5）涂刷白色耐擦洗涂料。

内墙面：

按砖墙面考虑，由里向外各层做法：

1）10 mm 厚 1:3 石灰砂浆打底；

2）6 mm 厚 1:3 石灰砂浆；

3）2 mm 厚纸筋灰浆罩面；

4）涂刷白色耐擦洗涂料。

踢脚线：

由里向外各层做法：

1）12 ~ 14 mm 厚 1:2 水泥砂浆打底；

2）贴 8 ~ 10 mm 厚陶瓷地砖踢脚。

地面：

由下至上各层做法：

1）素土夯实；

2）100 mm 厚 3:7 灰土；

3）50 mm 厚 C10 混凝土；

4）素水泥浆结合层一道；

5）20 mm 厚 1:4 干硬性水泥砂浆结合层；

6）撒素水泥面（洒适量清水）；

7）铺 8 ~ 10 mm 厚全瓷地砖，白水泥擦缝。

楼面：

由下至上各层做法：

1）现浇钢筋混凝土楼板；

2）20 mm 厚 1:4 干硬性水泥砂浆结合层；

3）撒素水泥面（洒适量清水）；

4）铺 8 ~ 10 mm 厚全瓷地砖，白水泥擦缝。

请按以上建筑资料及室内有关部位装饰装修的工程做法，根据当地现行的相应预算定额及取费标准，在规定的时间及地点内，独立完成位于该楼标准层中一户装饰装修施工图预算。

该户其他部位：门窗口、窗台、窗帘盒、暖气罩、阳台、厨房及卫生间等处，其装饰装修内容，本预算均不考虑；各种调价均不考虑。

考核项目及评分标准

序号	项　　目	评 分 标 准	标 准 分	实际得分
1	预算书内容	正 确	60	
2	预算书形式	整洁、标准	20	
3	完成情况	在规定的时间、地点内独立完成	20	
合　　计			100	

附注：

1）本预算书内容及形式，其标准样本，可由培训考核单位，在阅卷前请相应专家做出。

2）所规定的完成时间，由培训考核单位，根据当地实际情况酌定。

3）做预算时，所用定额本、取费标准及有关计算表格、工具等，可由学员自备；也可由培训考核单位统一准备。具体办法，由培训考核单位自定。

4）在做预算过程中，根据当地实际情况，有什么资料和规定需要补充和说明的，由当地培训考核单位酌情掌握。

5）扣分，按距评分标准差距程度，酌情掌握。

（3）用第（2）题的单元大样，组合成一栋住宅楼，共 3 个单元。总层数：6 层。每单元两户，共 36 户。第 1 ~ 5 层：2.8m；第 6 层：3m。

若每户室内有关部位装饰装修做法同第（2）题。并要求利用 3 个月时间（8 月初至 10 月底），完成整栋楼的上述相应装饰装修任务。

请在规定的时间和地点内，独立完成相应施工组织设计。

考核项目及评分标准

序号	项目	评分标准	标准分	实际得分
1	施工组织设计书内容	正确	60	
2	施工组织设计书形式	整洁、标准	20	
3	完成情况	在规定的时间、地点内独立完成	20	
合计			100	

附注：

1）本施工组织设计书内容及形式，其标准样本，可由培训考核单位，在阅卷前，请相应专家做出。

2）所规定的完成时间，由培训考核单位根据当地实际情况酌定。

3）做施工组织设计时所用资料及工具等，可由学员自备；也可由培训考核单位统一准备。具体办法，均由培训考核单位自主酌定。

4）在做施工组织设计过程中，根据当地实际情况，有什么资料需要补充或说明的，由当地培训考核单位酌情掌握。

5）在本次施工组织设计中，施工场布图不做；在编制进度计划时，允许采用横道计划图形式。

6）扣分，按距评分标准差距程度，酌情掌握。

（4）按国家制定的中级抹灰工理论知识及技能操作要求，请在规定的时间和地点内，独立完成中级抹灰工培训计划与大纲的编写任务。

考核项目及评分标准

序号	项目	评分标准	标准分	实际得分
1	内容	齐全、正确	60	
2	形式	整洁、标准	20	
3	完成情况	在规定的时间、地点内独立完成	20	
合计			100	

附注：

1）国家制定的中级抹灰工理论知识及技能操作要求，由当地培训考核单位提供。

2）所规定的完成时间，由当地培训考核单位，根据当地实际情况酌定。

3）扣分，按距评分标准差距程度，酌情掌握。

2　专业论文撰写指南

技师是专业高级人才，除应具备与本专业本级别相应的理论知识和操作技能外，还应具备撰写专业论文的能力。

为此，将这方面的基本知识介绍如下：

2.1　论文撰写的基本要求

论文是对各种观念、理论、技术及操作技能等进行研究与总结，表达研究与总结成果的学术性文章。

论文应该做到真实性、独创性、科学性、理论性。论文满足了这些基本的要求后，才能发挥其论文的作用。

真实性，首先是论文要反映作者的真实思想、观点，假如作者把自己都不相信的观点去告诉别人，那么人家怎样会相信呢，对自己把握不定的东西、不懂的东西，宁可不动笔，待弄清楚后再说。其次，论文中所引用的材料，应该真实，真实的材料来自实践，来自周密的调查研究。具有真实的材料，才有可能作可靠的论据，才有可能取信于人。最后，结论要尽可能的正确，力戒出现漏洞和虚假的现象。

独创性，论文必须有独创性，论文没有独创性，就失去了论文的生命。缺乏独创性的论文，其实从一开始就失去写作的必要。

科学性，是论文的起码要求，是独创性的前提条件。因为我们所说的独创性，是指撰写论文要善于创新，而创新并不是随意标新立异，更不是伪造东西去达到语出惊人。只有在科学性的基础上的创新，才是有意义的创新。

理论性，是指每篇论文的内容，都要有一定的理论体系。论文的理论性，主要体现在论文内容的深度上。论文所表达的内容，不仅仅是某些现象和过程，也不是一些肤浅的经验介绍，而应是作者对事物的本质和规律的深刻认识，是抽象而又生动的科学理论。

总之，真实性、独创性、科学性、理论性，是对论文的基本要求。

作为论文写作的课题有两类，开创性课题与发展性课题。

开创性课题，也叫做探索课题，就是别人没有涉及的课题。在各个专业领域内，有一些本来值得研究，但长期被人们所忽视了的问题；也有一些过去没有必要或者没有条件进行研究，而现在有研究的必要和有研究条件的问题；还有一些随着社会的发展，科学技术的进步而产生出来的新问题。为解决这些问题而进行的科学研究，都是属于开创性研究，这些问题也就是开创性研究的课题。

发展性课题，是指已有人作为探索的问题，但仍有继续研究的必要，这样的问题，也可以作为科学研究的课题。研究新课题，固然是进行科学创造的一种方式，但是，研究旧课题（已经有人研究过的问题），也未必不能有所创造。科学研究的实践表明，研究同一课题，不同的人完全有可能产生不同的结果。进行发展性研究，一般有这么几种情况：深化、补充已有的观点；批驳、修正已有的观点；赋予已有理论以新的意义。

写入论文中的观点，必须符合以下要求：

正确，这是对文章的起码要求，这是由科学研究的宗旨和学术论文的特点所决定的。科学研究的任务是探求真理，辨明是非，取得对于客观世界的正确认识，这种正确认识就被归结为文章中的观点。学术观点的正确，是论文具备科学性的根本保证。

新颖，这是对学术观点的又一个基本要求。文章最忌雷同，写作贵在创新，对一切文章的写作，都应要求观点新颖，在学术论文的写作中，这项要求比其他类型的文章更为突出，也最为严格。新颖独特的学术观点是科学创造的产物，同时也是构成论文的独创性的首要因素。撰写学术论文，要“发前人所未发，言前人所未言”，要有作者对问题的独到见解和看法，而不能人云亦云，简单地重复别人的说法。

深刻，这是由科学认识的任务和论文的理论性特征所要求、所决定的。我们要求研究者的认识深入再深入，透过事物的表面现象，挖掘出深藏于事物内部的本质性东西，形成一个有深度的学术观点，科学认识的任务才算完成，为表达这样的学术观点而撰写的学术论文，才会有较强的理论性。

正确、新颖、深刻是对论文观点的基本要求，只有同时具有正确性、新颖性、深刻性的学术观点，写出的文章，才可成为一篇合格的学术论文。

2.2 论文材料的选定

人们通常把写入文章的资料称为材料，写文章所选取的材料，要考虑两条原则：一是要有利于支撑观点，二是有利于吸引读者。具体的选材标准有四条。

(1) 要选择确实的材料

这主要是对材料的性质而言的，确实的材料，是指同客观实际相符合的材料。保证材料的确实性，是选材的首要标准。因为材料是产生观点的基础，只有从真实的材料出发，才有可能得出正确的结论，否则结论必然有误，因为材料是支撑观点的凭借，在文章中只有使用真实的材料，才会使读者信服。反之，读者如果发现某些材料是虚假的，就会引发对所有材料的真实性发生怀疑，进而势必会对文章的观点产生疑问。要选取真实可靠的材料，就必须保证所用材料的来源和内容的可靠。

(2) 要选择有力的材料

有力的材料，指的是具有说服力和表现力的材料，一般指适用的、必要的、典型的材料，这实际上是按材料和观点的关系而言。

适用，是对有力材料的最低层次的要求，是指材料的内容与观点的内涵相符合，因而材料能为观点所统帅，能为证明、表达观点服务。

必要，是对有力的材料的较高层次的要求。必要的材料是为观点的证明和表达所必要的材料，同观点有密切关系的材料。

典型，是对有力的材料的更高层次的要求。典型的材料是能够反映事物的本质及共性和特征的材料，是最具有丰富的内涵和较强的说服力和表现力的材料。

(3) 要选择富有新意的材料

一篇高质量的论文，不但观点应该是新颖独特的，所用的材料也要能给读者新鲜感，而且，新颖独特的理论观点的提出和确立，其实是同新鲜材料的使用分不开的。

一般说来，选用富有新意的材料，主要有以下几种处理方式：一是把新的事实，新的思想观念作为材料使用；二是把早已存在，但并未被发现或未引起人们普遍注意的事物作为材料使用；三是从新的角度使用人们已经较熟悉的材料，把材料所包含的新的内涵提示出来，以使旧的材料产生新意，或者说使陈旧的材料变为新意的材料。

(4) 要选择易于理解的材料

这是就材料同读者的关系而言。选取易于理解的材料，实际上是指必须注意以下两个问题：首先，选取易于理解的材料，注意所用材料同读者对象的理解力相适应。其次，一般说来，具体、翔实的材料，本身是属于易于理解的材料。对于任何一位读者来说，具体的内容比抽象的内容更容易理解。

2.3 论文的结构

(1) 序论

论文的序论，也叫前言、引言、引论、绪论等，是文章的开头部分。一般有以下几项内容：说明选题的背景、缘由、意义以及研究的目的；提问题；阐释基本观念；出示观点；指明研究方法或论证方法；简单评价对方的主要论点（对驳论式论文而言）。

(2) 本论

本论的篇幅长、容量大，一般有好几个层次和好几个段落构成，并可能包含着好几个观点。不同层次、不同段落之间及各个观点之间，应该有密切的结构关系，常用的结构形式有：并列式、递进式和混合式。

所谓并列式结构，是指各个小的论点相提并论，各个层次平行排列，分别从不同的角度、不同的侧面展开论述，讨论问题，使文章的本论部分呈现出一种齐头并进式的格局。

所谓递进式结构，是指由浅入深，一层深入一层地表达论点的结构形式，层次之间呈现出一种层层展开、步步深入的逻辑关系，后一个层次的论点是对前一个层次论点的发展和深化。

所谓混合式结构，是把并列式和递进式混合起来进行排列的结构形式，这是由内容的复杂性所决定的一种结构形式，它使文章同时具备上述的两种特点。

对于内容过多而容易使人分不清条理的本论，常在各个层次之前加上一些如序码、小标题之类的外在标志，以明确各个层次感觉。

(3) 结论

结论是一篇文章的结尾部分，一般包括论证结果、指明今后的研究方向、谢词等内容。

论文初稿完成之后，经过反复修改，如果确认文章已达到了比较令人满意的程度，就可以定稿，再依照规范格式，抄写誊清，或者用电脑打字排版，使之呈现在读者面前。

2.4 论文的格式

(1) 标题

标题必须确切、具体、醒目。

(2) 作者署名

作者署名是著作权所有和文责自负的体现，只有直接参加了研究工作，并且对论文内容负责的人，才有权利，也有必要在论文上署名。

(3) 目录

对于篇幅较长的论文，应该编写简单的目录。

(4) 摘要

完成论文正文之后，要在认真阅读的基础上，写出内容摘要。论文的摘要是对论文内容的客观反映，应避免主观评价；论文摘要是对论文的高度概括，要防止片面性；论文摘要是一篇独立于文章正文之外的短文，应具有一定的完整性。

（5）正文

正文一般包括序论、本论、结论三部分，在前面已详细讨论过，在此不再重复。

（6）注释

在论文写作中，有些问题需要在正文之外加以阐释，这叫注释。注释按功用的不同分为补充内容的注释和注明资料出处的注释两种。

（7）致谢

谢词可以写在正文的最后一部分，也可单独写，成为论文中的一个项目。谢词指在论文的最后写上几句话，向在这篇论文的撰写过程中，曾经给予帮助的人表示谢意。谢词要写得客观、诚恳、得体。

（8）参考文献

在论文的最后列出重要的参考文献目录，既表示对他人劳动成果的尊重，又能加大文章的信息量，提高文章的学术价值；读者可以以此为线索，追溯查找资料，继续进行同一课题或相关课题的研究。

（9）附录

不便于放在正文中的资料性内容，可以放在附录中去，帮助读者理解和消化文章的内容。

专业论文完成后，有时根据需要，还要组织有关专家对其进行评审，该内容不属本书重点，此处从略。

3　抹灰工（技师）培训计划与培训大纲

本计划及大纲，是根据国家相应职业标准对抹灰工技师培训的基本要求，本着面向施工生产与基层管理的需要，按需施教、教以致用的原则编写而成的。

3.1　培训目的

通过培训，使抹灰工技师掌握本等级的理论知识及操作技能、掌握本等级的管理知识及其他相关知识，以适应我国城乡建设迅速发展的需要。

3.2　培训的具体内容及要求

根据培训的目的和要求，在培训过程中，要严格按照本计划及大纲执行，要加强操作技能的训练，做到理论教学与技能训练相结合，教学与施工生产相结合。

（1）职业道德：

1）内容：

① 职业道德基本知识；

② 建筑工人职业道德守则。

2）要求：

① 了解职业道德的概念；职业道德的特征及作用；

② 掌握建筑工人职业道德守则主要内容及要求。

（2）抹灰工程常用材料：

1）内容：

① 无机、有机胶凝材料；

② 砂石、陶瓷、玻璃类材料等。

2）要求：

① 掌握常用的无机、有机胶凝材料的基本知识；

② 掌握常用的砂石、陶瓷、玻璃类材料的基本知识。

（3）抹灰工程所用砂浆：

1）内容：

① 一般抹灰砂浆；

② 装饰抹灰砂浆；

③ 特种抹灰砂浆。

2）要求：

①掌握一般抹灰工砂浆及装饰抹灰砂浆的基本知识；

② 掌握特种抹灰砂浆的种类、特性、配比及应用。

(4) 一般抹灰工程：

1) 内容：

① 基本技术要求；

② 室内墙面抹灰、室内顶棚抹灰等。

2) 要求：

① 了解一般抹灰工程的基本技术要求；

② 通过重点施工实例，掌握其施工准备、工艺顺序及操作要点；

③ 掌握一般抹灰工程的质量标准及质量通病的预防措施。

(5) 装饰抹灰工程：

1) 内容：

① 水刷石抹灰；

② 干粘石抹灰；

③ 斩假石抹灰；

④ 假面砖抹灰。

2) 要求：

① 掌握以上各种装饰抹灰的施工准备、工艺顺序及操作要点；

② 掌握装饰抹灰工程的质量标准及质量通病的预防措施。

(6) 特种砂浆抹灰工程：

1) 内容：

① 防水砂浆抹灰；

② 重晶石砂浆抹灰；

③ 保温灰浆抹灰；

④ 耐酸砂浆抹灰；

⑤ 水泥钢（铁）屑砂浆抹灰；

⑥ 不发火（防爆）水泥砂浆抹灰。

2) 要求：

① 掌握以上各种特种砂浆抹灰工程的施工准备、工艺顺序及操作要点；

② 掌握特种砂浆抹灰工程的质量标准。

(7) 饰面砖（板）工程：

1) 内容：

① 室内墙面粘贴釉面砖；
② 室外墙面粘贴外墙面砖；
③ 室内外墙面粘贴陶瓷锦砖；
④ 室内外墙面、柱面安装大理石、花岗石板材。
2）要求：
①掌握以上各种饰面砖（板）工程的施工准备、工艺顺序及操作要点；
② 掌握饰面砖（板）工程的质量标准及质量通病的预防措施。
（8）地面工程：
1）内容：
① 现浇水磨石面层；
② 陶瓷锦砖面层；
③ 陶瓷地砖面层；
④ 大理石、花岗石面层。
2）要求：
① 掌握以上各种地面面层的施工准备、工艺顺序及操作要点；
② 掌握地面工程的质量标准及质量通病的预防措施。
（9）其他有关抹灰工程：
1）内容：
① 一般灰线抹灰；
② 装饰灰线抹灰；
③ 花饰制作与安装；
④ 古建筑中有关抹灰工程。
2）要求：
① 掌握以上有关工程的基本知识及施工操作技能；
② 掌握以上有关工程的质量标准及有关施工要求。
（10）抗裂保温抹灰工程：
1）内容：
① 轻质墙面抗裂砂浆抹灰；
② 外墙保温体系及做法。
2）要求：
① 了解轻质墙面抗裂砂浆抹灰的基本知识；
② 了解外墙保温体系的基本知识；
③ 掌握外墙内保温及外保温的常用体系及做法。

(11) 施工组织设计:

1) 内容:

① 选择施工方案;

② 编制进度计划及资源计划;

③ 施工场布图设计;

④ 编制施工措施。

2) 要求:

① 掌握施工组织设计的基本知识;

② 能独立完成中等项目的施工组织设计。

(12) 质量管理:

1) 内容:

① 全面质量管理;

② 质量保证体系;

③ ISO 9000 基本知识;

④ 质量的检验;

⑤ 质量的评定。

2) 要求:

① 掌握全面质量管理方面的基本知识;能胜任本专业的全面质量管理工作;

② 能掌握指导各阶段的质量检验工作。

(13) 工程概预算:

1) 内容:

① 工程概预算概念;

② 工程定额;

③ 施工定额、预算定额;

④ 装饰装修工程造价费用组成、有关造价调整及施工图预算的编制;

⑤ 工程结算简介。

2) 要求:

① 掌握工程概预算方面的基本知识;

② 能独立完成中等装饰装修工程的施工图预算工作。

(14) 施工及培训管理:

1) 内容:

① 施工管理;

② 培训管理。

2）要求：

① 了解施工管理的基本知识，能编写管理文件；

② 能编写培训计划及大纲；

③ 能组织并参与编写相应教材；

④ 能胜任相应的培训管理工作。

(15) 建设行业相关的法制建设：

1）内容：

① 相关法制建设进程；

② 相关法规体系简介；

③ 相关法规有关内容具体介绍；

④ 相关法制建设的深远意义。

2）要求：

① 了解建设行业的相关法规知识；

② 了解有关法规对建设工程施工现场管理的有关规定、对住宅室内装饰装修的有关规定等，自觉守法，使本专业施工行为规范化、法制化，坚持做到安全生产、文明施工；

③ 了解以上有关法规，关于“法律责任”及“罚则”的有关规定，自觉守法，促进本专业依法经营、依法管理；

④ 了解《劳动法》等法律所规定的劳动者的合法权益，自觉用法、维法，用法律武器保护自己，发展自己。

3.3 培训课时安排

培训课时安排，如下表所示。

抹灰工技师培训课时安排表

序号	课程内容	计划课时
1	职业道德	4
2	抹灰工程常用材料	10
3	抹灰工程所用砂浆	14
4	一般抹灰工程	14
5	装饰抹灰工程	16
6	特种砂浆抹灰工程	16

续表

序　　号	课程内容	计划课时
7	饰面砖（板）工程	24
8	地面工程	24
9	其他有关抹灰工程	24
10	抗裂保温抹灰工程	20
11	施工组织设计	20
12	质量管理	10
13	工程概预算	20
14	施工及培训管理	12
15	建设行业相关的法制建设	6
合　　　　计		234

附注：上表所列课时，包括讲授课时及作业、实习课时，具体分配，由培训单位会同相应授课教师，根据实际情况酌定。

3.4 考试及考核

(1) 应知考试

各地培训考核单位，根据本地区实际情况和工程施工特点，可在本教材后《技能鉴定习题集》理论知识部分，选择出题。采用是非题、单项选择题、多项选择题和简答题等形式，进行闭卷考试。

(2) 应会考核

各地培训考核单位，根据本地区实际情况和工程施工特点，可在本教材后《技能鉴定习题集》技能操作部分，选择两项进行独立操作考核。

以上应知考试及应会考核，其评分标准，均见相应习题集；其考试及考核所用时间长短，由各地培训考核单位，根据本地区实际情况自行确定。

以上应知考试及应会考核，其试卷、评分标准、考试及考核所用时间长短及考务规则，均应经培训单位上级主管部门审核批准，以保证培训质量和考试、考核的公平、公正性。

参　考　文　献

[1] 建设部人事教育司组织编写．抹灰工．中国建筑工业出版社，2002.

[2] 李健主编．建筑装饰装修工程施工工艺标准．中国建筑工业出版社，2003.

[3] 邹汝洁，魏秀本，宋文章编．抹灰工．化学工业出版社，2005.

[4] 张建斌，牛丽萍编．抹灰工操作技巧．中国建筑工业出版社，2003.

[5] 朱晓斌，朱磊编．建筑工程项目施工六大员实用手册——施工员．机械工业出版社，2002.

[6] 俞宾辉编．建筑抹灰工程施工手册．山东科学技术出版社，2004.

[7] 赵斌主编．建筑装饰材料．天津科学技术出版社，1997.

[8] 湖南大学，天津大学，同济大学，东南大学合编．建筑材料．中国建筑工业出版社，1997.

[9] 王亚楚，周树发主编．建筑职业技师鉴定培训教材．木工．中国环境科学出版社，2005.

[10] 赵全初编著．建筑装饰构造．中国电力出版社，2003.

[11] 杨金铎，许炳权主编．装饰装修构造．中国建材工业出版社，2002.

[12] 黄展东编．建筑施工与管理．中国环境科学出版社，1995.

[13] 丛培经主编．建筑施工项目管理．中国环境科学出版社，1996.

[14] 朱治安主编．建筑装饰施工组织与管理．天津科学技术出版社，1997.

[15] 丁春静主编．建筑工程概算．机械工业出版社，2003.

[16] 建筑装饰装修工程质量验收规范（GB 50210—2001）．中国建筑工业出版社，2001.

[17] 建筑地面工程施工质量验收规范（GB 50209—2002）．中国计划出版社，2002.

[18] 中华人民共和国劳动法．中国法制出版社，1994.

[19] 中华人民共和国环境噪声污染防治法．法律出版社，1996.

[20] 冯俊主编.工程建设与建筑行业法规知识读本．知识产权出版社，2002.

[21] 河北省建设厅颁发.河北省建筑安装、市政、装饰装修工程费率.2003.

[22] 河北省建设厅颁发．河北建设工程计价依据，第二部：全国统一建筑装饰装修工程消耗定额、河北省综合基价．2003.

内 容 摘 要

本书共15章，主要内容有：职业道德；抹灰工程常用材料；抹灰工程所用砂浆；一般抹灰工程；装饰抹灰工程；特种砂浆抹灰工程；饰面砖（板）工程；地面工程；其他有关抹灰工程；抗裂保温抹灰工程；施工组织设计；质量管理；工程概预算；施工及培训管理；建设行业相关的法制建设。书后还有3个附录：抹灰工技师技能鉴定习题集、专业论文撰写指南和抹灰工（技师）培训计划与培训大纲。

本书突出与抹灰工技师职业等级相应的理论知识与技能操作，是建设职业开展抹灰工技师鉴定培训的理想教材；是土木工程专业高职院校开展相应职业教育和工程技术人员学习的理想参考用书。